普通高等教育"十三五"规划教材

冶金流程工程学基础教程

主　编　徐安军

副主编　贺东风　郑　忠

审　定　殷瑞钰

U0313782

北　京

冶金工业出版社

2020

内 容 提 要

本书内容包括冶金流程工程学的基本概念和基本理论、冶金制造流程的物质流、冶金制造流程的功能拓展、钢铁制造流程运行动力学、流程系统建模与优化方法、钢铁制造流程运行调控技术、钢铁制造流程动态精准设计方法。书中结合工程案例分析冶金流程工程学的理念和实际应用,各章习题出自冶金工程实例,教材后附3个实验,以便于读者学习后实际应用。

本书为冶金工程专业本科教材,也可作为冶金领域工程技术人员、管理人员的参考书。

图书在版编目(CIP)数据

冶金流程工程学基础教程/徐安军主编 . —北京:冶金工业出版社,2019.1 (2020.11 重印)

普通高等教育"十三五"规划教材

ISBN 978-7-5024-7979-4

Ⅰ.①冶… Ⅱ.①徐… Ⅲ.①冶金工业—高等学校—教材 Ⅳ.①TF

中国版本图书馆 CIP 数据核字 (2019) 第 016309 号

出 版 人 苏长永
地   址 北京市东城区嵩祝院北巷 39 号 邮编 100009 电话 (010)64027926
网   址 www.cnmip.com.cn 电子信箱 yjcbs@cnmip.com.cn
责任编辑 刘小峰 美术编辑 彭子赫 版式设计 孙跃红 禹 蕊
责任校对 李 娜 责任印制 李玉山
ISBN 978-7-5024-7979-4
冶金工业出版社出版发行;各地新华书店经销;三河市双峰印刷装订有限公司印刷
2019 年 1 月第 1 版,2020 年 11 月第 2 次印刷
787mm×1092mm 1/16;16.5 印张;399 千字;252 页
49.00 元
冶金工业出版社 投稿电话 (010)64027932 投稿信箱 tougao@cnmip.com.cn
冶金工业出版社营销中心 电话 (010)64044283 传真 (010)64027893
冶金工业出版社天猫旗舰店 yjgycbs.tmall.com
(本书如有印装质量问题,本社营销中心负责退换)

前　言

　　冶金流程工程学是冶金工程学科的一个新的分支。冶金工程学科经过近一个世纪的探索和发展，逐渐形成了较为成熟的学科知识体系。冶金过程物理化学和冶金传输原理是专业基础，旨在奠定本学科化学反应和传输原理层面的基础。冶金反应工程学把冶金工程的研究范围扩展到工序装置层面。而冶金流程工程学则是以冶金制造流程为对象进行整体性和集成性研究的工程学科分支。

　　冶金流程工程学以已有冶金学科的基础科学研究和技术开发为基础，吸收物理学（包括耗散结构理论、协同学等）和化学（包括物质转化过程中的多尺度效应等）的新进展和新概念，运用系统科学的概念和方法（包括复杂性科学等），在不同尺度和层次上对冶金制造流程进行解析与优化集成，研究其整体结构和动态运行的物理本质、功能和效率，使其实现高效优质的产品制造、能源高效转换与充分利用、大宗社会废弃物消纳处理-再资源化三大功能。冶金流程工程学从宏观上将冶金流程各工序集成起来，协调和优化各工序时空关系、质能转化关系和生产运行节奏，是研究和揭示生产流程动态运行的宏观物理本质和规律的科学。其目标是实现冶金制造流程的动态、有序、协同、连续运行。

　　冶金流程工程学的概念是由殷瑞钰院士于20世纪90年代初提出的，学科体系的形成和不断完善反映在殷瑞钰院士的两本专著中——《冶金流程工程学》（2005年，第2版2009年，日文版、英文版2011年）和《冶金流程集成理论与方法》（2013年，英文版2016年）。师昌绪院士在为《冶金流程工程学》所撰写的序言中指出，殷瑞钰院士"创造性地提出钢铁制造流程中的工程科学问题"，在全球钢铁工业面临着市场竞争力和可持续发展的双重挑战下，"重要的对策之一是以工程科学的知识推动钢厂的结构调整和优化"，"书中对钢铁制造流程物理模型的描述，将有利于引导信息技术高度集成地进入钢铁制造流程的整体调控和智能化"，称该书"对指导我国钢铁工业沿着更健康的道路发展有着重要意义。"徐匡迪院士在为《冶金流程集成理论与方法》所撰写的序言中指出，殷瑞钰院士"对冶金流程的集成理论与解析方法进行了前瞻性的、缜密的思考与研究"，提出把钢铁厂转变成具有"优质钢材生产线—高效率能源转化器—社会废弃物消纳者"等三个功能的新型流程工业，"这一全新的资源节约型和环境友好型钢铁生产理念，已在首钢搬迁后的曹妃甸京唐钢铁公司的设计、建设、运行中得以体现，第一次打破了我国钢铁厂设计传统照抄、照搬国外某厂的模式，也改变了以单体生产装置的产能来静态'拼图'，凑成一个零乱而不流畅的生产系统的钢铁厂设计方法。"徐匡迪院士称《冶金流程集成理论与方法》一书是钢铁流程工业功能转变的"基本理论与指导思想"，是殷瑞钰院士"对 21 世纪中国钢铁工业发展的一个新的重大贡献"。

为拓展冶金工程教育的视野，促进学科领域创新，北京科技大学从本世纪初由田乃媛教授开始在冶金工程专业研究生和本科生中开设"冶金流程工程学"课程，并逐渐成为冶金专业本科生必修课。重庆大学、上海大学、安徽工业大学、华北理工大学等高校也在研究生或本科生中开设了类似课程。经过多年教学实践，冶金流程工程学的理念已在广大师生和冶金工作者中深入人心。近年来，随着相关国家发展愿景规划的提出，智能制造以极快的速度受到冶金工程学科的关注。由于冶金流程工程学研究制造流程的集成优化和全流程运行的整体优化，因此，冶金流程工程学也是智能制造的理论基础之一。正因为此，在国家高等教育启动"一流大学，一流学科"建设之际，冶金流程工程学也被纳入国内主要冶金院校"双一流"建设的内容中，成为冶金工程学科的重要组成部分。

以往教学都是以殷瑞钰院士两本专著作为参考书和教材，两本著作在过去的教学中起到了很好的作用。但多年教学实践也表明，在本科教学层面，急需一本较为基础的入门教材。经过协商，决定以《冶金流程工程学》和《冶金流程集成理论与方法》两本专著为基础，由北京科技大学、重庆大学、东北大学、华北理工大学、钢铁研究总院和首钢工程技术公司的相关专家组成教材编写小组，编写《冶金流程工程学基础教程》。从 2016 年底开始筹划至今，先后召开了五次研讨会，殷瑞钰院士亲自参加会议，给予直接指导，并向编写人员讲授冶金流程工程学的研究进展。经过一年多时间的编写、讨论和修改，教材得以定稿。

本教材为冶金工程专业本科必修课教材，建议教学时按照章节顺序依次进行，本科教学安排 32 个学时，2 个学分。教师可根据各章内容，结合自身科研方向，引入最新应用成果。本教材也可作为研究生和冶金工程技术人员、管理人员的参考书，还可作为其他相关工程领域的入门参考书。

本教材包括8章内容和实验。其中，第1、2章由北京科技大学徐安军编写，第3章由北京科技大学贺东风编写，第4章由东北大学孙文强、北京科技大学姜泽毅和中国钢研科技集团钢铁研究总院周继程编写，第5章由中国钢研科技集团钢铁研究总院郦秀萍和华北理工大学韩伟刚编写，第6、7章由重庆大学郑忠编写，第8章由首钢国际工程技术有限公司颉建新编写，实验由北京科技大学汪红兵编写。徐安军总体负责编写组织工作。书中主要观点经过殷瑞钰院士审定。

为便于学生自主学习，各章课件以二维码形式印在书中，可扫描后下载。实验文本也以二维码形式提供，以便于使用人员根据自己学校、企业情况，自主设计实验过程。

在教材编写过程中，东北大学蔡九菊教授、钢铁研究总院张春霞教授、首钢技术研究院田志红教授级高级工程师、安徽工业大学周俐教授和华北理工大学胡长庆教授等参与了书稿的讨论，提出了很好的建议和意见。冶金工业出版社刘小峰编辑全程参与了教材筹划和出版。在此一并表示感谢！

本教材的出版得到了北京科技大学教材建设基金的资助，感谢北京科技大学和冶金工业出版社对本教材出版的大力支持！

由于作者水平所限，加之本教材所在的研究领域属于一个全新的学科分支，仍处在探索发展中，书中不妥之处，恳请读者批评指正。

编　者
2018 年 9 月

目　　录

1 绪 论

本章课件

本章概要和目的：介绍流程制造业和冶金制造流程的概念，介绍冶金流程工程学提出的背景、发展历程和主要研究内容；帮助学生了解冶金流程工程学的研究意义，认识冶金流程工程学在冶金工程学科中的地位；引导学生突破传统冶金工程研究方法，形成新的方法论；展望冶金流程工程学与智能化、绿色化生产的关系。

冶金流程工程学是冶金工程学科的一个新的分支。冶金工程学科经过三十多年的探索和发展，逐渐形成了较为成熟的学科知识体系。冶金物理化学和冶金传输原理是专业基础，旨在奠定本学科化学反应和传输原理层面的基础。冶金反应工程学把冶金工程的研究范围扩展到工序装置层面。而冶金流程工程学则是以冶金制造流程为对象进行整体性和集成性研究的工程学科分支。

冶金流程工程学以已有冶金学科的基础科学研究和技术开发为基础，吸收物理学（包括耗散结构理论、协同学等）和化学（包括物质转化过程中的多尺度效应等）的新进展和新概念，运用系统科学的概念和方法（包括复杂性科学等），在不同尺度和层次上对冶金制造流程进行解析与优化集成，研究其整体结构和动态运行的物理本质、功能和效率，使其实现高效优质的产品制造、能源高效转换与充分利用、大宗社会废弃物消纳处理-再资源化三大功能。冶金流程工程学从宏观上将冶金流程中各工序串联起来，协调和优化各工序的生产节奏，是研究和揭示生产流程动态运行的宏观物理本质和规律的科学。其目标是实现冶金制造流程的动态、有序运行。

1.1 流程制造业及冶金制造流程

1.1.1 流程与流程制造业

冶金工业属于流程制造业。

流程的定义：指在工业生产条件下由不同工序、不同设备所组成的制造过程，是一个整体集成系统中由一系列相关的异质、异构过程动态集成起来的、有结构的复杂过程，是由流、流程网络和流程运行程序（包括工序功能、工序关系和运行策略）所构成的。

流程制造业的定义：指原料经过一系列以改变其物理、化学性质为目的的加工-变性处理，获得具有特定物理、化学性质或特定用途产品的工业。流程制造业在突出其物料流在工艺过程中不断进行加工-变性、变形的特点时，可称为流程工业。

流程制造业的工艺流程中，各工序（装置）加工、操作的形式是多样化的，包括了化学的变化、物理的变化等，作业方式也包括了连续化、准连续化和间歇化等。

流程制造业的生产特征是：由各种原料组成的物质流（注意：不是一般意义上的物质流）在输入能量的支持和作用下，按照特有工艺流程，经过传热、传质、动量传递并发生物理、化学或生化反应等加工处理过程，使物质发生状态、形状、性质等方面的变化，改变原料原有的性质，进而得到期望的产品。

流程制造业包括化学工业、冶金工业、石油化学工业、建筑材料工业、纺织工业、食品工业、医药工业等。一般来说，这些流程制造业具有以下特点：

（1）所使用的原料主要来自大自然；

（2）产（成）品主要用做制品（装备）工业的原料，因而其中不少门类的工业带有原材料工业的性质，当然某些流程制造业的产品也可直接用于消费；

（3）生产过程主要是连续、准连续生产或追求连续化生产，也有一些是间歇生产；

（4）原料（物料）在生产过程中以大量的物质流、能量流形式通过诸多化学-物理变化（变换）制成产品；

（5）生产过程中往往伴随着各种形式的排放过程。

流程制造业在排放过程中往往排放出可利用的物质、能量，同时也排放出污染物甚至有毒物质。需要通过开发新的绿色制造流程，从根本上解决生产带来的污染问题。

为更进一步理解流程制造业，简单介绍另一种制造业——产品制造业。流程制造业和产品制造业共同组成制造业。与流程制造业的生产方式相比，产品制造业以单件生产为特征，往往呈现出离散型加工和组装的加工方式，因此有时也被称为离散制造业。产品制造业包括了诸多机械、电器加工业，如汽车制造工业，飞机制造工业，船舶制造工业，机车、车辆制造工业，电视机、冰箱、空调器、洗衣机等家用电器制造工业等。其一般特点是：

（1）使用的原料大部分是流程制造业的产品；

（2）绝大部分产品供人类直接使用，并改善人类生活的品质；

（3）生产过程一般是不连续或允许不连续的，甚至是间歇、停顿的，往往是以零部件单件加工或装配的方式生产的，其生产运行方式一般以"离散方式"进行；

（4）生产过程主要是对原料（物料）进行物理性加工或机械加工，物料（原料、加工物件）一般发生物理变换；

（5）排放过程比较简单，排放量相对较小，污染较轻，且其污染物比较易于控制或治理。

1.1.2　冶金制造流程

这里以钢铁生产流程为例来介绍冶金制造流程的概念。

按照流程制造业的定义，现代钢铁冶金流程包括两种形式：

（1）由铁矿石还原成铁水的过程（铁矿石处理—焦化—炼铁）；铁水经过预处理再经氧化冶炼成钢水的过程（炼钢过程）；被氧化的钢水（或者经过初步脱氧的钢水）经过二次冶金（炉外精炼过程）及时地冶炼成洁净的、含有特定成分的、保持特定温度的钢水；这种定时、定温、定品质的钢水经过凝固过程连续（主要是连续铸钢的方式，极少量模铸方式除外）转变为预定尺寸的、表面无缺陷的、内在组织和温度受控的连铸坯；最后，各类不同的连铸坯被加热后经过连续热轧过程中的形变-相变而被加工成性能、形状、尺寸、表面符合用户使用要求而且价格有市场竞争力的各类钢材。

（2）以废钢（包括社会返回废钢、下游制造业形成的加工废钢以及钢厂自产废钢）为铁素源，经过电炉冶炼过程获得与转炉过程相似的被氧化的钢水（现代电炉已经淘汰了还原期），再经过与高炉—转炉流程相似的二次冶金、凝固—成形、再加热、连续热轧（或锻造）过程获得有市场竞争力的钢材。

典型的钢铁生产流程如图 1-1 所示。

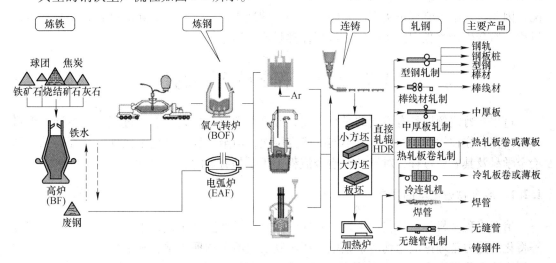

图 1-1 典型钢铁生产流程示意图

现代钢铁生产流程的形成经过了漫长的演变、完善过程。其中理论体系的形成、发展，技术的发明、开发、应用和更替，生产流程的组合、集成、演变和完善，在 160 年左右的发展历史进程中不断地交替出现和相互促进着。

对于钢铁生产流程，也可按规模或者产品进行分类。按照企业规模可以分为：（1）大型联合企业流程；（2）中、小高炉联合企业流程；（3）短流程企业流程。按照最终产品可以分为：（1）全板带产品流程；（2）扁平材产品流程；（3）专业长材产品流程；（4）异形材产品流程；（5）管材产品流程。

1.1.3 过程与时空尺度

过程的定义是体系的状态随时间的延续性改变。过程所涵盖的事物范围广阔，概念的外延很大。大至宇宙天体的演化，星球的运动；小到分子原子之间的反应和变化。在不同学科中，根据研究对象的不同，过程论述的范围和含义也不同。

以冶金工程为例：基础的冶金反应在分子、原子或离子间进行，空间尺度属纳米级，高温反应速率很快，时间尺度为 $10^{-6} \sim 10^{-9}\mathrm{s}$；固态金属中的各种相变、形变也在纳米级空间尺度上发生，但时间尺度更大些，其规律适用于冶金物理化学——热力学和动力学的研究方法，属于微观层次的基础科学。当冶金过程在各种生产装置（反应器）内进行时，由于其中的浓度、温度分布不均匀，需要考虑到物质和能量的传递以及反应装置的几何形状，包括边界层（$10^{-5} \sim 10^{-6}\mathrm{m}$）直至反应器整体（$10^{0} \sim 10^{1}\mathrm{m}$），空间尺度属 $10^{-6} \sim 10^{0}\mathrm{m}$

级，时间尺度可达 $10^{-4} \sim 10^4 s$ 范围，其规律适用于传输现象和反应工程学理论，属于介观层次的技术科学。而对于生产流程整体，涉及长时间（$>10^4 s$）和大尺度（$>10^1 m$）的关联。

关于过程，还需要对可逆过程和不可逆过程加以区分。可逆过程，不能简单地从字面上理解为能够向逆方向进行的过程，而是特指每一步都可朝逆方向进行而且不对外界环境留下任何影响的过程。例如，在没有摩擦阻力的情况下，运动过程进行的每一步都处在平衡状态，也就是体系的平衡状态在无限长的时间过程中作无限缓慢的转移，是一种极限情况，因此这是不可能真正实现而只能无限趋近的理想过程。一切实际的过程，都是不可逆过程。冶金生产流程中的所有实际过程，都是不可逆过程。

1.2 冶金工程学科及其发展

过程在特定领域具有不同的时空尺度，流程可理解为最大尺度的过程。对不同尺度过程的研究，往往构成了特定学科不同的研究层次，冶金工程学科也不例外。简要总结归纳冶金学科及其发展过程，对于理解冶金流程工程学是有益的。

1.2.1 冶金物理化学的发展

冶金工程学科是从技艺逐渐发展起来的。到 20 世纪 30 年代，申克、焦姆金、启普曼等将化学热力学理论应用到冶金领域，逐步发展成冶金物理化学。其中化学反应热力学主要解决冶金化学反应过程中分子与分子之间反应问题，包括化学反应进行方向上的可能性，反应平衡的极限，不同元素之间反应的选择性、排序性，化学反应平衡时的熔变等。

冶金过程化学反应热力学理论系统包括五个方面：

（1）冶金化学反应过程中氧化-还原的基本规律。包括：

1）氧化物的标准生成吉布斯能（$\Delta G^{\ominus}$）及其与温度的关系；

2）氧化物的分解压力与氧位；

3）直接还原与间接还原；

4）溶于铁液中元素氧化的标准吉布斯能（$\Delta G^{\ominus}$）；

5）实际冶金化学反应的等温方程式研究；

6）化学反应中反应物和生成物的活度研究；

7）相图研究。

（2）凝固过程中晶体形核的热力学。金属液凝固过程中晶体形核的理论基础是形核的热力学。晶体形核是金属液中某些游离原子（分子）集团逐渐长大，形成有序排列的固相质点（一类相对稳定的原子团簇）的过程，进而使其周围的原子（分子）能够持续堆砌而发生凝固过程。凝固形核的方式有两种：自发形核与非自发形核。自发形核（又称均质形核）是由能量起伏的某些游动原子团簇自发长大而形成晶核的过程。非自发形核是在外来质点的表面上生成晶核的过程，所以也叫异质形核。

（3）金属固态相变热力学。金属在固态下发生固态相变时，体系的吉布斯能变化（$\Delta G^{\ominus}$）除了化学吉布斯能降低和新相的表面能增加以外，还有新相、旧相之间因比容差别所产生的应变能以及新相、旧相之间保持共格所需的共格能。当然，新相的表面能中包括了化学表面能和结构表面能。

（4）金属再结晶过程热力学。经过形变过程的金属在加热至足够高的温度以后，会在原来的晶体中重新发生形核和长大的再结晶过程，产生处于平衡态的晶粒。经过再结晶过程后，新产生晶粒的晶体结构和再结晶过程与以前的相同，但位向不同。再结晶晶核的形成往往是在滑移带、形变带、变晶界及晶界处优先形成的。

（5）冶金化学反应过程动力学。在研究应用化学反应热力学分析冶金问题的过程中，必然要涉及化学反应动力学。化学反应动力学是从分子运动和分子结构等微观概念出发，研究冶金反应的机理和速率，分析冶金反应的路径及控制环节。

这一类研究属于基础科学范畴，主要在原子或分子尺度的微观层次上进行，其方法主要是白箱和黑箱的方法，即先将研究的系统背景进行黑箱法处理（假定为封闭系统等），集中对所研究的原子或分子层次的目标进行白箱法的解析研究，使其研究对象简单化、典型化。这类研究对解释各类冶金-材料方面的现象、理解过程的本质有着非常重要的价值，也使冶金-材料的生产过程从手艺、技艺、经验逐步进入科学。

1.2.2　冶金反应工程学的发展

实际冶金生产中的化学反应、熔化、凝固、加热、形变、相变和再结晶等过程都是在工业规模的装置上进行的。由于装置尺寸的增大，相对于分子尺度的化学反应过程而言，其中的物质浓度分布、温度分布及停留时间分布与研究分子尺度化学反应的实验室装置内的现象、参数差别较大。为了使实验室研究结果能有效地应用于工业生产过程中，又不过多地进行耗费人力、物力的中间试验，产生了装置及工序层次上的动力学研究，也就是反应工程学。

早期的反应工程学把反应器（单元）作为"黑箱"来处理。也就是说，不考虑装置内部各种过程的细节，主要通过出口和入口各类信号的响应特征来分析判断反应器内流动和混合的现象；或通过对大量经验数据进行统计分析得出规律。在此基础上形成了反应器理论，例如连续反应器活塞流效率最高，而返混、短路等使效率下降等。这些概念不仅应用于反应器设计，也可以推广到流程工序之间的相互连接关系上，使相邻工序或装置布局合理，物料能够按运转顺序流动，尽量避免交叉或逆向运行。

随着计算流体力学技术的发展，反应器内流动、传热、传质的定量分析计算得以实现。冶金反应作为多相反应，在界面处（反应区）发生的化学反应速率可以作为"源"或"汇"耦合在物质流中进行定量分析。由于对"三传"的定量解析，反应器已不再作为"黑箱"，而是能判断和认识其中的过程是如何进行的。

所谓"三传"——动量传递、热量传递和质量传递是一门研究速率过程的学问，也可以认为是将这三种传输现象归结为速率过程问题加以综合观察、研究；因为这三种传输现象之间存在着鲜明的类比性——速率概念。

研究传输现象的目的，是理解流动、混合、传热、传质等物理过程对反应器内进行的冶金反应过程的影响及其一般规律。学习应用有关传输现象、理论的目的在于：深入地了解各种传输现象的机理，改进冶金过程的操作和装备设计；对所研究的冶金过程提出物理-数学模型，进而借助计算机的支持，对冶金过程进行模拟研究，促进信息技术与冶金过程的结合。总之，研究传输现象是为了研究实际冶金生产中单元操作或单元装置的合理性、有效性问题。这里有一点值得在理论上引起注意，即"三传"问题研究的系统，不是孤立的封闭系统，而是与外界环境有物质、能量交换的。

反应工程学也着重研究某些典型冶金反应器的工艺特性及功能改进：主要应用数学模型化的方法，借助计算机数值计算技术，分析研究某一类冶金反应器及其系统操作过程的特性；并在新工艺、新装置的开发过程中预测其功能特性，进而指导生产操作工艺、装置的优化设计。当然，对现有生产流程中的冶金反应器的技术革新或操作优化，冶金反应工程学也能提供相应的技术信息支持。

冶金反应工程学作为装置及工序层次上技术科学之一，研究冶金反应器内物质、能量传递过程的规律及该层次水平上的"宏观"动力学问题，这类问题较之分子层次上的微观机制而言，向冶金生产实践靠近了很多。然而对于整个冶金生产流程而言，应属于介观（中观）动力学问题。

冶金反应工程中过程解析的对象主要是各类冶金反应器，诸如烧结机、高炉、鱼雷罐车、铁水预处理装置、转炉、电炉、钢包、二次冶金装置、连铸中间包、连铸机等。作为解析方法，冶金反应工程学通常是在传输过程理论研究的基础上，对反应器内发生的各种现象及其相互之间的关系进行综合研究；运用流动、混合及分布函数等概念，在某些假设的简化条件下，通过热量、动量和物料衡算来建立反应器过程的数学模型。通过求解该数学模型获得不同条件下反应器的操作特性及各过程参数的变化规律，从而得到最佳（优化）操作参数，确定合理的反应器尺寸和结构参数，实现反应器优化设计。这就是冶金反应器的工程学解析，它不同于冶金物理化学等基础科学，实际上是一门属于技术科学的学问。

然而，所有这些都只限于单元操作或单元装置（单元反应器）层次上的研究。对整个钢厂制造流程层次上的学问，以前是很少涉及而现在又是亟待研究的，因为这一层次的学问将涉及钢铁制造流程（生产流程）的结构调整和优化，并引导钢铁发展的模式。解决这类大尺度、高层次问题，要用系统科学的观点和方法。但关于钢厂制造流程层次的理论和实践问题绝不是一般地套用一下系统工程就能解决的。这是因为系统工程所研究的领域是自然科学、社会科学与工程技术相互交叉与综合的研究与应用领域，其核心问题是组织管理与决策。钢铁企业制造流程的工程科学有利于对反映钢铁冶金制造流程的物理本质及其运行规律的新的理论认识。因此，冶金制造流程层次上的工程学理论得到重视。

1.2.3　冶金流程工程学的提出

20 世纪 70 年代中期到 80 年代期间，以大型高炉、铁水预处理、顶底复吹转炉、钢水炉外精炼（二次精炼）、全连铸和宽带热连轧机等关键技术和装备为核心的钢铁制造流程投入生产，使钢铁生产过程时间大大缩短，流程连续化程度大幅度提高。突出体现为连铸机取代了模铸和初轧机、氧气转炉取代了平炉等，钢厂模式由以初轧机为核心的万能型厂向以全连铸为核心的专业化方向转变，具体表现为以长材和以扁平材为主要产品的钢厂逐渐分化为不同的专业化生产模式。相应的制造流程运行方式由间歇、停顿、相互等待和随机匹配向整体准连续/连续的方向转变，形成了流程结构紧凑、物流通畅、节奏均衡的准连续/连续运行方式。

20 世纪 90 年代初，中国学者殷瑞钰在经历了数十年的钢铁生产实践和理论研究之后，逐步认识到钢铁制造流程内的诸多工序功能已经或正在发生解析-优化,可导致上下游工序之间关系的协同-优化,进而触发整个钢铁制造流程的重构优化。这些演变和优化还可引起钢铁制造流程动态运行机制的变化,进而推动钢厂模式变化。1993 年,殷瑞钰通过研究现代钢铁生产流程的演变及其单元工序的功能转化进程,在《金属学报》1993 年第 7 期上发表了《冶金工序功能的演进和钢厂结构的优化》专题论文,由此开始了冶金流程优化研究。这一时期,日本、德国等先进产钢国家的钢铁工业主要在如何实现连铸高效化和提高产品质量方面进行的研究、生产实践在客观上推动了流程连续化程度的提高。但所有工作都是作为技术改进措施进行的。可以总结为:先进产钢国通过优化连铸生产,率先进行了钢厂结构的调整,国内钢铁工业开始实现全连铸,并开始在理论上进行研究,进行了冶金流程优化研究的开创性工作。

20 世纪 90 年代后期,钢铁工业的时代命题和钢铁企业面临的挑战,已不再限于单一的产品质量(性能)问题,而是产品质量、制造成本、生产效率、过程服务和过程排放等多目标群。因此,必须从整体上研究钢铁制造流程的本质、结构和运行特征,并在工程实践的基础上进行理论拓展,达到整体多目标优化的目的。世界钢铁工业在钢厂结构、过程服务和环境保护等方面进行了大量探索,取得了显著成效。所做的工作主要偏重于工业实践,没有进行系统的理论总结。国内钢铁工业借鉴世界钢铁工业发展的经验,进行了理论上的概括,研究结果具有一定的参考价值。

进入 21 世纪后,中国钢铁工业在钢铁制造流程所具有的高效优质产品制造、能源高效转换与充分利用、社会大宗废弃物消纳-处理-再资源化三大功能的指导思想引导下,建设了新一代钢厂,提出了低成本、高效率洁净钢生产平台的概念,研究钢铁制造流程内能量流行为,提出了能量流网络的概念,进而开展了绿色制造和智能制造方面的探索,丰富了冶金流程工程学的理论体系。同时,在工程实践和理论探索过程中,逐渐升华到对过程工程做进一步哲学思考的高度。开展了关于科学、技术和工程的关系,工程演化论,还原论的不足,以及规律和事件的关系等方面的研究,为冶金制造流程整体优化理念的普适性提供了基础。以工程实践、理论发展和哲学思考三个方面的融合为背景,形成了冶金流程工程学学科分支,并逐步为冶金工程界所接受。具有代表性的成果为:2004 年,殷瑞钰专著《冶金流程工程学》出版,其内容主要研究了冶金流程运行的动力源和宏观动力学机制,揭示了冶金制造流程运行的物理本质和运行规律,强调冶金制造流程应以动态-有序运行、协同-连续/准连续运行为指导思想,以提高钢铁生产过程中的各项技术经济指标。2013 年,殷瑞钰专著《冶金流程集成理论与方法》出版,在《冶金流程工程学》的基础上,对冶金流程的集成理论和方法进行了前瞻性的、缜密的思考与研究,提出:流程动态运行的概念和理论基础;钢铁制造流程动态运行的物理本质和基本要素;钢铁制造流程动态运行的特征分析;钢厂的动态精准设计理论并增加了案例分析。由此标志着本学科分支领域的理论与工程应用的结合渐趋成熟,并在钢铁企业的新建和改造中发挥越来越大的指导作用。

师昌绪院士在为《冶金流程工程学》所撰写的序言中指出,殷瑞钰院士"创造性地提出钢铁制造流程中的工程科学问题",在全球钢铁工业面临着市场竞争力和可持续发展的双重挑战下,"重要的对策之一是以工程科学的知识推动钢厂的结构调整和优化","书中对钢铁制造流程物理模型的描述,将有利于引导信息技术高度集成地进入钢铁制造流程的整体调控和智能化",称该书"对指导我国钢铁工业沿着更健康的道路发展有着重要意义。"

徐匡迪院士在为《冶金流程集成理论与方法》所撰写的序言中指出，殷瑞钰院士"对冶金流程的集成理论与解析方法进行了前瞻性的、缜密的思考与研究"，提出把钢铁厂转变成具有"优质钢材生产线—高效率能源转化器—社会废弃物消纳者"等三个功能的新型流程工业，"这一全新的资源节约型和环境友好型钢铁生产理念，已在首钢搬迁后的曹妃甸京唐钢铁公司的设计、建设、运行中得以体现，第一次打破了我国钢铁厂设计传统照抄、照搬国外某厂的模式，也改变了以单体生产装置的产能来静态'拼图'，凑成一个零乱而不流畅的生产系统的钢铁厂设计方法。"徐匡迪院士称《冶金流程集成理论与方法》一书是钢铁流程工业功能转变的"基本理论与指导思想"，是殷瑞钰院士"对21世纪中国钢铁工业发展的一个新的重大贡献"。

经过二十多年的发展，北京科技大学、钢铁研究总院、重庆大学以及主要冶金工程设计院所和部分钢厂形成了一批较为成熟的研究队伍。到目前为止，从概念的创新性、理论的系统性到实际工程应用，中国都处于国际先进水平。

随着工程实践和理论探索的深入，人们认识到，冶金生产过程——特别是钢铁联合企业的制造流程——是一类开放的、远离平衡的、不可逆的复杂过程系统。在本质上属于耗散结构的自组织问题。耗散结构理论中关于负熵的概念、普利高津（Ilya Prigogine（1917~2003））对耗散结构中三个互相联系的方面（包括系统功能、时空结构和涨落）的叙述以及哈肯（Hermann Haken，1927）提出的协同学理论，在一定程度上为这类复杂系统的研究提供了理论支撑。工程实践和理论探索的结合，促进了冶金学、材料学与物理学、化学、系统科学以及信息科学等学科的交叉，构成了科学-技术-工程-产业的知识链，使冶金学科成为由三个层次的科学构成的学问，即基础科学——主要解决分子、原子尺度上的问题；技术科学——主要解决工序、装置、场域尺度上的问题；工程科学——主要解决制造流程整体尺度上的问题以及流程中工序/装置之间关系衔接匹配、优化的问题。

1.3 冶金流程工程学的研究对象、研究内容和研究方法

1.3.1 冶金流程工程学研究对象

从冶金流程工程学提出背景、形成过程以及对冶金工程学科发展过程的综合分析，可以看出，冶金流程工程学定位于工程科学层面。见表1-1。

表1-1 冶金工程学科的层次分析

科学性质分类	研究尺度	研究方法		层次	设定的系统特征	控制
		白箱	黑箱			
基础科学	原子/分子	原子/分子	系统背景	微观	封闭系统：与外界没有物质、能量交换，可逆过程——平衡状态	-/PCS
技术科学	场域/装置	场域/装置	分子/流程	中（介）观	开放系统：与外界有物质和能量交换	PCS/MES
工程科学	流程/复杂系统	流程/工序关系	分子/场域	整体/系统	开放系统：与外界有物质和能量交换，不可逆过程——远离平衡态	MES/ERP

长期以来，冶金-金属材料学科的基础科学主要是从原子/分子尺度的微观层次上进行一系列深入的研究，其方法主要是通过白箱/黑箱的手段，使其研究对象封闭化、典型化，用与外界没有物质和能量交换的封闭系统来处理。这些基础科学的研究对于解释现象、理解过程本质有着非常重要的贡献，使冶金-金属材料生产从技艺走向科学。基础科学的成就较好地解决了原子、分子尺度上的认识问题，但是在生产实际过程中，冶金工厂不仅面临原子、分子尺度上的问题，还要面对某一装置、某些场域方面的问题，这是一类尺度较大、边界条件和现象性质更为复杂的问题，因此，又出现了"传输原理""控轧控冷"等带有技术科学性质的理论研究成果。这类技术科学的理论成果，从理论上看，大多数是将系统开放，在与外界有物质和能量交换的条件下进行研究。这类模型对于控制单元装置的操作、优化装置设计参数等方面，大有裨益。不难看出，对于钢铁企业而言，这是一门介观层次上的学问。

进入 20 世纪 90 年代以后，现代钢铁企业面临的挑战，已不是单一的产量、质量问题，而是成本、产品性能、过程综合灵活控制、排放、环境、生态以及资源、能源的选择优化和循环利用等多目标群，要认识、解决这类多目标群的挑战，必须从整体上研究钢铁制造流程的本质、结构和运行特征。

钢铁制造流程中的宏观层次——流程整体系统尺度上的问题是工程科学层次上的学问。它是建立在冶金-金属材料学科的基础科学研究（微观层次）和技术科学研究（中间层次）发展到相当水平的基础上，吸收系统科学、耗散结构理论、协同学理论等方面的最新成就并结合现代信息技术和环境-生态观念形成的过程工程科学问题。这类工程科学对流程制造业是共性的学问，也许可以说流程制造业在进入 21 世纪后，面临经济全球化的挑战、面临使用信息技术的机遇、面临环境-生态的日益紧迫等问题，而必须解决的整体性、复杂性学问。

1.3.2 冶金流程工程学研究内容

冶金流程工程学具体研究内容包括：

（1）冶金流程工程学理论基础与基本概念。冶金制造流程是一类远离平衡的、不可逆的开放系统，其流程动态运行的三要素为"流""流程网络"和"流程运行程序"。冶金流程动态运行的物理本质为：物质流在能量流的驱动和作用下，按照设定的"程序"，沿着特定的流程网络做动态-有序运行，并实现多目标优化。冶金流程属于耗散结构的自组织过程，包含着加热、冶炼、精炼、凝固和塑性形变、相变等工序过程。各单元工序/装置之间具有异质-异构性、非线性相互作用和动态耦合性，流程系统和环境之间进行着多种形式的物质、能量、信息的交换，整个流程形成动态-有序运行的耗散结构。引入耗散结构理论，用负熵流的概念解释冶金制造流程系统自组织过程和系统-环境信息交换过程。通过分析过程与流程的关系、过程的时-空层次性，应用协同学理论，使制造流程集成为有序化的自组织结构。

（2）冶金制造流程的演变及流程结构优化。通过解析冶金制造流程中各工序的功能集合，引入工序间"界面技术"的概念。通过过程构成单元的选择、组合和演进，以物质量、时间和温度为基本变量，对制造流程中各类异质-异构-多元-多层次之间的过程进行协同与集成，进而研究冶金制造流程多因子物质流管控，实现工序功能集解析优化、工序之间关系集的协同优化和流程工序集的重构优化，以达到冶金制造流程系统物质流的衔接、匹配、连续和稳定。

（3）冶金制造流程时间因素的研究。时间既是流程动态运行过程中的自变量，又是目标函数。在制造流程的构成过程和动态运行过程中，时间不仅是一个自变量，还是一个重要的目标值。为了揭示时间因子在流程动态协调运行中的作用，将时间因子在制造流程中的表现形式定义为时间点、时间序、时间域、时间位、时间周期、时间节奏等概念。研究认为，将时间因子作为目标函数研究，有助于促进由不同操作方式的工序所构成的复杂生产流程实现稳定、连续/准连续运行。从冶金流程整体系统来看，时间轴是一系列参数动态-有序、协同-连续运行的耦合主轴，一切过程都是在时间轴上以不同形式展开的。

（4）冶金制造流程物质流-能量流-信息流耦合控制。钢铁制造流程一般以铁素物质流为运行主体，在碳素能量流的驱动和作用下运行。铁素物质流与碳素能量流之间是相互作用、且相伴而行的，而从碳素能量流为主体的角度看，碳素能量流与铁素物质流的关系则是既相伴而行，又时合时分的。因此，在流程中不仅存在物质流网络及相关运行程序，还存在与物质流有关的能量流网络及其运行程序。要突破物料平衡、热平衡的概念性束缚，正确认识和实施能量流的动态-有序、协同-高效运行，将促进能量转换效率的提高，减小流程运行过程中的能量耗散和有害物的排放。

（5）冶金制造流程动态-有序、协同-连续/准连续运行和调控。通过分析冶金流程的总体运行规律，即基于工序/装置运行参数的"涨落"和工序/装置之间动态耦合为基础的弹性链谐振和追求耗散"最小化"趋势，揭示流程总体运行过程中的推力-缓冲-拉力特征，构建时空系统-集成优化与动态甘特（Gantt）图，实现能量流与物质流网络的协同优化运行。

（6）冶金流程动态精准设计方法研究与应用。冶金流程工程学将引导钢厂设计理论和方法上的升级，提出从传统设计方法向动态精准设计方法的演变，促进总图规划与图论、排队论等方法结合，进而推动"界面技术"的研发，使静态结构设计与动态运行结构的有机结合，规定流程动态运行规则，划分不同钢厂的模式与类型。引入工序/装置之间的匹配-协同界面技术，将物质流、能量流网络的概念导入设计过程，以构建动态有序、协同连续、耗散优化的物质流、能量流和信息流高效协同的流程物理结构为目标，提出概念设计、顶层设计、动态精准设计以及智能化设计的设计方法，讨论适用未来钢铁制造流程建设与改造的新型设计理论与方法体系。

（7）流程宏观运行动力学的机制和运行规则。为了使各工序/装置能够在流程整体运行过程中实现动态-有序、协同-准连续/连续运行，提出流程生产运行过程中较为完整的规则体系，以规范设计方法，并指导生产运行。

冶金流程动态运行的规则是：

1）间歇运行的工序/装置要适应和服从准连续/连续运行的工序/装置动态运行的需要。

2）准连续/连续运行的工序/装置要引导和规范间歇运行的工序/装置的运行行为。

3）低温连续运行的工序/装置服从高温连续运行的工序/装置。

4）在串联-并联的流程结构中，要尽可能多地实现"层流式"运行，以避免不必要的"横向"干扰导致的"紊流式"运行。

5）上、下游工序/装置之间能力的匹配对应和紧凑布局是"层流式"运行的基础。

6）冶金流程整体运行应建立起推力源-缓冲器-拉力源的动态-有序、协同-连续运行的宏观运行动力学机制。

（8）论证冶金制造流程应具有优质高效的产品制造、能源高效转换与充分利用、社会大宗废弃物消纳-处理-再资源化三项功能。强调要从产品制造链、商品价值的演变出发，研究冶金流程过程中的节能、清洁生产和产品绿色度问题，通过节能-清洁生产-绿色制造过程逐步实现环境友好，展望相应的循环经济示范园区和低碳生态工业链。

1.3.3　冶金流程工程学研究方法——辩证思维逻辑

对于冶金工程的研究，人们已经习惯了传统的寻找冶金过程化学和冶金传输现象基本现象、探讨相应基本规律的思维方式，这在单个化学反应研究和单一反应器设计、运行过程中起到了十分重要的作用，但对于大尺度的冶金制造流程，传统研究方法往往不一定能得到系统整体优化的结果。这就需要重新审视冶金工程在大尺度系统研究上的方法，以此为基础，突破原有思维模式，形成新的方法论和研究方法。欲达到这样的目的，以下几个方面的问题是需要首先予以认识的。

1.3.3.1　还原论与整体论

所谓还原，是一种把复杂的系统（或者现象、过程）层层分解为其组成部分的过程。还原论认为，复杂系统可以通过它各个组成部分的行为及其相互作用来加以解释。研究工程类复杂过程时，习惯的方法是把它加以解析，把各个单元孤立起来分类研究各自的运动规律，并浓缩成某种学科理论。这种方法有利于对各种局部性、单元性的事物规律深入认识，但却忽略了单元与单元之间的互动关系，冲淡了整体性。

而整体论认为，将系统打碎成为它的组成部分的做法是受限制的，对于高度复杂的系统，这种做法就行不通，因此应该以整体的系统论观点来考察事物。

还原论与整体论之争由来已久，还原论与整体论作为两种不同的研究方法，它们本身无所谓优劣之分，具体选择哪种方法，这完全取决于具体情形。在某种情形下我们采取还原的方法，在另外的情形下我们可能会采取整体论的方法，这都是可以的。

对大尺度层次的冶金制造流程而言，在分割、还原的过程中，往往丢弃了相互作用界面处的大量动态、连续、协同的信息，而这些界面信息涉及结构、动态运行等主要问题，这样就进一步减弱对整体性事物的了解。单纯从某个局部出发来理解综合性的工程问题，可能会失之于以偏概全，导致谬误。因此，要注意克服还原论方法的缺失，把解析过程失落的信息、知识通过整体论、复杂性、协同论等方法挖掘出来。从这一角度讲，冶金流程工程学方法论应该是还原论和整体论的综合。

1.3.3.2　决定论与非决定论

决定论认为：事物以及事物之间具有客观的、普遍的因果性、必然性和规律性。非决定论认为：非因果联系同因果联系一样具有普遍性，它反映客观世界较为复杂的相互作用方式，从而使得事物的存在与变化受到偶然性不可忽视的影响，并导致初始状态与未来状态之间不存在精确的轨迹。

在科技问题的研究中，最常用的方法是决定论。找到描述过程运动和变化的微分方程，只要确定了初始条件和边界条件，就可以通过积分（解析的或数值的）预测出变化的轨迹和未来的状况，或者说，只要现在固定，未来就被固定下来。牛顿力学就是决定论方法的代表之一。确实，当被研究的问题能够合理简化时，决定论是十分有效的。决定论方法已成为大多数科技工作者的习惯思维。由于客观世界的差异性和复杂性，在流程这样的工程问题的研究中，需要注意决定论和非决定论互补的思维方式。在冶金制造流程中同样也需要处理好决定论和非决定论统一的研究方法。

1.3.3.3　解析与集成

对于冶金制造流程而言，制造出合格产品的前提是冶炼装置具有合理的功能，因此需要根据科学理论进行功能确定，这是功能解析的过程。在工序功能解析的基础上，如果没有有效的系统集成，流程整体就不可能达到总体上的优化。所以，冶金流程工程研究方法，实际也是解析与集成的统一。确定高炉、转炉、炉外精炼、连铸和轧钢工序装置的功能时，首先必须充分解析每个工序并确定其功能，然后依靠一定的界面技术将各个高效工序装置连接在一起。以炼钢过程的解析-集成为例，原有转炉炼钢的功能包括脱硅、脱磷、脱碳、脱硫、去气、去夹杂和升温，所有功能都在一个容器里完成，但通过解析发现，这些功能各自具有自身的物理化学特征，放在一起实现是不科学的。因此，将原有转炉工序分解为铁水预脱硫、铁水预处理脱硅脱磷、铁水脱碳升温、炉外精炼去气去夹杂调整成分，并集成为新的炼钢流程，形成高效率、低成本洁净钢生产平台。

1.3.3.4　概念模型、物理模型和数学模型

概念模型：以文字表述来抽象概括出事物本质特征的模型。

物理模型：以认识系统的物理过程和机理来表达认识对象的物理特征。

数学模型：用来描述一个系统或它的性质的数学形式。

在研究单个化学反应和单体工序时，人们已经熟悉了由概念模型到物理模型再到数学模型的研究方法，如未反应核模型、动量传输模型、传热模型等。对大尺度的流程而言，也需要这一方法体系，即针对流程层次的问题提出概念模型，由此建立物理模型和数学模型求解。

1.3.3.5　运筹学理论及其应用

运筹学是 20 世纪 30 年代初发展起来的一门新兴学科，其主要目的是在决策时为管理人员提供科学依据，是实现有效管理、正确决策和现代化管理的重要方法之一。该学科目的是应用数学和形式逻辑的跨领域研究，利用统计学、数学模型和算法等方法，去寻找复杂问题中的最佳或近似最佳的解答。运筹学经常用于解决现实生活中的复杂问题，特别是改善或优化现有系统的效率。运筹学主要包括线性规划、网络论、图论、排队论和非线性规划等内容。虽然运筹学知识体系是为管理而生，但其中的方法对冶金流程工程研究具有很大的参考价值，有些内容实际是可以借用的，如网络论、图论和排队论等。

1.4　冶金流程工程学与智能化、绿色化生产

在世界范围内实施工业 4.0 和中国全面实施"中国制造 2025"的形势下，冶金工业也必然面临智能化、绿色化的发展趋势。以钢铁工业为例：作为典型流程制造业，必须面

对环境生态，融合信息化、智能化技术。这不仅需要原有的原子/分子层次和工序/装置层次的知识，更需要将冶金学的知识拓展到流程的层次。冶金流程工程学科应该成为引导21世纪冶金制造流程绿色化、智能化发展的分支学科。

1.4.1　冶金制造流程的特征及其智能制造含义

以冶金、化工、建材为代表的流程型制造的特征是：

（1）企业由异质、异构、相关协同的工序构成，企业以不可拆分的制造流程整体协同运行的方式存在，适合于连续、批量化生产。

（2）制造流程中存在着复杂的物理、化学过程，甚至出现气、液、固多相共存的连续变化，物质/能量转化过程复杂，难以全部实现数字化。

（3）企业是复杂的大系统，输入的原料/燃料组分波动，外界随机干涉因素多，难以直接数字化。

（4）组成制造流程的单元工序/装置的功能是不同的，制造流程属于异质、异构单元组合的集成体。

（5）工序与装置之间的关系属于异质、异构单元之间非线性相互作用、动态耦合过程，匹配、协同的参数复杂多变，数字化较难。

（6）产品性能、质量、生产效率取决于工艺流程设计优化、各个工艺过程的优化和全流程运行的整体优化。

（7）流程型制造业的智能化主要体现在制造流程运行过程的智能化。

冶金制造流程智能制造的含义：一种以企业生产经营全过程和企业发展全局的智能化、绿色化、产品质量品牌化为核心目标研发出来的生产经营全过程的数字物理融合系统。其关键技术包括生产工艺/装置技术优化、工艺/装置之间的"界面"技术优化和制造全过程的整合-协同优化，以此为基础嵌入数字信息技术，从而构成体现智能特色的数字物理融合系统——CPS。

对于钢铁制造流程，具体步骤则为：

（1）解决输入/输出物流的智能化问题，包括物料采购、运输、储存、合理派送和产品销售、发运、中转、储存等方面的物流/财务的效益、效率问题。

（2）研发钢厂内液相铁素流的动态-有序、协同-连续地智能化运行的"网络系统"，是钢厂生产效率、能耗、质量稳定性、过程能效等指标的关键，也是钢厂全流程智能化的难点和核心技术问题。由此可以先从三个区段过程的"界面技术"及其智能化调控（数字化）着手，即：

1）炼铁-炼钢衔接界面的智能化调控——进一步优化铁水罐多功能化（"一罐到底"）的设计方法和智能化运行软件系统；

2）炼钢厂内铁水预处理—炼钢—炉外精炼—连铸—多炉连浇过程中液相铁素流运行设计方法和智能化炼钢厂的生产运行软件系统；

3）连铸机-热轧机之间高温（800℃以上）热连接过程中，铁素物质流运行的网络设计（"界面技术"）和生产运行调控的智能化软件系统。

（3）研发与铁素物质流协同关联的能量流（一次能源和二次能源等）网络及其协同运行程序，建立基于实时监控、过程优化、动态调控、集中管理的智能化自适应能源-环境管理中心。

（4）开发各类在线测试的传感器件、仪器仪表，以实时快速、准确地获得在线运行的各类参数。

（5）形成具有自主知识产权的智能化"工程设计专利"和相关的信息化"软件系统"。

1.4.2　冶金制造流程智能化、绿色化协同

钢铁流程绿色化与智能化协同是未来钢铁制造流程发展的目标。与此对应的重大关键共性技术包括钢铁制造全流程在线检测-监测技术及数字化、智能化嵌入技术；分布与集成相结合的余热余能梯级利用和系统回收技术；钢铁生产智能化能源管控和环境优化技术；污染物分布与集中结合的协同控制和一体化脱除技术；与相关产业互补链接及与周边社会共生共荣生态链接技术；钢铁流程制造和服务一体化网络集成技术；钢铁制造流程物质流、能量流、信息流协同动态调控技术；性能钢铁产品定制化、减量化生产及装备技术；高性能钢铁产品全生命周期智能化设计、制备加工技术。最终将建立钢铁流程绿色化与智能化理论体系和评价体系，形成具有自主知识产权的钢铁流程及品种绿色化与智能化生产制造技术群。

思　考　题

1. 什么是流程？什么是流程制造业？请结合钢铁生产进行说明。
2. 钢铁制造流程有哪些类型？
3. 冶金流程工程学的研究对象是什么？
4. 冶金流程工程学的研究内容有哪些？
5. 冶金流程工程学的研究论方法包括哪几个方面？

习　题

1. 简述冶金工程学科发展历程。
2. 简述冶金流程工程学提出的背景。
3. 简述冶金流程工程学与钢铁制造流程智能化、绿色化的关系。

参 考 文 献

[1] 殷瑞钰. 冶金流程工程学 [M]. 北京：冶金工业出版社，2004.
[2] 殷瑞钰. 冶金流程系统集成理论与方法 [M]. 北京：冶金工业出版社，2013.
[3] 许国志，顾基发，车宏安. 系统科学 [M]. 上海：上海科技教育出版社，2001.

2 冶金流程工程学基本概念

本章概要和目的：介绍冶金流程工程学的主要基本概念，使学生了解钢铁制造流程的三大功能、复杂系统基本概念（开放系统和耗散结构）、流程三大要素（"流""流程网络"和"程序"）、钢铁制造流程运行动力学等基本概念的确切含义，为读者学习以后各章内容奠定基础。

冶金流程工程学更加准确地描述了现代钢铁制造流程功能的转变，揭示了钢铁制造流程的物理本质。将钢铁制造流程视为开放、耗散的系统，突破传统热力学中"孤立系统"概念的束缚，从整体、开放、网络化和时-空协同的角度，提出了"流"的概念（物质流、能量流、信息流——"三流"），及其流动/流变过程所依附的实体性"流程网络"、协同-耦合的"运行程序"等相关要素。这里提出的流程功能拓展、复杂系统和流程三要素，对理解冶金流程工程学理论体系至关重要。

2.1 钢铁制造流程三大功能

2.1.1 钢铁制造流程功能拓展

现代钢铁制造流程所面临的外部环境发生了巨大变化，其中最重要的问题是必须面对资源能源短缺和环境保护。

20世纪科学技术的进步促进了社会经济的快速发展，全球范围内的工业化、城市化进程加快。由于缺乏资源、能源和环境方面的综合认识，无节制地使用资源与能源来进行大规模的生产，同时由于生产过程及大量消费后的无序废弃，导致资源、能源匮乏，环境问题日益突出（其中包括了公害型的环境问题、生产型的环境问题、生活型的环境问题和地球环境问题等），人们开始忧虑资源能源的可用程度、地球环境、生态平衡等根本性问题，提出可持续发展战略和环境保护战略。钢铁工业在节能和环境保护方面大体上经历了以下几个阶段：

（1）20世纪60年代至70年代为公害治理阶段。由于发达国家钢铁工业发展历史较长，环境公害问题暴露较早，因此对环境保护的认识较早，在此阶段采取了诸如稀释排放和末端治理等对污染排放物的治理措施。污染物末端治理是运用高效处理设备和技术，使排放的污染物达到排放标准的要求。但实际上只是让污染物在不同位置、不同介质间转移，同时过多的末端治理会增加企业和社会的经济负担，甚至影响企业和社会的自我发展动力。

（2）20世纪70年代至90年代为节约能源（减少排放物的源头治理）阶段。1973年石油危机的爆发使发达国家认识到能源的重要性，开始采取节能降耗措施。节能可降低单位钢铁产品的能源消耗，实现少消耗、少排放、多产出的目的实际是从源头减少了各种排放物。应该说这是有效的、相对主动的策略。长期的实践表明，节能是积极、经济的环境保护措施，节能促进了环保资金的投入，节能措施实施的同时得到了经济效益和环境效益。一般而言，节能是环保的基点，节能与环保相互促进，密不可分。

（3）20世纪80年代后期至90年代为清洁生产、绿色制造（积极的源头治理）阶段。清洁生产是国际社会在总结了工业污染治理的经验教训后提出的对策。清洁生产提倡充分利用资源，从源头削减和预防污染物及有毒物的产生，在保证经济效益的前提下达到环保的目的。显然，清洁生产是指将整体的、预防的环境战略持续地应用于生产过程、产品及其服务过程中。相对末端治理而言，清洁生产措施从单纯、被动地治理污染步入全面、主动地预防和消除污染的阶段。绿色制造的内涵比清洁生产的内容更宽泛些，它还包括了产品使用效率的提高，使用寿命的延长以及分类回收、循环利用等因素，并将涉及产品整个生命周期的环境负荷评价等问题。

（4）20世纪90年代后期开始进入研究钢厂生态化转型和构想融入循环经济社会的阶段。将钢铁企业与相关的社会生产过程、消费过程和废弃过程、分解回收循环利用过程组成生态工业链，这是钢铁工业生态化转型并融入循环经济社会的重要构想和标志。

可见，钢铁制造流程的功能已经得到大大拓展，从如下几个典型例子可以明显看出。

【实例1】　图2-1为高炉生产1t铁水所对应的物质、能量输入和输出。高炉运行过程中输入的物料有生矿、烧结矿（球团矿）、返回的转炉渣等，输入的能源有焦炭、煤粉、电力等，还有水、空气（鼓风、氧）等自然资源，输出的有铁水、高炉渣、炉尘等物质，有高炉煤气、蒸汽、电力等能源，还排放热水、温水等介质。

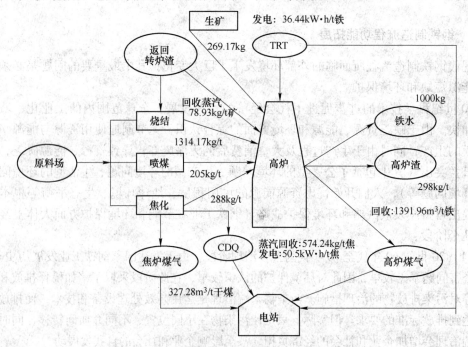

图2-1　高炉炼铁过程的物料与能源输入、输出图

【实例2】　图2-2为转炉生产1t钢水所对应的物质、能量输入和输出。从输入的物料看，转炉运行过程中输入的物料有铁水、废钢、造渣剂、铁合金等，输入的能源有电力、焦炉煤气、氧气、氮气、氩气、蒸汽等，还有水、空气等自然介质；输出的物料有钢水、转炉渣、炉尘等，输出的能源有转炉煤气、蒸汽、热水等，还有排放的冷却水等介质。

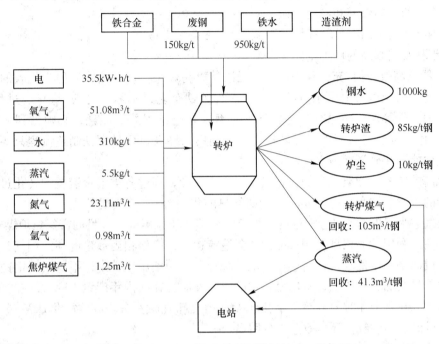

图2-2　转炉炼钢过程的物料与能源输入、输出图

同样，还可以列出焦化、烧结、电炉、二次冶金、连铸、加热炉、热轧、冷轧等工序过程中物质、能量的输入集和输出集。可见，无论是高炉—转炉流程的钢铁联合企业，还是电炉短流程钢厂，其制造流程的功能实际上不再局限于钢铁产品的制造功能，从制造流程中各工序、装备在运行过程中的输入集和输出集看，其中蕴含着制造流程功能拓展的要求。

进入21世纪以后，如何深入认识和充分开发钢铁制造流程的功能，是一个时代性的命题。如果仅从冶金、材料学科角度看，钢铁制造流程的功能只是钢铁冶炼与钢材生产而已。但是，如果从工程、产业、社会等角度看，也就是进一步扩展到从资源、能源、环境、生态、循环经济等方面的视角看，则钢铁制造流程的功能绝不只局限在钢铁产品的制造功能上。因此，人们应该以更宽阔的视野、更积极的心态来思考钢铁制造流程的功能拓展和钢铁企业的生态化转型问题。

2.1.2　钢铁制造流程三大功能及其含义

钢铁制造流程三大功能指新一代钢铁制造流程所具有的高效优质的钢铁产品制造、能源高效转换/充分利用和大宗社会废弃物消纳处理-再资源化三大功能。

（1）高效优质的钢铁产品制造功能。在尽可能少消耗资源和能源的基础上，高效率地生产出成本低、质量好、排放少且能够满足用户不断变化要求的钢材，供给社会生产和居民生活消费。同时，钢铁产品还必须具有较高的绿色度。对钢材绿色度的评价具体分为以下指标：

1）单位产品在生产过程中消耗的资源、能源数量和各类排放物（包括温室气体）的数量；

2）产品的使用效率和使用寿命；

3）钢材及其制品对外部环境的影响；

4）钢材及其制品的可再生性等。

（2）能源高效转换/充分利用功能。无论是以高炉—转炉—热轧流程为代表的钢铁联合企业，还是以废钢为主要原料的电炉短流程钢铁企业，实际都是铁-煤化工过程企业，外购电、油、气等作为能源的补充。要实现钢铁制造过程的低能耗，必须做到能源介质（包括煤、电、油和气等）的高效转换和高效利用，终极目标是钢铁制造流程只买煤，不买电，其他能源介质消耗最少。

能源高效转换功能典型实例：在钢铁联合企业中，通过各类冶金装置的转化过程，伴生了大量的可燃气体和高温产成品（例如红热的焦炭等）。特别是伴生了大量的低硫含量的高炉煤气、大量的含高浓度 CO 的转炉煤气或熔融还原尾气、大量的富氢焦炉煤气等。

能源高效利用功能典型实例：在钢铁制造流程中，产生相当数量的高温烟气、蒸汽和热水，集成起来可以推动钢铁企业自发电系统的开发和利用。其中，不少大型钢铁联合企业正在向着只买煤、不买电、不用燃料油的方向发展。在我国年产钢 1000 万吨的钢铁厂，已经配备了 120 万千瓦时的电站，年发电量约 70 亿千瓦时左右。该厂每发 $1kW \cdot h$ 电只需 $260 \sim 270g$ 标煤，其经济-环境效益十分明显。

在电炉短流程钢铁制造流程中，铁素源主要来自社会返回的加工废钢和折旧废钢。有的电炉钢厂回收电炉冶炼过程排放的高温炉气，用以预热废钢，可以达到吨钢节电 $100kW \cdot h$ 的节能效果，这是另一种类型的能源转换形式。

钢铁制造流程开发新一代清洁能源——氢，是一个十分值得重视的前沿性研究课题。钢厂生产氢，可以通过吸附制氢的方法从焦炉煤气中得到。更值得注意的是，通过 $CO-H_2O$ 反应，可以从高浓度 CO 的转炉煤气中得到氢，更可以从熔融还原炉富 CO、富 H_2 的尾气中得到氢。这种氢还可以进一步加工成二甲醚（CH_3OCH_3），作为液态能源。

同时，钢厂的低能阶余热、余能可以转化为热水等形式，供邻近社区居民生活使用，这是更深层次的能源转换。

（3）大宗社会废弃物消纳处理-再资源化功能。在钢铁制造流程中，回收利用大量废钢铁、废弃塑料、废旧轮胎、社会垃圾和社区废/污水，以降低社会环境负荷，促进资源、能源的循环利用，在不同地域构成工业生态链，逐步实现钢铁制造流程不同类型的生态化转型。

在未来社会中，对钢铁企业可能承担的社会经济职能，可做以下构想：

1）钢铁企业是铁-煤化工的起点，既要生产出更好、更廉价的钢，又要开发新的清洁能源；

2）钢铁企业可以是未来海港生态工业-贸易园的核心环节之一；

3）钢铁企业可以是城市社会大宗废弃物的处理-消纳站和邻近社区居民生活热能供应站；

4）钢铁企业可以是某些工业排放物质再资源化循环、再能源化梯级利用和无害化处理的协调处理站。

综合而言，新一代钢铁制造流程具有高效优质的钢铁产品制造、能源高效转换与充分利用、大宗社会废弃物消纳处理-再资源化三大功能。高效优质的产品制造功能是指在尽可能少消耗资源和能源的基础上，高效率地生产出成本低、质量好、排放少且能够满足用户要求的钢材，以供给社会生产和居民生活。这类产品的制造过程体现了产品生命周期评价概念，是一种绿色生命周期体系，涉及资源/能源的开采、输送、制造、加工组装、用户使用、废弃、回收等过程。其绿色度评价指标包括：（1）单位产品在生产过程中消耗的资源、能源数量和各类排放物的数量；（2）产品的使用效率和使用寿命；（3）钢材及其产品对外部环境的污染影响；（4）钢材及其制品的可再生性。能源高效转换与充分利用功能是指钢铁制造流程伴随着不同形式的能源转换过程。以高炉—转炉—热轧流程为代表的钢铁联合企业，实际是铁-煤化工过程，即将煤炭通过钢铁冶金制造流程转换为焦炭、不同类型的可燃气、热能、电能、蒸汽甚至氢气或二甲醚等能源介质的过程。以废钢为主要原料的电炉短流程钢厂也是铁-煤化工过程，只不过煤炭是通过燃煤电站转化为电能，而铁主要来源于社会返回的加工废钢和折旧废钢。此外，钢铁制造流程也是清洁能源——氢的主要产出地，钢厂的低能阶余热、余能可以通过转化为热水等形式。大宗社会废弃物消纳处理-再资源化功能是指将来自社会的大宗废弃物引入到钢铁制造流程的诸多工序中进行处理消纳和再资源化。降低社会环境负荷，促进资源、能源的循环利用。废钢铁可以充分再循环利用是钢铁工业的重要优点，这里所指的社会大宗废弃物还包括废钢铁、废弃塑料、汽车轮胎、社会生活垃圾和城市污水等。钢铁制造流程三大功能的提出，为新一代可循环钢铁制造流程的建立奠定了基础，也是先进钢厂的设计、建设和运行的理论指导。

在中国新型工业的发展过程中，应该以新的发展观审视钢厂的社会经济功能，重新审视未来社会中不同条件下钢铁企业的社会角色和多种经营的转型机遇。

2.1.3 钢铁制造流程的物理本质

钢铁联合企业的制造流程，是由原料储运过程、原料处理过程、炼铁过程（铁矿石还原）、炼钢过程（铁水氧化）、钢液的精炼-净化过程、钢液的凝固-成形过程、铸坯再加热-相变过程、轧件的高温压力加工-形变和相变过程、钢材的冷加工-表面处理过程和企业内部各种物质（物料）的输送过程、能源（能量）的输送、储存和转换过程等构成的协同-集成、动态有序运行的流程。不同过程、不同工序及装置之间的连接和相互作用是非线性的关系。从热力学角度讲，是一类开放的、远离平衡的、不可逆的复杂过程系统。从运动（运行）过程上看，是一个开放的、远离平衡的、不可逆的、具有不同结构-功能的单元工序所构成的流程耗散过程，具有多层次性（原子和分子、场域及装置、区段过程、整体流程）、多尺度性、有序性和混沌性（功能、时间、空间等方面）、连接-匹配（静态）、缓冲-协调（动态）等方面的含义。这类复杂流程系统的优化目标，是追求动态-有序的结构和连续（准连续）-紧凑的方式，以期实现流程运行过程中耗散的"最小化"。

对这类复杂系统的系统研究，应该具有整体的眼光，应该看清流程的物理本质。只有这样才能从总体的宏观层次上把握其复杂性，做到化繁为简。

从物理本质上看，钢铁冶金制造流程的特点为：

（1）流程是由性质、功能不同的诸多工序所组成的整体运行系统。流程内诸多工序的性质、功能不同，由它们所构成的流程具有诸工序所没有的新功能。

（2）流程整体及其所有构成工序、装置都是开放系统，与外界环境有物质、能量、信息交换；即在不断输入物质和能源、不断输出产品、副产品、排放物质和能量的同时，产生信息变换。开放、交流是这类流程存续并向有序化发展的必要条件。

（3）流程整体及其所有构成工序都是属于非平衡、远离平衡的系统。当整个流程系统处于远离平衡态时，各工序及装置之间的相互作用是非线性的，体现在流程的整体性和复杂性上。

（4）流程中工序的功能包括了接受来自前工序的多因子（多维）"流"的遗传因子，使流程中多因子（多维）"流"的某一或某些因子发生"质"或"量"的"突变"，还有适应外界环境并与之协调的功能。这些"遗传"（传递）、"突变"（转换、转化）、"适应"和"协调"（自组织）等功能可以体现在"流"（多维性的物质流）的某一或某些因子上。

（5）流程中工序之间的相互关系是非线性的，可以体现为相互合作（加法、乘法等）、相互促进（乘法、指数等）、相互制约（减法、除法、负指数等）、相互影响（函数关系等）等方面。即各工序之间不是简单的线性依赖关系，而是既存在着正反馈的倍增效应，又存在着限制增长的饱和效应，即负反馈。

工序之间相互关系的非线性特征还体现在互相之间物质交换是非线性的，能量转换是非线性的，空间变换是非线性的，时间过程是非线性的。

（6）非线性和非平衡对于流程系统的"自组织"起着重大作用。所谓"自组织"，就是流程系统有序状态的自我形成和自我完善。

（7）流程中各工序的行为都存在"涨落"现象。当流程系统内某一或某些参数处在"临界点"状态时，这类"涨落"现象有可能引起流程系统组成的重构，流程的行为也随之出现"突变"。因此，工序或流程的"涨落"在"临界点"附近所起的作用显得特别重要，这类参数的"涨落"有可能"涌现"出不同类型的耗散结构和有序状态。

在钢铁冶金流程的发展、演化过程中，结构优化、动态有序、协同运行是钢厂诸多技术进步的集成效果和目标，也应该是从整体上研究问题的重要切入点。在工业生产实践中，流程的结构性演变一般不是在某一时刻通过一次性的技术和经济措施实现整体性的"突变"而"涌现"出新结构、突现新功能的。相反，在实践中（特别是老企业技术改造过程中）往往是通过使某一区段或工序（即子系统）中的某一或某些序参量发生临界性转变，先引起该区段、工序（子系统）的结构进化（或有序化），实现局部的功能优化；进而按一定的顺序（包括技术上的、投资上的）采取措施——即协同关联的原则，使不同区段和工序（子系统）的序参量（一个或几个）发生变化，再通过子系统之间的非线性相互作用——协同效应、自组织作用，形成更大尺度上的动态有序结构（例如从炼钢炉直至热轧机），乃至冶金生产流程整体上的动态有序结构。这样就形成了一个开放的、远离平衡的动态有序运行的流程——连续化的或准连续化、紧凑化、协同运行的现代钢铁制造（生产）流程。

因此，可以提炼出钢铁制造流程的物理本质为：钢铁制造（生产）流程是一种多因子

（多维）"流"按一定"程序"在一个复杂网络结构（流程系统框架，如钢厂总平面布置图等）中的流动运行现象，是复杂性和时间在流程系统中演化的不可逆过程，即物质、能量的转换与耗散过程。

2.2　开放系统与耗散结构

2.2.1　开放系统的概念

在热力学中，系统与环境的概念如下：

系统：为了研究的方便，经常人为地把一部分物质与其余的分开来作为研究的对象，把被研究的对象称为系统。

环境：与系统密切相关的部分称为环境。

系统与环境之间可以用实际存在的界面来分隔，也可以用想象的界面来分隔。

人们为了研究的方便，常常根据系统与环境之间有无物质和能量交换，将系统分成三类：

（1）隔离系统：无能量和物质的交换，也叫孤立系统。

（2）封闭系统：有能量的交换而无物质的交换，也叫闭合系统（后文无特别指明，一般是指封闭系统）。

（3）敞开系统：系统和环境之间有能量和物质的交换，也叫开放系统。

孤立系统、封闭系统与开放系统如图 2-3 所示。

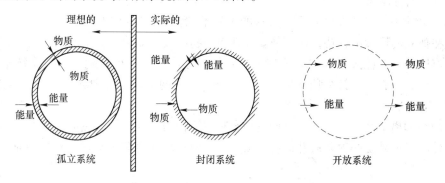

图 2-3　孤立系统、封闭系统与开放系统

热力学系统按其所处的状态不同，可以区分为平衡态系统和非平衡态系统。一个孤立系统，初始时在各个部位的热力学参量可能具有不同的值，这些参量会随时间变化，最终将达到一种不变的状态（或叫定态），即平衡态。"孤立系统一旦达到了平衡态，它就永远不会自发地离开这个态，除非外界强迫它这么做；而一旦有外界影响它就不再是孤立系统了。"不但孤立系统有平衡态，开放系统也可能是平衡态。研究表明："无论是孤立系统还是开放系统的平衡态都有两个重要的特征：（1）状态参量不再随时间变化，即达到定态。（2）在定态系统内部，不存在物理量的宏观流动，如热流、粒子流等。凡是不具备以上任一条件的态，都叫做非平衡态。"与孤立系统不同，开放系统的演化强烈地依赖于系统的外部条件，前者仅以平衡态作为自己的发展情景。一个开放系统（不管是力学的、物

理的、化学的还是生物的）在达到远离平衡态的非线性区时，一旦系统的某个参量的变化到达一定阈值时，通过"涨落"和非线性相互作用，系统可能发生突变，即非平衡相变，由原来的混沌状态转变到一种时间、空间或功能有序的新的状态。

2.2.2 耗散结构及其特征

耗散结构这一概念是相对于平衡结构而产生的。平衡结构是一种静态有序结构，例如晶体等，但这类有序结构与耗散结构的有序性存在着诸多本质性的差别。耗散结构的特征就体现在这两类"有序"的本质差别之中。其差别有以下三点：

（1）两类有序的空间尺度范围不同。平衡结构的有序大多是指微观有序。其有序的表征尺度是微观单元结构的尺度，与原子、分子处于同一数量级。而耗散结构中的有序，其有序的表征尺度则是宏观的数量级，在长程的空间关联和大量级的时间周期中表现出有序。

（2）稳定有序的平衡结构是一种"死"的结构，而稳定有序的耗散结构是一种"活"的结构。

所谓"死"的结构，是指此类稳定有序的平衡结构一旦形成，就不会随时间-空间的变化而变化。晶体内部的热运动只能使其分子、原子在平衡位置附近振动。条件变化只能使平衡结构破坏，使其走向无序状态。

所谓"活"的结构，是指此类稳定有序的耗散结构是一种动态的变化着的有序，它随着时间或空间的变化呈现出有规律的周期性变化。当获得新的突变条件时，系统可以走向另一个新的有序结构。

（3）两类有序结构持续存在和维持的条件不同。在平衡结构中，一旦形成稳定有序，就可以在孤立的环境中维持，而不需要和外界有物质或能量交换。平衡结构是一种不耗散能量的有序结构。耗散结构则必须在开放系统中才能形成，也必须在开放系统中才能维持。它必须和外界环境持续地发生能量、物质、信息的交换，必须耗散外界流入的负熵，才能维持有序状态，故名"耗散结构"。

系统在远离平衡状态下，可以形成动态有序运行的耗散结构。然而，耗散结构的形成是有条件的，即系统必须开放并远离平衡状态，而且系统内有"涨落"现象和非线性相互作用机制。

2.2.3 开放系统与耗散结构的关系

对于二者关系，可以做如下叙述：

（1）在以下条件下开放系统才能存在：1）系统不断地同外界环境进行物质、能量和信息的交换，没有这种交换，开放系统的生存和发展是不可能的；2）系统具有自组织能力，能通过反馈进行自动调控以达到适应外界环境变化的目的；3）系统具有趋稳性能力，以保证系统的结构稳定和功能稳定，具有一定的抗干扰性；4）系统在同外界环境的相互作用中，具有不断变化和完善化的演化能力；5）系统受到自身结构、功能或环境的种种参数的约束。耗散结构形成和维持的第一个条件是系统必须处于开放状态，即系统必须要与外界环境之间持续地进行物质、能量和信息交换。

（2）非平衡是动态有序之源。系统可能有三种不同的存在状态：1）热力学平衡态；

2）近平衡态；3）远离平衡态，即非线性非平衡态。平衡态呈现无序运动，不可能导致动态有序；近平衡态，虽与外界环境有适度的能量交换，但其趋势是在外界影响的作用下形成非平衡稳定态，也不能产生耗散结构。系统只有远离平衡态并处于开放条件下，才有可能形成新的稳定的、动态有序的耗散结构。非平衡是有序之源。

（3）涨落导致有序。开放性和非平衡主要是指构成有序结构的外部条件。但要使系统演化发生质变，还需要内部条件。使系统产生有序结构的内部诱因是"涨落"。"涨落"是指系统中某个变量的行为对统计平均值发生的偏离，它能使系统离开原来的状态。大多数"涨落"逐渐衰减（弛豫），系统恢复原来状态。但远离平衡时，有的"涨落"衰减很慢，有可能被反馈放大为"巨涨落"，达到临界值时导致系统从不稳定状态跃迁到一个新的有序状态，即耗散结构。这种"涨落"慢衰减的变量可称之为序参量。任何一种稳定有序的状态，都可以看作是某种无序状态失去稳定性而使某种"涨落"放大的结果。

（4）非线性作用机制。开放性、非平衡和"涨落"都是形成耗散结构的重要原因，但不是系统一定能自发地形成和维持耗散结构的充分条件。只有通过系统内部各构成要素之间的非线性相互作用和动态耦合，才能使系统内部的各个要素之间产生协同作用和相干效应，产生反馈现象，使系统从无序变为有序，从而产生耗散结构。

耗散结构揭示出两类不同行为：

（1）接近平衡时，有序将被破坏（如同孤立系统的情景）；

（2）远离平衡时，有序得以保持或者超出不稳定性阈值而出现有序。

后一类行为被称为相干行为。耗散结构中进行的过程必然会产生熵。然而，这种熵产生并不在开放系统内积累，而是某种与环境不断地进行能量/物质交换的一部分，与自由能和反应物属于被输入不同，熵产生和反应生成物属于被输出。这是最简单的一种新陈代谢。即借助于与外界环境交换能量/物质，开放系统保持着它的内在的非平衡，而这种非平衡又反过来维持着交换过程。

可见，表征一个耗散结构的，不是给定状态分配给总系统能量的熵的统计度量，而是熵的产生率和与外界环境进行交换的动力度量，即开放的、动态过程中输入能量（也可以来自物质的输入）的补偿和转化的强度。

要进一步认识耗散结构的过程特征，还可以有两类不同的理解：

（1）将耗散结构理解为组织能量流的物质结构（例如燃煤发电厂），这是在组织能量流转换、运行过程中的物质耗散角度上看问题（例如采用什么样的发电工艺流程和装备以及每度电的耗煤量）。

（2）将耗散结构理解为组织物质流的能量结构（例如冶金厂），这是从组织物质流转换、运行过程中能量耗散角度上看问题（例如采用什么样的冶金工艺流程和装备以及吨钢能耗等）。

2.2.4 系统自组织与他组织

从逻辑上看，组织一词是"属"的概念，自组织、他组织是"属"下面的"种"的概念。流程系统作为工程实体，是诸多单元工序、装置组织起来的群体，即有组织的群体。其组织力来自系统内部的是自组织，组织力来自系统外部的是他组织。

开放系统的自组织性是一种性能。具有自组织性的开放系统，在不同的有序化状态下可以具有不同的自组织化的程度。自组织化程度的提高取决于两个方面：

（1）改善开放系统内部的有序化状态及其自组织机制，例如不同单元确定适度的、合理的涨落机制和提高各单元之间的非线性耦合程度以及系统与单元之间的选择-适应关系；

（2）通过外界输入的信息，调控其有序化状态并促进系统的自组织化程度的改善。进而言之，就是通过外加的信息控制"力"和系统内在自组织的"流"的结合，进一步提高开放系统的自组织化程度。

生产流程的自组织现象，具有多种形式，包括自创生、自复制、自生长、自适应等。

自创生是在自组织过程形成的新的状态从与原有的旧的状态对比角度上，对自组织状态的一种描述。在流程系统演化过程中，自组织过程类似于相变，在一定外界条件下，流程系统原来处于失稳无序态，由于流程内组元（工序、装置等）之间的相互作用，自发产生新的结构和功能。相对于"自组织"过程以前的流程系统而言，是一种新状态，而以前是不存在这种状态的。这一自组织形式称为自创生。自创生的特点在于自组织的过程中，流程系统出现了原来所不曾有的新的状态、结构、功能，而新出现的状态、结构、功能，又不能用某种组织理论来分析它与自创性前流程系统状态之间的关系。例如，钢铁生产流程中以连续铸锭替代模铸—初轧—开坯，使得凝固成形工序与炼钢炉、热轧机之间的相互关系，分别发生了明显的变化，出现了新的高温热连接状态、流程连续化程度相对高的结构和新的物质流有序运行功能。而钢厂生产流程的全连铸化发生的巨大变化不是用系统工程的组织理论事先就能预测出来的。自组织过程后出现的新状态与原来状态相比，有序程度提高的称为自创生；反之，如果新状态比原来状态有序程度降低的，则称为自坍塌。在钢厂技术改造过程中，也曾出现过一些"自坍塌"现象，例如不顾企业总图布置的合理性，随意增加设备甚至混乱地布置生产车间；为了一时的数量扩张，追求产品"万能化"等。钢厂技术改造过程，一旦出现流程的自坍塌现象，往往会造成长期的、甚至全局性的后果。

自复制是从自组织过程中，组元之间如何相互"作用"，才能保证流程系统形成某种有序、稳定状态的角度出发，对自组织所形成的状态特点的一种描述。流程系统自组织过程形成的时间结构（例如过程时间周期）可以看成是自复制的最简单的情况。自复制是从自组织的时间过程来分析流程状态之间的关系和特点的。在自组织过程中，流程系统的演化过程呈现出的有序状态；从时间变化分析，某一图形经过一段时间后，新呈现出的图形与原来的图形一样，可以称为自复制。在研究由多个组元（多个子系统）组成的流程系统时，从流程系统的层次来看，流程系统的状态是不变的，仍然保持原来的运行状态；从组元（子系统）层次看，其状态是变化的，每个组元（子系统）都在变化。因此，在多数情况下，容易看到流程系统中组元（工序、装置）的自复制现象；组元（工序、装置等）的自复制功能，使流程系统自组织过程中形成的有序状态得以保持下来。自复制是流程系统自组织过程中所形成的状态能稳定存在的原因。在钢厂生产过程中，为生产某一产品而编制的生产运行图——时钟推进计划，就是属于某种类型的自复制。对于各个工序、装置等而言，呈现出一种周而复始的时间变化规律——工序、装置层次上的自复制现象。

自生长现象是在流程整体层次的尺度上，对流程系统自组织过程所形成状态随时间演化进程的一种描述。这是对流程整体状态的分析。在自生长过程中，流程的结构、功能保持不变。自生长也要依赖于一定环境，包括物质、能量、信息的输入，通过流程系统的自组织，通过和各组元（工序、装置等）之间的相互作用，而"平均地"变成整个流程系统的动力，使之整体扩大。在多数情况下，组元（子系统）的自复制是流程系统自生长的原因。例如，转炉、轧钢机等工序周而复始地运行，体现了组元（子系统）的自复制；而钢厂生产流程不断地准连续运行，不断地输入原料、能源、信息，不断地生产出产品、副产品，不断排放出各类排放物，而且随着时间的推移，越来越多，体现出自生长的演化过程。

自适应是从流程系统与外部环境关系的角度上，对流程系统的一种描述。自适应强调在一定的外部环境下，流程系统通过自组织过程来适应外部环境条件，并出现新的结构、状态或功能。

自适应与自创生都是对整个自组织过程的分析，都是研究自组织过程前后流程系统状态的差别。但也有不同，自创生是从自组织流程系统本身的性质来分析，从自组织过程后流程系统出现新的结构、功能的角度来分析，是对流程系统本身状态的描述和对流程系统内部机制的探讨。自适应则是系统由于外部环境变化而产生的对"刺激"的"响应"，是从流程系统与外部环境关系的角度，来分析研究流程系统的自组织性质。因此，对于同样一个实例，强调研究其系统内部相互作用时，可称为自创生；强调研究系统与环境条件的关系时，可称为自适应。

在讨论实际问题时，往往把自组织前流程系统呈现无结构、杂乱无章的状态，经过自组织过程后（这是流程系统内部相互作用"涌现"出的新状态）出现了新结构称为自创生；而将原来具有一定结构的流程系统，在外部环境发生变化的刺激下，结构发生改变称为自适应。自适应强调的是，即使流程系统已形成有序结构，只要环境条件发生变化，其有序状态也将随之改变，体现流程系统有适应环境的能力。

流程设计及其动态运行是为了构建一个人工实在体系的事前谋划和实施过程。流程工程设计过程是通过选择、整合、互动、协同、进化等集成过程，来体现工程系统的整体性、开放性、层次性、过程性、动态-有序性等为特征的自组织特性，又通过与基本经济要素（资源、资金、劳动力、土地、市场、环境等）、社会文明要素、生态要素等要素的结合，设计、构筑起合理的结构，进而体现出工程系统的功能和效率。从这个意义上讲，流程工程设计和动态运行就蕴含着他组织的意义。也就是要把相关的要素，在其相互之间具有自组织性的基础上，设计出一个具有他组织特性的系统（例如设计流程网络、设计功能结构、时-空结构等），并且进一步设计出在其实际动态运行中进行他组织控制的程序（和边界）以及有关的管理方法，即设计出不同单元（要素）、不同层次的运行程序，以进一步提高流程系统在其运行过程中的组织化程度。这种组织化程度是工程系统自组织性的外在体现，它有别于自组织性，组织化程度是在他组织手段控制、管理下，流程系统自组织性动态有序化、协同连续化所表征的具体外在表达。

钢铁制造流程是一类开放的、远离平衡的、不可逆的复杂过程系统，其自组织性（动态-有序、协同-连续运行）源自性质不同过程的集成。这类复杂过程系统具有诸多功能不同的组成单元以及复杂的结构和复杂的运行行为。它的动态运行过程具有多层次性（原子和分子、场域及装置、区段过程、整体流程）、多尺度性、有序性和混沌性（功能、时间、空间等方面）、连接-匹配（静态）、缓冲-协调（动态）等方面的含义。这类复杂过程系统追求具有动态有序的结构并追求以协同-连续（准连续）-紧凑方式运行，以期实现流程运行过程中耗散的"最小化"过程的优化。

2.3　流、流程网络与程序

2.3.1　流、流程网络与程序的概念

流的概念包含狭义、广义和流动三个方面：狭义的流是指"动"；广义的流是指单位时间单位面积通过的质量、能量、动量或电量等的统称；流动是指连续介质（流体）的运动。除了较为严格的定义外，"流"还泛指在开放系统中有序运行着的各种形式的资源、事件的动态演变。

在工业系统内，"流"的泛指含义应用更为普遍。这一层次上的"流"具有如下特征：

（1）输入/输出的动态-开放性；

（2）动态运行/变化过程的时间性；

（3）输入/输出方向的空间性；

（4）运动过程的无序性、有序性和混沌性；

（5）运动过程可以伴有物质和/或能量之间的转换性；

（6）运动过程可以用"流通量""速率"等特征参数来表征。

在流程制造业的流程中，"流"用三种载体来体现：以物质形式为载体的物质流、以能源形式为载体的能量流和信息形式为载体的信息流。

网络的概念：汉语中的"网络"一词最早应用于电学，《现代汉语词典》（1993 年版）做出这样的解释："在电的系统中，由若干元件组成的用来使电信号按一定要求传输的电路或这种电路的部分，叫网络。"有时用的带箭头的连线表示从一个节点到另一个节点存在某种顺序关系。在节点或连线旁标出的数值，称为点权或线权，有时不标任何数。用数学定义，网络是一种图，一般认为它专指加权图。网络的物理定义是从某种相同类型的实际问题中抽象出来的模型。习惯上就称其为某种类型网络，如开关网络、运输网络、通信网络、计划网络等。

从"图论"的角度上看，"网络"是由"节点"和"线（弧）"构成的图形，通过图形形成了特定的结构。所以，也可以说："网络"是"节点"和"线（弧）"以及它们之间关系的总和，是其运行载体的运动路径、轨迹和时-空边界。总而言之，网络是从同类问题中抽象出来的用数学中的图论来表达并研究的一种模型。

在交通运输业、信息通信业、流程制造业、文化教育、金融财政等产业中，"网络"都是相关运行载体的路径轨迹和时空边界。所谓运行载体包括交通运输业承运的各类货物和各类人群等，包括信息通信方面的各类文字信息、图像信息、声光信息等，包括各类制造业特别是重化工企业内的物质流、能量流、信息流等，也包括电力输变分配过程中不同等级的电压、不同通量的电流等，甚至还包括了金融业内货币、资金流等，这些不同类型运行载体的有效运行都需要合理的"网络"与之匹配，才能实现其"功能"和"效率"。因此，在现代世界"网络"是一具有普适性的概念和"工具"，并已经逐步形成结构合理、功能恰当、效率很高的工程实体。

"流"在网络中运行就构成了流程网络。研究"网络"不仅要研究"网络"本身，而且必须同时研究在"网络"中运行的各类"资源"和/或"事件"，也就是要研究各种不同性质、不同类型的"流"，例如物流、物质流、能量流、信息流等。这些"流"是以不同特性、不同运行方式通过相应的"网络"动态-有序地运行的。不同特征、不同类型、不同运行方式的"流"将对"网络"的结构与功能提出不同的要求。因此，研究"网络"必须要和所承载运行的"流"结合起来研究，不能脱离"流"的性质、要求而孤立地进行研究。所以，对流程制造业来讲，要着重关注流程网络。

"程序"的概念为：为进行某项活动或过程所规定的途径，是动态系统运行过程中内在"自生的"或外界输入的一系列信息指令的集成。"流"在"网络"中运行、流动的形式是多种多样的，例如规则稳定的、随机的、季节的；层流的、紊流的、层-紊结合的；串联的、并联的、串-并联等。为了适应不同特征"流"的运行效率、安全、稳定、舒适等要求，"网络"的设计、构建和运行不仅要在"结构""功能"上与之适应，而且必须注意"流"在"流程网络"中运行的各种规则、策略。这就是流程制造业中的"程序"概念。

以上分析可以看出，"流""流程网络"和"程序"三者构成了特定环境条件下的动态系统。

2.3.2 钢铁制造流程中的"流"

钢铁制造流程属于流程制造业，其中的"流"同样包括物质流、能量流和信息流。

物质流不同于一般意义的物流（logistics）。根据国家标准《物流术语》（GB/T 18354—2006）中的定义，物流是指物品从供应地向接收地的实体流动过程。根据实际需要，将运输、存储、装卸、搬运、包装、流通加工、配送、信息处理等基本功能实施有机结合。根据以上定义可知，物流不涉及物品（物料）的物理和化学变化，物流不涉及生产制造过程。物质流是指钢铁制造流程中物质运动和转化的动态过程，该过程中会发生不同的物理转换和化学变化及各类加工制造过程。在钢铁制造流程中既有物质流过程，也有物流过程，例如，用天车吊运钢包，若只考虑钢包的运输和移动，则为物流过程；若同时考虑钢包内钢水中元素的化学反应、钢水的温降和夹杂物上浮等，则为物质流过程。

具体而言，钢铁制造流程中的"流"包括：

（1）钢铁制造流程中的（铁素）物质流，指钢铁制造流程系统中以铁元素为主要成分的物质在时间轴上按顺序运动、转化的动态运行过程。从铁矿石进入冶金流程系统开始，铁元素即处在原料场、烧结（球团）、高炉（非高炉）炼铁、炼钢、连铸和轧钢等工序间的传递、转化等动态过程中。钢铁制造流程中的铁素物质流包括六个方面参数的衔接匹配、连续和稳定控制：1）状态和数量上的转变、传递、衔接和匹配；2）时间因素上的协调、缓冲和配合；3）由液态-固态间的液态转变为固态并获得一定几何尺寸的铸坯断面，进而进行断面形状和尺寸的转变、传递、衔接和配合；4）在温度和能量上的转变、传递、衔接和有效利用；5）产品表面质量、宏观结构、微观组织以及性能的转变、遗传和调控；6）传输途径和方式的调整、衔接和优化。该概念的提出，为高效优质的产品制造功能的实现、钢铁制造流程的精准设计和动态运行调控提供了理论基础。

（2）钢铁制造流程中的碳素能量流，指钢铁制造流程系统中以碳元素为主要成分的能源载体在时间-空间上按照设定的能量流网络传输、转化、利用和回收的动态过程。从以煤炭、天然气、石油形态的能源载体进入钢铁制造流程系统原料场开始，经输送过程，煤炭中的碳元素在焦化工序转化为焦炭、焦油、粗苯和焦炉煤气等二次能源，焦炭在高炉中经燃烧转化为铁水中溶解的碳和高炉煤气，铁水中的溶解碳在炼钢工序（主要包括转炉、炉外精炼）转化为钢中的溶解碳和转炉煤气，焦炉煤气、高炉煤气和转炉煤气经过净化、回收和储存，以适当的形式应用于钢铁制造流程若干个需要加热功能的工序，同时也大量地转化为电能加以利用。整个钢铁制造流程，可以理解为铁素物质流在碳素能量流的驱动和作用下，沿着给定的流程平面布置，动态-有序地实现各类物质-能量转换和位移过程。碳素能量流概念的提出，将钢铁制造流程系统多种形式的能源介质统一为对能量流的调控和管理，为能源的高效转换和充分利用提供了新的理论认识。

（3）钢铁制造流程中的信息流。广义定义是指人们采用各种方式来实现信息交流，包括信息的收集、传递、处理、储存、检索、分析等渠道和过程。信息流的狭义定义是从现代信息技术研究、发展、应用的角度看，指的是信息处理过程中信息在计算机系统和通信网络中的流动。钢铁制造流程中的信息流是上述狭义的信息流。指将涉及铁素物质流和碳素能量流所有信息资源在计算机系统内进行收集、传递、处理、储存、检索、分析，按照制造流程动态有序、连续紧凑的要求，依靠他组织和自组织等手段，建立耗散结构物理模型，编制"运行程序"，以达到钢铁制造流程的高效化、智能化和绿色化。一个钢铁企业成功与否，最有效的途径就是通过铁素物质流、碳素能量流和信息流的优化以及相互耦合和调控提高其制造流程的高效化、智能化、绿色化水平。深入认识钢铁制造流程信息流，将掀开新一代钢铁制造流程发展的新篇章。

2.3.3　钢铁制造流程中的"网络"

钢铁制造流程中的网络就是"流程网络"，主要关注的是网络结构、功能和网络的效率。对"网络"的研究而言，首先要研究它的结构和功能，进而分析运行效率。

在钢铁企业内铁素物质流网络是一种最小有向树的结构，有利于铁素物质流动态-有序、简捷-高效、不可逆运行。能量流网络则要求最好有"初级回路"的结构，以利于一次能源高效转换，二次能源及时回收、充分利用和集成-优化利用。之所以出现这些要求，都是为了实现物质流、能量流消耗最小化和效率最大化，如图2-4所示。

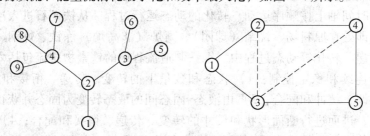

图2-4　最小有向树网络和初级回路网络示意图

钢铁制造流程结构是指企业内部各要素之间合乎社会经济发展规律、技术进步规律、企业组织规律、市场竞争规律等方面、相对稳定的内在联系和作用方式。形成企业结构的基本要素包括市场、资金、土地、工艺技术、产品大纲、经济规模、资源条件、能源条件、运输条件、劳动者素质以及环境状况等。企业结构与其各个要素之间是相互联系、相互作用的，结构对企业整体功能和素质起着决定性的作用，它可以使各要素有效地协同运行，形成整体的综合优势；但也可能由于结构不合理导致各项要素不能有效地协同运行，使企业难于形成整体优势。企业结构一旦形成，就会在一个时期内具有相对的稳定性和独立性。作为市场竞争的行为主体，企业自身的产品组成、工艺流程、装备水平和能力、合理经济规模、从业人员的群体素质和组织结构等就决定了企业的竞争力。同时，企业之间的市场竞争也在很大程度上推动着钢铁工业的产业结构甚至产业状态的变化。因此，钢铁工业产业结构优化的基础在于钢厂结构的优化。产业结构与企业结构是相互关联的，但又是处在不同层次，不能完全用产业结构的某些指标（例如板管比等）来评价不同的企业。当今国际上新一轮钢厂结构优化的目标是一种以质的更新为前提的结构均衡，追求的是充分发挥钢铁制造流程的三个功能，追求其在循环经济中合理的角色，由此实现多目标（群）的整体优化。

在充分理解"流程网络"结构、功能要求的基础上，就比较容易对"网络"效率提出清晰的目标。由于"流""网络""程序"是一个动态运行系统，因此对"流程网络"效率的要求，往往是一类多目标优化，这种优化实际上就是在不同环境条件下的多目标选优系统。

在研究"流程网络"的效率时，应充分注意效率最大化（简洁、高效）、耗散最小化（能量耗散、物质耗散、信息耗散等）、环境友好性（过程排放、环境污染、生态保护等）和安全性（生命财产安全、运行的稳定性和舒适性）。

钢铁制造流程的动态运行是以良好的流程整体结构优化为基础的。长期以来，人们普遍只重视流程的静态结构和单体工序装置的优化，而忽视了动态运行对流程整体优化的影响。实际上，动态运行和结构优化二者是互相影响、相辅相成的。从工程的角度上看，工程设计和工程运行是将工程系统相关的技术要素和非技术要素（土地、资金、资源、市场、劳力等基本要素）集成起来，通过动态运行实现工程整体所要求的各项目标。集成的内涵包括了对各要素的判断、权衡、选择、整合、互动、协同和演进（进化）等方面的含义。集成不是将各类要素简单地堆砌、机械地捆绑在一起，而是为了形成一个要素-结构-功能-效率优化的系统，使其实现动态-有序、协同-准连续/连续运行，使流程运行过程中的耗散"最小化"。

2.3.4 钢铁制造流程的运行程序

对钢铁制造流程中不同工序和装置运行方式的特点进行分析，可以看出不同工序、装置运行过程的本质和实际作业方式是有所不同的。例如，粉矿烧结的运行过程大体是连续的，但总是有一部分筛下矿是要返回的；高炉炼铁运行过程大体上是连续的，但铁水输送方式是间歇的；转炉（电弧炉）炼钢运行过程是间歇的，钢水输出过程也是间歇的；连铸过程是准连续的……如果进一步对整个钢厂生产流程的协同运行过程进行总体性的观察、研究，则可以看出不同工序、装置在流程整体协同运行过程中扮演着流程宏观运行动力学中的不同角色。从生产过程中物质流的时间运行观点过程来看，为了推进计划的顺利、协调、连续地执行，钢厂生产流程中不同工序和装备在运行过程中分别承担着推力源、缓冲器、拉力源等不同角色。

为了使各工序、装置能够在流程整体运行过程中实现动态-有序、协同-准连续/连续运行，应该制订并执行以下的运行规则：

（1）间歇运行的工序、装置要适应、服从准连续/连续运行的工序、装置动态运行的需要。例如，炼钢炉、精炼炉要适应、服从连铸机多炉连浇所要求提出的钢水温度、化学成分特别是时间节奏参数的要求等。

（2）准连续/连续运行的工序、装置要引导、规范间歇运行的工序、装置的运行行为。例如，高效-恒拉速的连铸机运行要对相关的铁水预处理、炼钢炉、精炼装置提出钢水流通量、钢水温度、钢水洁净度和时间过程的要求。

（3）低温连续运行的工序、装置服从高温连续运行的工序、装置。例如，烧结机、球团等生产过程在产量和质量等方面要服从高炉动态运行的要求。

（4）在串联-并联的流程结构中，要尽可能多地实现"层流式"运行，以避免不必要的"横向"干扰，导致"紊流式"运行。例如，炼钢厂内通过连铸机-炉外精炼装置-炼钢炉之间形成相对固定的、不同产品的专线化生产等。

（5）上、下游工序装置之间能力的匹配对应和紧凑布局是"层流式"运行的基础。例如，铸坯高温热装要求连铸机与加热炉-热轧机之间的工序产能力匹配并固定-协同匹配运行等。

（6）制造流程整体运行一般应建立起推力源-缓冲器-拉力源的动态-有序、协同-连续/准连续运行的宏观运行动力学机制。

上述六个方面，就是钢铁制造流程运行程序制定的基本策略。

2.4　钢铁制造流程运行动力学

2.4.1　冶金宏观动力学与钢铁制造流程的运行动力学

动力学是研究作用于物体的力与物体运动关系的学科，研究对象是运动速度远小于光速的宏观物体，是物理学和天文学的基础，也是许多工程学科的基础。动力学是牛顿力学的一部分，自20世纪以来，动力学又常被人们理解为侧重于工程技术应用方面的一个力学分支。

动力学的基本内容包括质点动力学、刚体动力学、达朗贝尔原理等。以动力学为基础而发展出来的应用学科有天体力学、振动理论、运动稳定性理论、陀螺力学、外弹道学、变质量力学以及正在发展中的多刚体系统动力学等。

质点动力学有两类基本问题：一是已知质点的运动，求作用于质点上的力；二是已知作用于质点上的力，求质点的运动。求解第一类问题时只要对质点的运动方程取二阶导数，得到质点的加速度，代入牛顿第二定律，即可求得力；求解第二类问题时需要求解质点运动微分方程或求积分。

动力学应用领域包括化学反应动力学、冶金宏观动力学、空气动力学、系统动力学、机械系统动力学、地球动力学、分子动力学、流体动力学等。

化学反应动力学是研究化学反应过程的速率和反应机理的物理化学分支学科，它的研究对象是物质性质随时间变化的非平衡的动态体系。时间是化学动力学的一个重要变量。

化学动力学的研究方法主要有两种：

（1）唯象动力学研究方法，也称经典化学动力学研究方法。它是从化学动力学的原始实验数据——浓度与时间的关系出发，经过分析获得某些反应动力学参数——反应速率常数、活化能、指前因子等。用这些参数可以表征反应体系的速率等化学动力学参数，是探讨反应机理的有效数据。

（2）分子反应动力学研究方法。从微观的分子水平来看，一个化学反应是具有一定量子态的反应物分子间的互相碰撞，进行原子重排，产生一定量子态的产物分子以至互相分离的单次反应碰撞行为。用过渡态理论解释，它是在反应体系的超势能面上一个代表体系的质点越过反应势垒的一次行为。

冶金宏观动力学的研究内容则包括：

（1）反应的步骤和限制性环节：

1）反应物存在于不同相内；

2）各相主体中的反应物必须不断传送到反应界面；

3）流体反应产物必须适时离开界面传输至主体；

4）固体反应产物导致反应界面移动；

5）过程分步骤进行；

6）阻力最大的步骤是限制环节。

（2）界面积和几何形状：

1）综合反应速度正比于反应界面积；

2）出现诸多增加反应界面的手段（流态化、喷粉冶金、液体雾化、气体鼓泡等）；

3）固体颗粒的几何形状；

4）流体相的流动速度；

5）传质为限制性环节时，增大流体流速可提高气固相间的反应过程速度；

6）强化搅拌可增加反应过程速度。

由动力学概念综述可见：

（1）动力学是研究物质（物体）状态随时间变化的机制和规律的学问。

（2）动力学特征体现在不同的尺度和层次上。仔细观察不同尺度、不同层次上的物质（物体）运动（运行）动力学过程特征，既有共性又有差别，特别是量纲、尺度、时-空上的差别。

（3）系统内的微观、中观（介观）的动力学过程相对地易于观察，考量和简化-模拟，一般周期相对较短，时-空尺度相对小。

钢铁制造流程的运行动力学是指在钢铁制造流程中使诸多间歇隙式、准连续式和连续式运行的工序，通过非线性相互作用和动态匹配耦合等形成的整体集成的运行方式和宏观动力学机制。借此，钢铁制造流程的运行方式逐步向准连续化、连续化方向发展。例如，高炉是连续化生产运行但间歇隙出铁，转炉是快速-间歇隙式运行的，二次冶金是柔性协调性的歇间隙运行的，连铸是准连续运行的，加热炉是准连续运行的，热连轧机是准连续运行的……通过非线性相互作用、动态匹配耦合、协调、集成等动力学机制，使这些具有不同运行特征的工序形成准连续/连续运行的钢铁制造流程。运行动力学的目标是制造流程构成一个稳定的物质流。"流"需要"力"来驱动，昂萨格（L. Onsager）倒易关系揭示力和流可以互动，某一种流可以转换成一种过程的力。对于钢铁生产，高炉工序的多因子物质流构成上游区段运行的推力；连铸工序的多因子物质流则是上游区段运行的拉力；同时又是下游区段运行的推力；热轧工序则是下游区段运行的拉力。然而，这些"力"不可能总是稳定的，总会有各种干扰因素出现，因此必须在中间环节造成某种弹性以缓冲推力和拉力间的差异。物质流的时间尺度只能遵循"分流量相等"的原则，而不是更精确的"秒流量相等"。

2.4.2　钢铁制造流程动态-有序及其运行调控

钢铁制造流程属于宏观尺度上的动态有序的耗散结构。其流程功能顺序总是按照原料场—烧结、焦化—炼铁—铁水预处理—炼钢—钢的二次冶金—凝固成形—再加热—热轧的空间—时间安排的，其优劣主要取决于设计，特别是总平面布置。静态有序首先取决于总体设计思想，同样关键的问题是如何实现整个流程在实际生产过程中做到动态-有序地运行，即通过工序功能的优化和工序间互相作用（协调、制约）来实现衔接、匹配，使得流程中多维物质流的运行过程通过协同化、节奏化的途径来实现生产过程的连续化（准连续化）和紧凑化。

从耗散结构理论可知，要形成动态有序结构是有前提条件的。即系统必须是开放系统，一般流程工业的制造流程都是开放系统，它与外界环境有物质、能量交换，有输入流和输出流。形成耗散结构的前提条件就是系统处在远离平衡状态，是不可逆过程。普利高津指出："远离平衡的开放系统，在一定的控制条件下，由于系统内部的非线性相互作用，通过涨落可以形成稳定的有序结构"[1]。因此，从流程系统的状态、过程来看，钢铁制造流程与大多数制造流程一样。

在前提条件具备后，要形成钢铁制造流程动态-有序运行结构，必须解决"动力源"的问题。形成动态-有序运行结构的"动力源"是：

（1）组元（工序、装置）行为的"涨落"现象。例如转炉炼一炉钢的冶炼周期设定为30min，但是在实际运行时可能以不同的概率在28~32min之间起伏波动，这就可视为工序、装置尺度上的涨落现象。当然，也包括出钢温度、成分的波动等。

（2）组元（工序、装置）之间相互作用的非线性关系。这是由于流程中各个组元（工序、装置）本身的功能是不同的，同时，组元（工序、装置）的行为有涨落起伏性，因此体现在各组元（工序、装置）在运行过程中的物质流量、温度、时间等基本参数是不均匀的，这就导致了组元彼此间相互作用关系一定是非线性的。例如连铸机与加热炉之间可以在200℃上连接，或在600℃上连接，乃至在1000℃以上连接，这种连铸机-加热炉在不同温度条件下实现连接的状态和过程之间的关系是非线性的。

（3）组元（工序、装置）处于远离平衡状态。这是流程系统（包括工序、装置）的开放性、不可逆性的必然体现。

因此，所期望的流程动态-有序运行状态，就是由工序、装置的涨落现象、不可逆性、不平衡性、开放性，通过工序、装置之间的非线性相互作用关系沿着时间轴自行耦合起来的耗散过程。耗散结构自身具有内在的"自组织"功能。很明显，动态-有序的流程运行状态，从某种意义上讲是事物复杂性和时间在流程过程中的演化。

2.4.3 工序界面与界面技术

工序界面是相对于钢铁制造流程中炼铁、炼钢、铸锭、初轧（开坯）、热轧等原有主体工序而言的，指在这些主体工序之间起到衔接-匹配、协调-缓冲作用的相应工序。

界面技术是指在工序界面中起到衔接-匹配、协调-缓冲作用的一系列技术群。不仅包括相应的工艺、装置，而且还包括时-空配置、数量（容量）匹配等一系列的工程技术。

在钢铁制造流程中"界面技术"主要体现在实现生产过程物质流（应包括流量、成分、组织、形状等）、生产过程能量流、生产过程温度、生产过程时间等基本参数的衔接、匹配、协调、稳定等方面。因此，要进一步优化钢铁制造流程，就应该十分注意研究和开发"界面技术"，促进生产流程整体运行的稳定、协调和高效化、连续化。二次大战前，由于炼铁、炼钢、铸锭、初轧（开坯）、热轧等主体工序基本上是独立地、间歇地运行，因此工序之间的关系较为简单，主要是输入、等待、储存、再输出的简单连接。在这个过程中发生多次降温、再升温，反复进库又出库，间歇而且往返输送，时间过程长，能量消耗高，生产效率低，而且产品质量不稳定，钢厂占地面积大。随着转炉—连铸—热连轧等工艺技术、装备的开发、演进和集成；大型高炉—大型转炉的开发、完善和集成；大型超高功率电炉—连铸—热连轧机的开发、完善和集成；在钢铁生产流程中分别出现了高炉—转炉、转炉（电炉）—连铸、连铸—热连轧机之间的不同类型的"界面技术"。

思 考 题

1. 现代钢铁制造流程的三大功能及其内涵是什么？
2. 什么是自组织和他组织？在钢铁制造流程中的具体含义是什么？
3. 什么是钢铁制造流程中的"流""流程网络"和"程序"？
4. 什么是钢铁制造流程中的界面和界面技术？

习 题

1. 简述钢铁制造流程的物理本质。
2. 什么是开放系统？什么是耗散结构？简述钢铁制造流程中开放系统和耗散结构的体现形式。
3. 简述钢铁制造流程运行动力学的内容。

参 考 文 献

［1］殷瑞钰. 冶金流程工程学［M］. 北京：冶金工业出版社，2004.
［2］殷瑞钰. 冶金流程系统集成理论与方法［M］. 北京：冶金工业出版社，2013.
［3］久保亮五，编，吴宝路，译. 热力学［M］. 北京：人民教育出版社，1982.

3 冶金制造流程的物质流

本章概要和目的：介绍冶金流程的物质流概念，并比较物质流与物流的区别；再从基本参数、派生参数和系统运行方式的角度，介绍流程系统动态运行的物理本质；然后以钢铁制造流程为例，介绍物质流优化的主要方法，即钢铁制造流程的解析与集成和钢铁制造流程的时间解析。钢铁制造流程的解析与集成，包括工序功能的解析-优化、工序关系集的协调-优化和工序集的重构优化；钢铁制造流程的时间解析包括时间概念的分析、连续化程度的概念和计算方法以及钢铁流程动态甘特图的概念和用法。

在制造流程中，"流"有三种载体来体现：即以物质形式为载体的物质流、以能源形式为载体的能量流和以信息形式为载体的信息流。进行冶金流程设计和运行优化，离不开物质流、能量流和信息流各自运行规律、相互影响规律和三者协同优化规律的研究。物质流是制造流程中被加工的主体，需要重点关注其运行特征和规律。

3.1 物质流的概念

制造流程中的物质流（mass flow）不同于一般意义的物流（logistics）。根据国家标准《物流术语》（GB/T 18354—2006）中的定义，物流是指物品从供应地向接收地的实体流动过程。根据实际需要，将运输、存储、装卸、搬运、包装、流通加工、配送、信息处理等基本功能实施有机结合。根据以上定义可知，物流不涉及物品（物料）的物理转变或化学变化，一般不涉及制造过程。物质流是指制造流程中物质运动和转化的动态过程，该过程中会发生不同的物理变换、化学变化和各类加工制造过程。在钢铁制造流程中既有物质流过程，也有物流过程。例如，用天车吊运钢包，若只考虑钢包的运输和移动，则为物流过程；若同时考虑钢包内钢水中元素的化学反应、钢水的温降和夹杂物上浮等，则为物质流过程。

在钢厂生产过程中，物质流主要是铁素物质流，包括如铁矿石、废钢、生铁、钢水、铸坯、钢材等，这些是被加工的主体。碳素能量流（如煤炭、焦炭、煤气、电力等）则作为驱动力、化学反应介质或热介质按照工艺要求对物质流进行加工、处理，使其发生位移、化学和物理变化，并实现生产过程生产效率高、成本低、产品质量优、能源消耗低、过程排放少、环境和生态友好等多目标优化。

钢铁制造流程内的物质流是多因子性质的"流"（例如化学组分因子、物理相态因子、温度/能量因子、几何形状因子、表面性状因子、空间/位置因子、时间/时序因子），在这种复杂流程系统内，物质流存在各单元（工序、装置等）间诸多因子的衔接-匹配、协调-缓冲、甚至遗传-变异等现象均属于非线性相互作用和动态耦合关系，这对于形成准连续化、连续化的流程系统（制造流程宏观运行动力学优化的重要表征）具有关键性作用。从某种意义上看，流程优化就是"流"所包含的诸多因子在流程系统内各个网络节点上的耦合（协同），耦合得越好（即多目标优化），则"流"越靠近所期望的目标态，流程系统的运行效率也就越高。

从工艺过程上看，钢厂生产流程的实质一方面是物质状态转变和物质性质控制的工艺过程（如物质组成或结构状态的转变与控制、品种与质量的控制、钢材形状尺寸和表面状态的控制、产品性能的控制等）；另一方面则是过程物质流/物流的调控，物质流的控制不仅是要求物料的输送流通量，而且要求物质流的各主要参数衔接、匹配上的优化，如物质流的物质量参数、温度、时间的合理衔接匹配；相关工序之间输入流通量、输出流通量的匹配；时间节奏的协调与缓冲；物质流输运过程途经的工序、方向、距离和方式的优化；物质流/物流途径及其时间的压缩和紧凑等。这些参数对钢厂模式、投资数量和投入-产出效益甚至对环境的负荷等的影响是至关重要的。因此，从工程科学角度上讲，钢铁制造流程的特征是物质状态转变、物质性质控制与物质流/物流控制在流程过程系统中的协调优化。通过一系列工艺技术的进步、装备功能的改进和信息化技术在流程动态运行过程中的调控-优化，才能对钢厂发展模式、投资方向、投资顺序、投资强度等方面起到及时、有效的引导作用。对钢铁制造流程中的物质流而言往往是物质状态转变、物质性质控制与物流控制同时或分别进行的。从总体上看，钢厂物质流过程一般包括物态转变、物性控制以及物质流矢量性运动等过程（图3-1）。它明显地有别于铁路运输系统、邮政信件分发系统、百货连锁店物流分配系统，也有别于汽车生产线或机械冷加工作业线的物流系统。

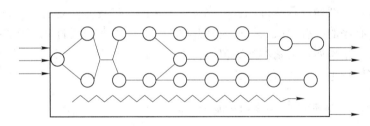

○：节点(工序、装置，如原料厂、烧结、焦化、高炉……)

——：连接器(铁路、道路、管道、辊道、吊车、铁水罐、钢水包等)

〜〜〜＞：流程运行中的多维物质流

图 3-1　制造流程的概念与要素示意图

作为钢铁生产过程的物质流控制工程，以下参数的衔接、匹配、连续、稳定，均应在考虑范围之内：

（1）物质流在数量上的转变、传递、衔接、匹配。例如，高炉和转炉总体生产能力的匹配。

（2）物质流过程中，从连铸铸坯到热轧件，断面形状和尺寸的转变、传递、衔接、配合。

（3）物质流在温度和能量上的转变、传递、衔接和节约。例如，铸坯的热送热装技术，通过使连铸坯高温进入加热炉而节约加热炉的能耗。

（4）物质流过程中的表面质量、宏观结构、微观组织以及性能的转变、遗传和调控。例如，连铸坯铸态组织和热轧产品轧制组织之间的遗传和调控。

（5）物质流（和物流）输运途径和方式的选择调整、衔接和优化。例如，铁水运输方式有铁路运输、汽车运输和轨道运输，不同的钢铁厂平面布置，有不同的合适的运输方式。

（6）物质流在时间节奏上的协调、缓冲、加速。例如，高炉出铁节奏和转炉兑铁节奏的匹配，转炉出钢节奏和连铸机钢包浇铸时间的匹配等。

3.2　流程系统动态运行的物理本质

在流程制造业（包括冶金工业）的生产运行过程中，伴随着复杂、密集的物质流、能量流和相关的信息流，其中存在着力学相互作用、热相互作用和质量相互作用等行为，这些相互作用的行为表现为流动、化学反应、能量转换、热交换、相变、形变等不同类型、不同性质、不同时空尺度的过程。

实际工程系统中，并非所有的宏观性质都可以从其构成单元的性质及其组合中推导出来。工程系统的特性不能简单地归结为构成单元的加和，而是必须看到来自于工程系统内部各构成单元之间的非线性相互作用和工程系统与外部环境之间的相互影响。

根据系统科学的定义，结构是系统内组元与组元之间关联方式的总和[3]。工程系统（包括流程工程系统在内）的本质是过程和过程结构，即流程系统是由不同类型、不同性质、不同时空尺度的过程通过综合集成构建出来的，过程之间是有结构的，这种过程结构是动态的、有序的、有层次的，且因其开放性、涨落性和非线性相互作用等原因，所以是复杂的。过程结构涉及的基本参数包括物质、能量、时间、空间（甚至生命）以及与上述各类物理实体派生出来的信息参数。

3.2.1　钢铁制造流程的基本参数与派生参数

为了描述钢铁制造流程的整体行为，对过程的微观描述不仅需要建立不同于我们所熟悉的概念，又要适当摆脱原来用以描述各工序、装置的参数，而采用少数几个参数来描述整个钢铁制造流程的动态有序状态。

钢铁制造流程包含了化学冶金过程、凝固过程、冶金的物理过程等方面的变化过程，为使不同功能的前后工序贯通、协调起来，需要寻求更为基本的参数来调控整个制造流程。

这些基本参数必须满足：

（1）能够贯通整个钢铁制造流程的各个工序、装置；

（2）要在整个制造流程中可量化，而且呈现"连续、可微"的特征；

（3）可以用同一形式、同一单位贯穿于整个制造流程的始末。

分析各个工序，可以清楚地看出，物质量（重量、质量、流量、浓度）、温度和时间这三个参数属于基本参数，影响着整个钢铁制造流程中的一系列变化，如反应变化、状态变化、形状变化、组成变化、性质变化等，实际上钢铁制造过程中生产体的质量、品种、规格、物质状态等是受上述基本参数影响（控制）的派生参数。

由图3-2可以看出钢铁制造流程系统内物质流的基本参数和派生参数之间的关系。而流程系统内所有组元的集合以及组元之间关系的集合最终将对钢厂的产量、消耗、成本、效率等生产经营、投资效益以及对环境负荷产生影响，这些影响的关系和最终结果可以抽象地示出于图3-2的"倒三角锥"的底点位置上。"倒三角锥"底点位置上多项指标是企业生产经营和管理的目标和方向。

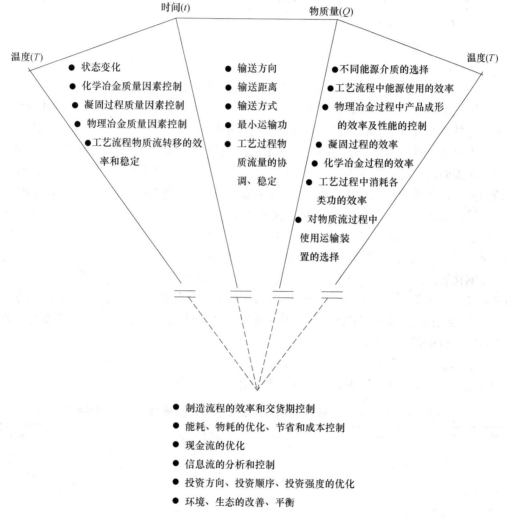

图3-2 钢铁制造流程系统内基本参数与派生参数间关系的解析

钢铁生产过程的多因子（多维）物质流控制工程，就是要通过综合调控物质流的基本参数（如物质量、时间、温度等）来实现整个流程物质流的衔接、匹配、连续和稳定。

3.2.2 钢铁制造流程系统的运行方式

20世纪70年代以来，全连铸钢厂的出现，大大改善了钢厂生产过程中的物质流、能量流和信息流的运行状态和调控水平，而且逐步实现了准连续化甚至局部连续化。

3.2.2.1　"黏性"制造流程系统

解析钢铁制造流程，实现准连续或连续调控的手段，实际上是使钢铁制造流程朝着由"刚性组元"和"柔性组元"组成的"黏性"连续系统演进。也就是可以将现代化的钢厂模化为由"刚性组元"和"柔性组元"组成的"黏性"制造流程系统。即：

$$\sum v = F(\sum Fl, \sum Ri, R) \tag{3-1}$$

式中　　$\sum v$——"黏性"制造过程系统；

　　　　F——流程系统工序功能集；

　　　　Fl——柔性组元；

　　　　Ri——刚性组元；

　　　　R——组元（工序）间关系的集合，或流程系统组元（工序）关系集。

在钢铁制造流程中，高炉、转炉、连铸、热连轧等工序可以看做是"刚性组元"，其工艺、质量等参数可调节的范围相对较小，具有刚性；而铁水预处理、精炼、加热炉、铸坯库等工序可以看作为"柔性组元"，其工艺、质量等参数可调节范围相对较大。例如，转炉的冶炼周期和连铸机浇铸一包钢水的时间相对固定，可调范围较小，为了保证转炉和连铸的衔接，保证连铸机连续浇铸，精炼（如LF炉）的处理周期可以做较大范围的调整。当转炉出钢延迟，为了保证及时给连铸供应钢水，可以适当压缩精炼工序的处理时间，反之，可以适当延长精炼的处理时间或等待时间。同时，在温度参数上，精炼工序也是一个"柔性组元"，负责协调转炉和连铸的温度匹配。

在钢铁制造流程中，上述模化的"刚性组元""柔性组元"只是在其不同功能上的、相对意义上的抽象。在实际运行过程中，"刚性组元"在基本参数上可带有一定的"弹性"（即该组元的基本参数可在一定范围内波动）；"柔性组元"也不是无限可柔的，即在柔性运行过程中带有极限限制。

【例3-1】　根据表3-1~表3-3所示的某钢厂转炉工序、吹氩喂丝工序和LF工序时间因素解析，分析每个工序是刚性组元还是柔性组元。

表3-1　转炉工序时间因素解析结果表（Q235）（1号转炉和2号转炉）

序号	事件说明		平均值/s	样本容量	最大值/s	最小值/s
1	加废钢时间	1	16.3	162	52	7
		2	18.1	79	56	10
2	加废钢到兑铁水间隔	1	50.5	155	148	10
		2	50.7	78	134	8
3	兑铁水时间	1	18.8	159	90	8
		2	21.6	80	55	7
4，5	兑完铁水到炉摇正间隔	1	12.0	135	27	7
		2	12.7	83	24	6
6	炉摇正到开吹间隔	1	10.8	138	21	3
		2	11.7	85	20	6

续表 3-1

序号	事件说明		平均值/s	样本容量	最大值/s	最小值/s
7	吹氧时间	1	746.9	135	863	626
		2	742.6	90	862	673
8	吹氧结束至出钢开始时间	1	140.0	160	527	38
		2	161.0	89	689	31
9	出钢时间	1	114.8	114	211	58
		2	117.0	90	220	57
10	加合金时间	1	12.1	167	26	6
		2	9.8	80	15	5
11	冶炼周期	1	18.5min	136	22.4min	17.6min
		2	18.9min	91	22.5min	17.1min

表 3-2　喂丝/吹氩工序实测数据统计结果一览表（Q235）

序号	事件说明	平均值/s	样本容量	最大值/s	最小值/s
1	钢包到站至开吹氩开始	13.1	152	29	2
2	吹氩时间	93.8	147	199	50
3	吹氩毕至钢包出站时间	14.7	159	35	5
4	钢包到起吊位时间	9.1	169	16	4
5, 6	钢包待吊时间	46.7	157	110	10
7	钢包到站至离站时间	300.4		587	125

表 3-3　钢包精炼炉（LF）工序实测数据统计结果一览表

序号	事件说明	平均值/s	样本容量	最大值/s	最小值/s
1	钢包到站至开始处理时间	15.3	125	27	8
2	处理时间	2230.5	136	2830	1908
3	处理结束至钢包离站时间	14.6	139	40	7
4	钢包到起吊位时间	9.7	134	17	7
5, 6	钢包待吊时间	55.7	129	128	19
7	钢包到站至离站时间	2325.8		3042	1949

为了分析各个工序处理时间的柔性，我们提出一个参数——"柔性参数" $\lambda = \dfrac{最大值-最小值}{平均值}$，以此参数来评价工序处理时间的柔性。

针对转炉冶炼周期：

$$\lambda_{1号LD} = \frac{最大值 - 最小值}{平均值} = \frac{22.4 - 17.6}{18.5} \times 100\% = 25.94\%$$

$$\lambda_{2号LD} = \frac{最大值 - 最小值}{平均值} = \frac{22.5 - 17.1}{18.9} \times 100\% = 28.57\%$$

针对吹氩站到站至离站时间：

$$\lambda_{Ar} = \frac{最大值 - 最小值}{平均值} = \frac{587 - 125}{300.4} \times 100\% = 153.79\%$$

针对 LF 的钢包到站至离站时间：

$$\lambda_{LF} = \frac{最大值 - 最小值}{平均值} = \frac{3042 - 1949}{2325.8} \times 100\% = 46.99\%$$

根据以上计算可知，相比较而言，1 号转炉和 2 号转炉处理周期的柔性较小，属于刚性环节；而吹氩站和 LF 工序处理时间的柔性较大，属于柔性组元。利用柔性参数进行刚性组元和柔性组元的判断，分界点需要针对不同的流程具体分析，没有一个统一的固定数值。

3.2.2.2　准连续/间歇制造过程系统的运行方式——"弹性链/半弹性链"谐振

我们已经将钢铁制造过程系统模化为有"刚性组元"集合、"柔性组元"集合以及具有互相衔接、匹配、缓冲、协调关系的准连续/间歇制造过程。在实际运行过程中，由于不同类型"刚性组元"的"弹性"值不同，不同类型"柔性组元"的"极限"值不同以及各类前后衔接工序的衔接匹配关系不同，因此，这类系统在运行方式上将会表现出不同类型的"弹性链/半弹性链"谐振状态。一般而言，过程的"弹性链/半弹性链"谐振状态大体有两类，即稳定谐振状态，谐振失衡状态。

就稳定谐振状态而言，可以分为设定的一般状态、"柔性"正常调控状态和"柔性"极限调控状态，见图 3-3。

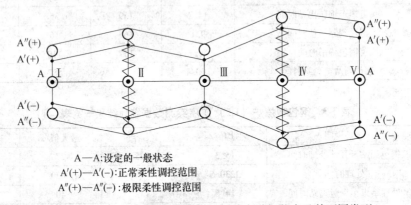

A—A:设定的一般状态
A'(+)—A'(-):正常柔性调控范围
A"(+)—A"(-):极限柔性调控范围

图 3-3　系统的"弹性链/半弹性链"稳定谐振状态及其不同类型
Ⅰ—电炉；Ⅱ—钢包炉；Ⅲ—连铸机；Ⅳ—加热炉及附属储存库；Ⅴ—热轧机

设定的一般状态是指投资-设计-生产过程中，人们所期望得到的一般运行方式。

"柔性"正常调控状态则是在流程整体运行过程中，由于受不同因素的影响使流程运行虽然偏离设定的一般状态，但仍处于正常运行状态。

"柔性"极限调控状态是指流程系统中组元工序的功能或工序之间的关系处在某种"极限"状态运行，超过这类"极限"值，流程系统将失衡、停顿，而丧失"弹性链/半弹性链"谐振运行方式。

谐振失衡状态是指流程整体运行过程中，由于外界影响或是自身处置不当，使得"刚性组元"超过其"弹性"值、柔性组元超过其"极限"值，或是组元工序间的关系不能互相连续适应——"自组织"失控等，从而导致整个流程系统失衡而丧失"弹性链"谐振运行方式。一旦出现这种谐振失衡，就应有简便有效的措施，使各组元（或相关）工序的容量性能力、功能性能力重新恢复或是相关工序间关系的重组（或自适应）。当然，遇到这类"弹性链/半弹性链"谐振失衡状态，往往要在经济上付出代价。

3.2.2.3 广义活套工程

在凝固-热轧区段运行过程中，不同形式的钢坯加热炉、钢坯保温炉、热铸坯坑、中间坯加热炉以及热卷箱等装置，都在不同程度上、不同技术参数上、不同功能上起着凝固-热轧机之间"缓冲-协调"的角色，它们的不同组合、不同匹配呈现为不同容量、不同功能的"广义活套工程"。

关于在不同衔接匹配方式下各种连铸—热轧机之间的库存容量及"活套"容量指数已被初步研究过。

一般而言，连铸—热带钢轧机之间的钢坯库的合理库存量是由基本库存量和流量波动库存量所组成。实际生产中，对于板坯所采取的梯形轧制而言，一个轧制单元由烫辊材、过渡材、主轧材、次主轧材等构成，由于某种原因造成钢种的变更可能会变更计划的轧制单元，因此需要合适钢种的板坯来代替，由此需要一定的铸坯存储量。基本库存量（I_B）取决于满足一个轧制单元对不同钢种的需求，而需要存储的铸坯量。

设基本库存量为：

$$I_B = Q_{RP} \tag{3-2}$$

所谓流量波动库存量（I_F）是指由于输入的连铸坯量和输出的热轧材量不平衡引起的差值。流量波动库存取决于连铸机、加热炉、热轧机发生的故障及检修的频度和时间长短。即包括：

（1）由故障引起的波动库存 $I_{F,D}$；

（2）由检修引起的波动库存 $I_{F,R}$。

如此，则CC—HCR过程中的铸坯理论计算上的库存容量为：

$$I = I_B + (I_{F,D} + I_{F,R}) \tag{3-3}$$

即

$$I = I_B + I_F \tag{3-4}$$

同理可以推算其他不同连铸—热轧机高温热连接方式中的连铸机—热轧机之间的库存容量。

为了便于对连铸—热轧机之间的衔接匹配方式进行比较，引入"活套"容量指数（I_{bu}）来表征不同衔接匹配方式运行过程的基本缓冲值：

$$I_{bu} = \frac{I_{ac}}{I_h} \tag{3-5}$$

式中 I_{bu}——连铸—热轧机之间不同衔接匹配过程中的"活套"容量指数，也就是库存量能够维持热轧机正常连续生产的小时数，h；

I_{ac}——连铸机—热轧机之间的实际库存容量，t；

I_h——连铸机—热轧机正常协调生产时的小时产量，t/h。

研究"活套"容量指数 I_{bu} 的意义在于，若某厂实际库存量大于其相应的连铸—热轧机衔接匹配方式的活套容量指数 I_{bu} 时，说明它是在较高库存量下运行，占用流动资金可能过高，能耗也可能相对要高，在这种情况下，应设法降低库存量。反之，若某厂实际库存量小于活套容量指数 I_{bu} 时，表明该企业库存量偏低，进入由于库存量偏低而引起影响热轧机能力发挥的预警状态。表3-4列出了不同衔接匹配方式下连铸—热轧机之间的理论计算库存容量（I）和"活套"容量指数（I_{bu}）。

表 3-4　连铸—热轧机之间的理论计算库存容量、实际库存容量和"活套"容量指数

衔接方式 库存内容	CC—CCR 连铸坯冷装	CC—HCR 铸坯热装	CC—DHCR 铸坯直接热装	CC—DR 铸坯直接轧制	TSC—DR 薄板坯连铸连轧	SC 薄带连铸
基本库存 I_B/t	$(10.0 \sim 15.0)I_h$	$(4.5 \sim 7.0)I_h$	$\rightarrow 0$	$\rightarrow 0$	$\rightarrow 0$	0
故障引起的流量库存 $I_{F,D}$/t	$(1.5 \sim 3.5)I_h$	$(1.5 \sim 3.5)I_h$	$(1 \sim 3)I_h$	$(0.5 \sim 0.8)I_h$	$(0.3 \sim 0.6)I_h$	0
检修引起的流量库存 $I_{F,R}$/t	$(5.5 \sim 7.5)I_h$	$(5.5 \sim 7.5)I_h$	$(1 \sim 3)I_h$	0	0	0
计算库存容量 I/t	$(18.0 \sim 21.0)I_h$	$(10.5 \sim 16.5)I_h$	$(2 \sim 4)I_h$	$(0.5 \sim 0.8)I_h$	$(0.3 \sim 0.6)I_h$	0
计算活套容量指数 I_{bu}/h	$18.0 \sim 21.0$	$10.5 \sim 16.5$	$2 \sim 4$	$0.5 \sim 0.8$	$0.3 \sim 0.6$	0
实际库存容量 I_{ac}/t	$(90.0 \sim 110.0)I_h$	$(65 \sim 75)I_h$	$(5 \sim 15)I_h$	$<0.8I_h$	$(0.3 \sim 0.6)I_h$	0
实际活套容量指数 I_{bu}/h	$90.0 \sim 110.0$	$65 \sim 75$	$5 \sim 15$	<0.8	$0.3 \sim 0.6$	0

3.3　钢铁制造流程的解析与集成

3.3.1　钢铁制造流程的演进和结构解析

第二次世界大战以后，钢铁制造流程逐步由间歇型向准连续型甚至连续型过渡，工艺流程不断紧凑化、准连续化、连续化，并由此导致产品结构专业化是钢厂结构调整的主要方向。同时，从注重规模的扩大和流程中工序功能的简单划分或简单叠加，转向不仅注重流程功能的解析，而且越来越注重综合集成以及在此基础上的流程结构优化。图 3-4 是高炉—转炉—轧钢流程演进情况的示意图。

钢铁制造流程是由性质、功能不同的诸多工序所构成的系统。一个多世纪的钢铁生产流程演变过程表明，工序、装置的性质和功能的演进对整个流程的演进往往带有基础性，即引起了制造流程系统内工序功能集合的优化。某一工序功能集合的优化往往会影响到它的上、下游工序的功能变化，这样就逐步产生了工序功能集合的解析-优化。例如，在炼钢工序，氧气转炉代替平炉，生产节奏加快，带动了高炉的大型化和热轧工序的热连轧技术。同时，工序功能集的变化，也必然会引起相邻工序之间关系的变化，甚至会引起更大范围内的工序关系的变化，这就会进一步导致整个流程系统内工序之间关系集合的协调-优化。例如，连铸代替模铸，工序由间歇化生产变为了连续化生产，相比炼钢和模铸工序，炼钢和连铸工序的关系更加紧密，连铸工序对炼钢（含精炼工序）的要求是定时、定温、定品质提供钢水。

在工序功能解析-优化和工序之间关系集合协调-优化的基础上，又进而导致流程内工序的吐故纳新，导致流程内工序集合的重构-优化，即某些工序由于不适应工序功能解析-优化、工序之间关系协调-优化的要求，经过流程工序集的重构-优化而被淘汰，而某些工序、装置则因技术突破应运而生，形成了流程系统内工序、装置集合重新构造的过程。例如，高炉和转炉之间的混铁炉逐渐被淘汰；超高功率电炉替代传统三期电炉后，钢水的还

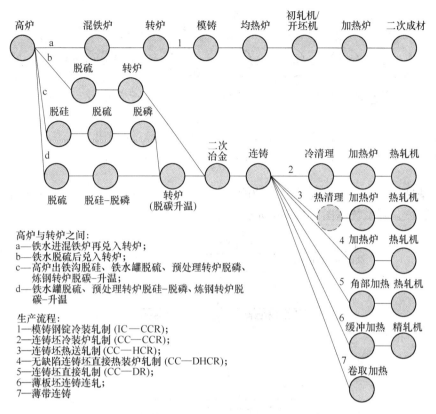

图 3-4 高炉—转炉—轧钢生产流程的演进

原期操作从电炉内转移到后续工序，促进了各种精炼设备的不断涌出。

从高炉—转炉—轧钢生产流程的演进（图 3-4）可以看出，现代化的钢铁制造流程不应是各组元的简单堆砌，它应以合理的、动态有序的流程系统结构来实现特定的功能。因此，流程系统内各单元工序或装置应在流程整体优化的原则指导下进行解析-集成，即：

（1）选择、分配、协调好诸多工序或装置各自的优化功能和建立起解析-优化的工序功能的集合；

（2）建立、分配、协调好诸多工序或装置间相互的关系和构筑起协调-优化的工序关系的集合；

（3）在工序功能集的解析-优化和工序关系集的协调-优化的基础上重新组合成新一代的流程工序集，即实现流程系统内工序组成的重构-优化。

所谓流程系统结构是指流程系统内具有不同特定功能的工序的构成集合和各单元工序之间在一定条件下所形成的相互关系集合。流程系统结构的内涵不只是系统内各工序的简单的数量堆积和数量比例，更主要的是工序功能集、工序关系集的适应（协调）性，系统运行的动态可调性及其内在的活力状况。

钢铁制造流程解析-集成的综合研究，就是根据流程系统的目标群的需要来引导流程系统的结构优化和功能优化。基本内容将涉及图 3-5 所示流程工序功能集（包括单元工序功能集）的解析-优化、工序关系集（相邻的、长程的）的协调-优化和流程系统工序集的重构-优化。

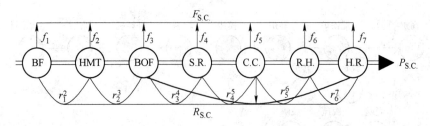

图 3-5   钢铁制造流程解析-综合集成概念示意图

$F_{S.C.}$—工序功能集；$R_{S.C.}$—工序关系集；$P_{S.C.}$—流程系统工序集；f_i—单元工序的功能集；r_i^i—工序之间的关系集

在此基础上确立反映流程结构、功能本质的物理模型后，进而建立模型描述流程运行、调控特征，其系统框图如图 3-6 所示。

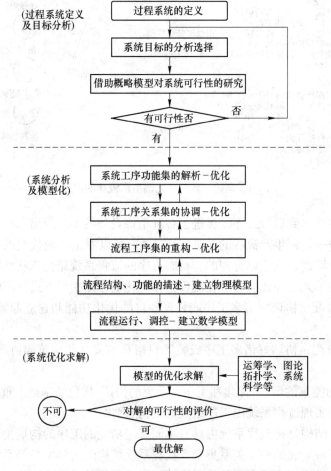

图 3-6   钢铁制造流程解析-综合集成的模型框图

3.3.2   钢铁制造流程中工序功能的解析-优化

所谓工序功能主要是指该工序在制造流程中的行为和发挥的主要作用，特别是转换、转化等突变性的作用。在钢铁制造（生产）流程中，诸多工序的功能往往是多元化的，同时某一或某些功能又可以在多个工序中实现，因此，又提出了在不同外部环境条件下某一或某些功能在不同工序中的实现程度、优化匹配、相互补充、相互取代以及综合集成等问题。以氧气转炉为例，其工序功能随着技术进步而发生明显的演变，由原来平炉炼钢的10个左右的功能，演进为2~3个主要功能。而脱硫、脱磷、脱硅等功能则是转移到铁水预处理工序来作为主要承担工序，钢水的脱气、合金化、纯净化则是由炉外精炼工序作为主要的承担者，氧气转炉的主要功能集中在脱碳、升温和部分脱磷等。表3-5示出了转炉炼钢工序功能的解析-优化实例。

表 3-5 炼钢过程工序功能的分解

炼钢过程工序功能	铁水预处理	转炉	炉外精炼
脱硅	⊙ ←————	○	
脱硫	⊙ ←———	○ ———→	◎
脱磷	⊙ ←———		◎
脱碳	◎	⊙ - - - - →	○①
升温		⊙ ———→	◎
脱气		◎ ———→	
夹杂物形态控制		○ ———→	
脱氧		○ ———→	
合金化		◎ ———→	
纯净化	⊙ ←———	◎ ———→	

注：⊙完成该功能的主要工序；◎完成该功能的次要工序；○在该工序退化的功能。
①超低碳情况下，真空脱碳更重要。

应该注意，工序功能集至少应该分为单元工序（或装置）的功能集和流程系统工序功能集（有时是区段系统工序功能集）。单元工序功能集已经以转炉炼钢过程为例作了说明。而流程系统工序功能集将主要体现在流程整体优化原则指导下，首先对诸多工序的诸多不同功能进行解析，进而对某一或某些功能在诸多工序中的实现方式、实现程度进行优化选择、分配或取代，形成经过解析-优化的流程系统工序功能集。例如，脱硫功能可以在烧结、高炉、铁水预处理、转炉、电炉、炉外精炼等工序或装置来完成，但是经过技术和经济的比较，人们认识到不应该以转炉、电炉等氧化工序来实现脱硫功能，而在铁水预处理、高炉、烧结等工序来实现脱硫功能是相对经济合理的。但是如果要求控制钢中硫化物夹杂的性质和形态，还应在钢水炉外精炼工序进行特殊的脱硫处理。由此，可以看出解析-优化的流程系统工序功能集的意义和价值。

单元工序功能集是指流程中某一工序所负担的物质和能量转换、转化、输送和储存以及实现规定目标所要求的特定行为和作用，并且要兼顾实现与其他工序之间的优化匹配和合理衔接问题。为使单元工序功能更有效地解决物质和能量转换、转化、输送和储存的各状态参数在流程中的合理衔接和匹配，必须同时解决时间-时序因素上的协调和空间上的合理布置。

若以 F 表示钢厂制造流程中工序功能集，用 f_{ij} 表示流程系统的某个单元工序功能，则：

$$F = \{f_{ij}\} \tag{3-6}$$

式中 F——流程系统工序功能集；

　　f_{ij}——某一工序 j 所具备的某一功能 i；

　　　i——过程系统中的某一项功能，或流程内的功能序号，$i=1,\cdots,m$；

　　　j——制造流程中某一单元工序，或流程内的工序序号，$j=1,\cdots,n$。

　　这样，制造流程中任一工序的功能集 $\{f_{ij}\}$ 在数学形式上都可表示具有相同的维数，若某一工序不具备某一或某些功能则可以分别用 0 表示。因此，钢铁制造流程的系统功能集 F 可用下式表示：

$$F=|f_{ij}|=\begin{vmatrix} f_{11} & f_{12} & \cdots & f_{1n} \\ f_{21} & f_{22} & \cdots & f_{2n} \\ \vdots & \vdots & & \vdots \\ f_{m1} & f_{m2} & \cdots & f_{mn} \end{vmatrix} \tag{3-7}$$

　　在流程系统内部存在某一或某些功能在相关工序间的优化分配问题，这种分配/分担关系的优劣须用贯穿整个流程的基本参数〔物质量（包括质量、流通量、组分浓度等）、温度和时间〕来表征，即：

$$f_{ij}=f\big(W(\textstyle\sum w_k),\ T(\textstyle\sum T_k),\ g(t)\big) \tag{3-8}$$

$$C_{f,\,ij}=f'_{ij}=f'\big(W(\textstyle\sum w_k),\ T(\textstyle\sum T_k),\ g(t)\big) \tag{3-9}$$

式中　　F——流程系统工序功能集；

　　　f_{ij}——某一工序 j 所具备的某一功能 i；

　　$C_{f,ij}$——功能 i 在工序 j 中的分配数（0~1）；

　　　i——过程系统中的某一项功能，或流程内的功能序号；

　　　j——制造流程中某一单元工序，或流程内的工序序号；

　　W——物质量参数（包括流量、浓度等）；

　　w_k——系统中影响物质量参数的有关因素；

　　T——过程中金属流温度；

　　T_k——系统中影响金属流温度的有关因素；

　　$g(t)$——时间参数及其表现形式。

　　【例3-2】　从工序功能解析的角度分析传统电炉与超高功率电炉功能的区别。

　　解：电炉传统老三期冶炼工艺操作集熔化、精炼和合金化于一炉，包括熔化期、氧化期和还原期，在炉内既要完成废钢的熔化，钢液的升温，钢液的脱磷、脱碳、去气、去除夹杂物，又要进行钢液的脱氧、脱硫，以及温度、成分的调整。

　　现代电炉冶炼已从过去包括熔化、氧化、还原精炼、温度、成分控制的炼钢设备，变成仅保留熔化、升温和必要精炼功能（脱磷、脱碳）的化钢设备，而其余的任务都移至LF 精炼工序中进行。

表 3-6　传统三期电炉、超高功率电炉和 LF 炉工序功能解析

工序功能	传统电炉	超高功率电炉	LF
废钢熔化	√	√	×
脱磷	√	√	×
脱碳	√	√	×

工序功能	传统电炉	超高功率电炉	LF
升温	√	√	√
脱硫	√	×	√
脱气	√	×	×
夹杂物形态控制	√	×	√
脱氧	√	×	√
合金化	√	×	√
纯净化	√	×	√

3.3.3 钢铁制造流程中工序之间关系集的协调–优化

钢铁制造流程内工序之间关系集不仅要考虑工序之间（包括相邻关系和长程关系）在时间–时序因素、空间–分布因素、能量–温度因素、物质–性状因素以及工序功能和装备能力的衔接匹配，还要重视工序之间输送方式的合理性（不仅是输送装备、输送状态，同时还涉及输送途径在工厂平面图中的安排），即通过实现工序之间关系集的协调–优化，促使钢铁制造流程中金属物流衰减"最小化"、金属流的温度涨落"最小化"、过程时间和过程库存量的"最小化"以及产品质量和使用性能满足率最优等目标的优化。

在流程系统的发展过程中，有时某一工序处于关联核心地位（例如连续铸钢），同时带动着相邻工序的发展。20世纪70年代以来的实践证明，在高炉—转炉—轧钢为代表的钢铁制造流程中，连铸工序代替模铸—初轧（开坯）工序以后，整个生产流程中的工序之间关系集不断演进，而且由于引起了对连续化、紧凑化、节律化、协同化等方面的追求，使工序之间关系集协调–优化的内涵越来越丰富。

工序功能集的解析–优化是工序关系集协调–优化的基础。静态地看，工序功能一般可以归纳为"容量"性功能（如产量、生产率、输送能力等）和"强度"性功能（如产品或半成品的质量、性能等）。因此，工序之间的关系一般可以概括为"容量"性衔接、匹配关系和"强度"性衔接、匹配关系。当钢铁制造流程处在动态运行过程中，相关工序之间必然会有时间–时序关系（由于平面布置相对固定，因此，空间分布关系一般也相对固定）。通过工序功能集的解析–优化和工序之间衔接、匹配关系集合的协调–优化可以组成一系列短程或长程关系和工序之间关系集合——包括物质量、物质流量、物质浓度、温度、能量、时间、空间、组织、性能、质量等方面的衔接、匹配关系——它实际上是一系列的、广义的"活套"工程，其可靠性和灵活性在某种意义上标志着制造流程整体性能的优劣。总的追求目标是朝着尽可能小的"活套"容量发展。例如高炉—混铁炉—平炉—模铸—钢锭库—均热炉—初轧机—中间坯库—加热炉—热轧机这样的流程，为了保证正常生产运行，其"活套"的容量非常大；而高炉—鱼雷罐车—铁水预处理—转炉—二次冶金—薄板坯连铸—热带连轧机流程的"活套"容量则明显变小。其技术意义、经济价值不言而喻。

【例3-3】 某炼钢厂内生产流程为1座电炉—1座LF炉—1台薄板坯连铸机，各工序的处理周期如下：

电炉处理周期：$t^{EAF} = 65min$；

LF 炉处理周期：$t^{LF} = 38min$；

薄板坯连铸机大包浇注时间：$t^{CC} = 60min$。

试进行该生产流程的各工序时间参数的协调、优化。

解： 电炉的冶炼周期大于连铸机的大包浇注时间，要实现连铸机连续浇注，电炉—LF—薄板坯连铸机流程采用备包的生产模式，即等待电炉冶炼出两包或以上钢水后，连铸机才开始浇注（也可以认为，电炉出钢后，不直接进入精炼处理，而是等待一定时间后再进入精炼处理）。等待时间 t_w 的长短与电炉冶炼周期 t^{EAF}、连铸机大包浇注时间 t^{CC}、连浇炉数 N 和炉次的顺序号 M 相关，具体关系式如下：

$$t_w = (t^{EAF} - t^{CC}) \times (N - M)$$

电炉—LF—薄板坯连铸机流程的运行甘特图如图 3-7 所示。

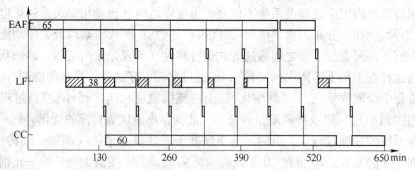

图 3-7 电炉、精炼、连铸的时间匹配图（$t^{EAF} > t^{CC}$）

3.3.4 钢铁制造流程中流程工序集的重构-优化

150 年左右钢铁工业的技术进步可以归纳为下述几种迹象。

（1）一批新工艺、新装备在创新过程中发展，例如氧气转炉、连铸、铁水预处理、二次冶金（炉外精炼）、控轧控冷、薄板坯连铸连轧、薄带连铸、直接还原以及熔融还原等。

（2）一批工艺、装置在逐步演进、完善过程中得到发展，例如高炉大型化、超高功率电炉、大型烧结机、热连轧机、无缝钢管轧机等。

（3）一批工艺、装置在竞争过程中被更替和淘汰，例如空气吹炼转炉、平炉、混铁炉、模铸、初轧或开坯轧机、横列式轧机、叠轧薄板轧机、小电炉及烧结锅等。

上述技术进步的过程都体现出制造流程中工序功能集的解析-优化，工序之间关系集的协调-优化以及随之出现的流程工序集合的重构-优化。总之，钢铁制造过程中的基本参数不断向"临界-优化"方向收敛，由此引起一系列的工艺、装置的替代、淘汰关系，最终引起了钢铁制造流程整体性的结构变化，并主要体现在制造流程内工序组成的改变——流程工序集的重构-优化。

流程工序集的重构-优化也可以用集合概念来表征。设流程系统 X 是由诸多可识别的、独立的、具有特定功能的工序 X_i 组成的集合，则：

$$X = \{X_i \in X \mid_{i=1 \sim m}\} \tag{3-10}$$

由于流程系统是由"刚性组元"和"柔性组元"的工序组成的，因此也可以表示为：

$$X = \left\{ (X_{Fl}, X_{Ri}) \mid_{X_{Fl} \in X, \ X_{Ri} \in X} \right\} \tag{3-11}$$

上述钢铁制造流程的工序功能集、工序间关系集和流程工序集的讨论，旨在描述钢厂生产流程中系统功能、系统结构的物理模型-数学模型。系统的模型化是深入了解系统结构、系统功能以及不同功能间互相关联性的有效方法。

钢铁工业演变、发展的历史过程给我们的启发是，对复杂的钢铁制造流程而言，其运行模式往往是处于竞争之中的，竞争的结果是在一定外界环境条件下或是只有一种模式继续存在；或是若干模式彼此稳定地共同存在。作为描述具有耗散结构特征的流程系统的方法，用模式的概念来描述，具有很大的优点。即与微观描述的方法相比，不必知道所有质点（原子、分子等）的许多自由度的坐标，只需知道少数几个参数就行了。我们应该逐步探索并学会用少数几个参数（或自由度）来描述钢铁制造（生产）流程的宏观有序态。

3.4 钢铁制造流程的时间解析

3.4.1 钢铁制造流程中的时间概念

在冶金学里，时间是一个基本参数，同时又往往是目标函数，然而对时间因素的研究，长期以来存在着认识不足和研究得不充分的现象。

在研究过程行为或生产过程的控制中，时间参数往往被局限地认为是一个随机自变量，具有很大的不确定性，因而觉得很难研究或不值得研究；同时，在冶金流程中，时间作为一个重要的目标值却往往被忽视了，或是被认为是混沌、无序的，或是被认为这是现场生产调度员的一种临时处理问题的经验而已，甚至认为时间参数不是冶金科学需要研究的问题。

实际上，在冶金过程中，如果我们从不同尺度、不同层次的视角去观察、研究过程中的时间参数，便会形成不同的概念和认识。有些现象（事件），在较低层次看来好似随机偶发的、无序的时间值，在高一层次或是更大尺度上看，恰是有序的或是有非常重要意义的。不少情况下，甚至会发现时间值竟是某一生产工序或某一类生产流程的一个"瓶颈性"环节——也就是存在时间临界值。例如在炼钢厂的生产过程中，二次冶金装置运行周期的时间值，对于炼钢炉-连铸机连浇过程中的协调性就是一例，如果二次冶金装置运行周期的时间值大于炼钢炉、连铸机运行周期的时间值，则很难实现多炉连浇，从而将影响炼钢厂运行的连续化程度。

不难看出，在冶金生产流程中，特别是现代钢铁制造流程中，时间参数的有序性、连续性是各个不同层次上过程有序运行和更大尺度范围内实现物质流连续性的保证。由于物质的一切变化发展存在于时间过程中，钢铁冶金流程的准连续/连续性，实际上是物质流在能量流的支撑和作用下，通过制造流程中不同层次的结构以及结构的功能，使物质流、能量流按特定的要求协调地向时间轴上耦合。时间参数对冶金流程运行的连续性（准连续性）起着"主轴"的作用。为了保证冶金装置、工序、流程运行的连续性，生产过程中诸多重要参数（化学成分目标值、形变过程目标值、相变过程目标值、凝固过程目标值、过程温度目标值、物质流量目标值等）都要协同地耦合到时间轴上来。例如，精炼工序不仅仅要根据钢种要求控制好钢水的成分、洁净度和温度等参数，还要在规定的时间内完成精炼处理，否则就会影响后续连铸工序的连续铸钢。

在冶金流程现代化中，信息流的贯通显得十分重要。在现代化的"紧凑型"流程中（例如薄板坯连铸连轧流程），对制造流程中物质流"时钟推进计划"的研究应是关键性、前沿性的课题，值得作为新一代钢铁制造流程自动化、智能化的基础性课题加以全面研究。

从钢铁冶金的发展史来看，由于时间因素对能耗、物质消耗、质量、成本、环境负荷有着综合性影响，因而对于不少工艺、装置、生产流程的生存发展或是被淘汰而言，具有关键性或颠覆性的影响。平炉炼钢法从冶金功能的综合性、"多功能化"而言，似乎不无优点，在很长的时期内认为平炉是"灵活的""最好的"。因此，在相当长的时期内，平炉取代了空气底吹转炉（贝塞麦转炉、托马斯转炉）甚至覆盖了部分电炉的应用领域。然而主要是由于平炉的冶炼周期长，出钢-出钢时间周期至少在 5h 以上；而且不稳定，冶炼周期的波动值往往在 30min 以上；很难与连铸机多炉连浇工艺匹配运行，最终出现全局性波动被淘汰出局。由此可见时间因素的重要性。

大型超高功率电炉发展的动因是廉价的废钢资源和廉价的电能。然而，从流程工程科学的角度上看，现代电炉技术进步最重要的成就是采用超高功率供电、利用化学能和氧气等手段促使大幅度地缩短熔化、氧化过程时间和取消还原期。在诸多技术集成应用的基础上，电炉冶炼周期从 4h 缩短到 90min 左右，再缩短到 60min 甚至更短；使之能够与全连铸生产体制匹配运行。而电炉本身则需约 30m^3/t 钢以上的标准状态的氧气消耗量，才能使其冶炼周期不超过 60min。与此相关，对 LF 炉的作业时间周期也提出了新的要求。

在冶金工厂里特别是在钢铁企业的生产流程中，连续铸锭、连续轧制、半无头轧制、连续酸洗-连续冷轧，特别是第二代薄板坯连铸-连轧工艺的出现和引领下，更加突出了过程中物质流的时间因素的重要性。因此，制造流程中时间的连续性、紧凑性、有序性和协调性的研究与设计，更显必要。

在钢铁冶金生产流程中，过程在时间轴上的"连续性"表现为：生产物质流在时间轴上的连续化或准连续化；过程的"紧凑性"表现为完成整个制造流程所需时间过程越来越短；过程的"有序性"则主要表现在制造流程中各组元、各工序、各装置生产运行的时序性和节奏性；过程的"协调性"则表现在生产物质流运行过程中前后工序、相关装置在功能、效率等方面的可耦合性和实现耦合的速度，或是在外部环境条件发生变化而破坏了这种耦合性时，能及时恢复其耦合程度的能力，从而使过程的"连续性"可以适应较为广阔的外部环境条件。

由此可以看出，时间参数对钢铁冶金企业发展具有非常明显的综合影响力，特别是在现代钢铁企业实现信息化、智能化的进程中，对时间参数进行全面、深入的研究，应该是整个制造流程信息贯通的基础性工作。

时间参数的研究，是使冶金学的基础性研究从简单研究向复杂性研究的一个切入点，也是不同层次的过程之间跨尺度研究的钥匙之一。因为时间因素可以从不同层次、不同尺度的命题中抽出来进行研究，也可以从一个较高层面的临界目标提出要求，还原到较低的不同层次、不同尺度范畴去解析-优化，从而提出一系列的研究开发命题。

3.4.2 连续化程度及其应用

在冶金、化工等流程工业中，制造流程的连续化程度是技术进步、企业的市场竞争力和可持续发展潜力的标志，也往往成为科技界、企业界追求的技术经济目标之一。当然，制造流程连续化程度的时间尺度是不同于工序、装置级别的，更是远远大于单元操作级的。只要观察的时间尺度足够大，就不难看出不同层次的生产过程系统都具有作为时间过程而展开的特征。制造流程的存续、运行，流程整体功能的发挥，都是随着时间过程的推移而呈现出来的。

过程（包括制造流程层次上的过程）是在时间维（甚至可以认为是时间轴）中展开的。也可以把时间看成是一种算子，一切事物的运动（运行）都是它的运算对象，运行过程在时间算子作用下发生变化。

在制造流程中，作为整体过程，其延续、展开的过程必然是消耗时间的过程。对流程整体生产过程而言，时间的消耗过程及其各项构成是制造流程连续化程度的重要标志。

3.4.2.1 设计的连续化程度

我们知道，当生产某一或某类产品时，一般应该有一个理论过程时间。这个理论过程时间是在制造流程设计是正确、完善的前提下，而且制造工序、装置和工艺软件也是最优的情况下，所消耗的过程时间。也可以看成是在"理想设定边界条件"下制造（生产）某一或某类产品所消耗的最小过程时间（t_0）。t_0 可以用下式表示：

$$t_0 = \sum t_1 + \sum t_2 + \sum t_3 + \sum t_4 \tag{3-12}$$

式中　t_0——在生产某一（类）产品时，物质流在制造流程网络中运行所消耗的理论过程时间，min；

$\sum t_1$——物质流在流程各工序、装置中通过所消耗的理论运行时间的总和，min；

$\sum t_2$——物质流在流程网络中运行所需的各种设定的运输（输送）时间的总和，min；

$\sum t_3$——物质流在流程网络中运行所需的各种设定的等待（缓冲）时间的总和，min；

$\sum t_4$——影响流程整体运行的各类检修时间总和，min。

可以看出，该生产流程在生产某一（类）产品时，其设计上的连续化程度 $C_{设}$ 为：

$$C_{设} = \frac{\sum t_1}{t_0} \tag{3-13}$$

其中：

$$0 < C_{设} < 1$$

在实际设计过程当中，要提高流程的连续化因子 $C_{设}$ 值，应该是通过缩短 t_0 值，而不是以增加 $\sum t_1$ 值为手段。

3.4.2.2 实际生产运行过程中的连续化程度

在生产流程的实际生产运行过程中，物质流在通过制造流程网络所消耗的时间与设计的"理想设定边界条件"有所区别（这也是正常的，因为每一单元操作的过程时间、每一工序、装置的运行过程时间都会有涨落现象），可以用下式表示：

$$t_0^{\text{实}} = \sum t_1^{\text{实}} + \sum t_2^{\text{实}} + \sum t_3^{\text{实}} + \sum t_4^{\text{实}} + \sum t_5 \tag{3-14}$$

式中　$t_0^{\text{实}}$——生产某一（类）产品时，物质流在制造流程网络中运行所消耗的实际过程时间，min；

　　$\sum t_1^{\text{实}}$——物质流在流程各工序、装置中通过所消耗的实际运行时间的总和，min；

　　$\sum t_2^{\text{实}}$——物质流在流程网络中运行所消耗的各种实际运输（输送）时间的总和，min；

　　$\sum t_3^{\text{实}}$——物质流在流程网络中运行所消耗的各种实际等待（缓冲）时间总和，min；

　　$\sum t_4^{\text{实}}$——影响流程整体运行的各类检修时间总和，min；

　　$\sum t_5$——物质流在流程网络中运行时出现的影响流程整体运行的各类故障时间总和，min。

因此，在生产某一（类）产品时，流程实际生产运行的连续化程度 $C_{\text{实}}$ 为：

$$C_{\text{实}} = \frac{\sum t_1^{\text{实}}}{t_0^{\text{实}}} \tag{3-15}$$

其中：

$$0 < C_{\text{实}} < 1$$

在实际生产运行中，通过采用一系列的技术进步措施和管理措施后，可以使 $t_0^{\text{实}}$ 发生明显缩短，例如近终形连铸机取代常规连铸机连铸，隧道式加热炉取代步进式加热炉，$\sum t_1^{\text{实}}$ 明显缩短；同时，$\sum t_2^{\text{实}}$、$\sum t_3^{\text{实}}$ 等也随之缩短，这将会出现另一种新的、更高的连续化程度的制造流程。

这里对几种不同类型钢铁制造流程的连续化程度 $C_{\text{实}}$ 做了比较，示于表3-7中。

表3-7　几种不同类型钢铁制造流程的连续化程度

制　造　流　程	$t_0^{\text{实}}$	$t_1^{\text{实}}$	$C_{\text{实}}$
高炉—转炉—模铸—钢锭冷装—热轧流程	6340	857	13.5%
高炉—转炉—模铸—钢锭红送—热轧流程	4900	857	17.5%
高炉—铁水预处理—转炉—二次冶金—连铸冷装—热轧流程	2456	653	26.6%
高炉—铁水预处理—转炉—二次冶金—连铸热装—热轧流程	1506	653	43.4%
高炉—铁水预处理—转炉—二次冶金—薄板坯连铸—连轧流程	917	603	65.8%

【例3-4】　某钢铁制造流程相应工序的实际过程时间见表3-8，计算该流程的实际连续化程度。

表3-8　某钢铁制造流程各工序的实际过程时间

工　序	工序实际时间消耗/min	累计时间消耗/min
原料堆取料	10	10.00
原料运输	30	40.00
烧结过程	32	72.00
烧结矿运输+矿槽储存	120	192.00
高炉（上料+冶炼）过程	390	582.00

工　序	工序实际时间消耗/min	累计时间消耗/min
高炉出铁	30	612.00
铁水输送	15	627.00
铁水预处理过程	40	667.00
扒渣+铁水输送	30	697.00
转炉冶炼过程	36	733.00
钢包输送	8	741.00
炉外精炼过程	25	766.00
钢包输送与等待	10	776.00
连铸过程	60	836.00
板坯运输与等待	540	1376.00
加热炉过程	60	1436.00
热轧过程+卷取	10	1446.00
钢材输送到成品库	60	1506.00
流程检修时间	60	1566.00
故障停工时间	30	1596.00

解： 在该流程中，属于 $\sum t_1^{\text{实}}$（生产物流在流程各工序、装置中通过所消耗的实际运行时间的总和）各项包括：烧结过程、高炉过程（上料+冶炼过程）、铁水预处理过程、转炉冶炼过程、连铸过程、加热炉过程、热轧过程和卷取过程。

$$\sum t_1^{\text{实}} = 32 + 390 + 40 + 36 + 25 + 60 + 60 + 10 = 653\text{min}$$

$$t_0 = 1596\text{min}$$

$$t_{\text{实}} = \frac{\sum t_1^{\text{实}}}{t_0^{\text{实}}} \times 100\% = \frac{653}{1596} \times 100\% = 40.9\%$$

因此，该流程的实际连续化程度为 40.9%。

薄板坯连铸连轧流程是一种刚性热连接流程，与传统连铸—热轧流程相比，薄板坯连铸连轧流程由薄板坯连铸机替代传统板坯连铸机，连铸坯厚度由 250mm 左右减薄到 70mm 左右，由隧道窑式均热炉替代步进式加热炉，热轧机中省略了粗轧机，只保留精轧机。薄板坯连铸连轧流程与传统连铸—热轧流程的对比如图 3-8 所示。

【例 3-5】 薄板坯连铸连轧流程的实际过程时间见表 3-9，计算其实际连续化程度。

解： 在该流程中，属于 $\sum t_1$（生产物流在流程各工序、装置中通过所消耗的理论运行时间的总和）各项包括：烧结过程、高炉过程（上料+冶炼过程）、铁水预处理过程、转炉冶炼过程、连铸过程、加热炉过程、热轧过程和卷取过程。

$$\sum t_1 = 32 + 390 + 40 + 36 + 25 + 50 + 20 + 10 = 603\text{min}$$

$$t_0 = 917\text{min}$$

$$t_{\text{实}} = \frac{\sum t_1^{\text{实}}}{t_0^{\text{实}}} \times 100\% = \frac{603}{917} \times 100\% = 65.8\%$$

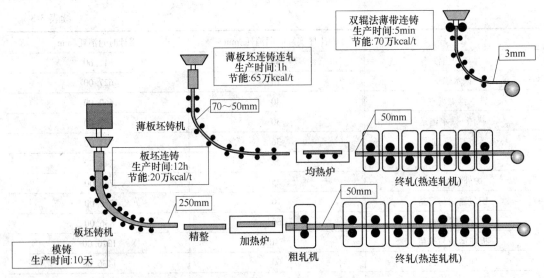

图 3-8　薄板坯连铸连轧和传统连铸—热轧流程对比（1cal＝4.18J）

因此，该流程的实际连续化程度为 65.8%。

表 3-9　高炉—铁水预处理—转炉—二次冶金—薄板坯连铸—连轧流程的过程时间、温度

工　序	工序实际时间消耗/min	累计时间消耗/min
原料堆取料	10	10.00
原料运输	30	40.00
烧结过程	32	72.00
烧结矿运输＋矿槽储存	120	192.00
高炉（上料＋冶炼）过程	390	582.00
高炉出铁	30	612.00
铁水运输	15	627.00
铁水预处理过程	40	667.00
扒渣与铁水运输	30	697.00
转炉冶炼过程	36	733.00
钢包运输	8	741.00
炉外精炼过程	25	766.00
钢包运输与等待	10	776.00
连铸过程	50	826.00
铸坯传送	1	827.00
加热炉过程	20	847.00
热轧过程＋卷取	10	857.00
钢材运输到成品库	60	917.00

　　薄板坯连铸连轧流程与传统连铸—热轧流程相比，连续化程度大幅度提高。以上两种流程中的高炉至精炼部分是相同，如果仅仅考虑连铸—热轧区段，则薄板坯连铸连轧流程的连续化程度更高。

3.4.3 动态甘特图方法

甘特图（Gantt Chart）是由亨利·甘特于 1910 年开发的，他通过条状图来显示项目、进度和其他时间相关的系统进展的内在关系随着时间进展的情况。其中，横轴表示时间；纵轴表示活动（项目）；线条表示在整个期间上计划和实际的活动完成情况。甘特图可以直观地表明任务计划在什么时候进行，及实际进展与计划要求的对比。管理者由此可以非常便利地弄清每一项任务（项目）还剩下哪些工作要做，并可评估工作是提前还是滞后，或者正常进行。除此以外，甘特图还有简单、醒目和便于编制等特点。

与项目管理的甘特图不同，在钢铁制造流程的动态运行过程中，可以利用甘特图形象表示物质流在各个工序的处理、运输（吊运）、等待等操作的开始、结束时刻，以及工艺路线等信息。冶金制造流程中的甘特图表示了流程的物质、能量、空间和时间等信息，见图 3-9。

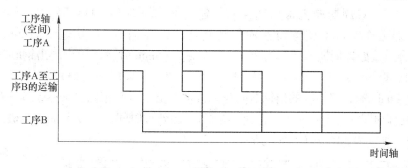

图 3-9 冶金流程运行甘特图

要实现钢铁流程的动态有序运行，必须解决好工序之间的时间、温度、流通量等基本参数的衔接、缓冲、协同关系，其中包括了工序之间的输送方式、输送速度和时间与空间关系（平面图等）。在低成本、高效率洁净钢生产平台体系中，特别是在炼钢厂内，从输入的高温铁水到输出的高温铸坯，实际上就是高温液态的铁素物质流的动态运行过程，其目标是希望动态-有序、协同-连续地实现尽可能多的多炉连浇。然而，铁水预处理工序、炼钢工序、二次冶金工序等装置的运行特点恰都是周而复始的、间歇式的，为了满足液态的铁素物质流的连续化运行，各工序装置物质流的运行程序则也应该适应多炉连浇的需求。这样就会形成间歇运行服从连续运行的规则（原则）和连续运行指引间歇运行的"层流式"运行规则。

炼钢厂动态运行 Gantt 图的具体编制步骤为：

（1）以恒拉速（高拉速）为出发点和主要目标，编制连铸机多炉连浇的时间程序表，根据拉坯速度、铸坯断面等确定钢包浇铸时间；

（2）试编制"间歇"工序/装置各自的时间节奏（冶炼周期）和"流通量"；

（3）研究分析各工序/装置之间输送、等待、缓冲时间和温度的变化范围，并使各工序/装置之间能形成一定的弹性匹配——非线性动态耦合（非线性相互作用）；

（4）进一步研究连铸多炉连浇（即上位的宏观运行的铁素物质流）与间歇运行的工序/装置（即下位的局部铁素物质流）之间的优化、匹配、缓冲、协同关系，促进尽可能长时间地稳定连浇，并实现炼钢厂生产流程的动态-有序、协同-连续运行；

（5）优化物流路径，争取物流输送路径"最小化""层流式"和"稳定化"运行。

炼钢厂动态运行 Gantt 图的编制与实施，将促进加快各工序的生产节奏，促进炼钢厂生产的准连续化；缩短辅助时间、等待时间、间断时间；有利于降低出钢温度、提高铸机拉速等。设计、编制、推行炼钢厂动态运行 Gantt 图是推行高效率、低成本洁净钢生产平台的有效措施。

【例3-6】　国内某炼钢车间的一条炼钢生产线为一座 150t 转炉、一座 150tLF 炉和一台一机两流薄板坯连铸机。转炉冶炼周期为 42min，连铸浇铸一包钢水的时间也为 42min，LF 的处理周期为 35min（最小处理周期 30min），转炉至 LF 炉运输时间为 5min，LF 炉至连铸运输时间为 7min，试画出流程正常运行甘特图。当转炉由于种种原因，其冶炼延长为 52min，后续炉次又缩短为 45min、44min 时，试画出流程运行甘特图。

解： 流程正常运行的甘特图如图 3-10（a）所示。当转炉由于种种原因，其冶炼延长为 52min，转炉冶炼周期较正常周期 47min 延长了 5min（52−47＝5），即转炉出钢延迟 5min，为了保证连铸机不调整拉速而保持连浇，需要缩短 LF 处理时间 5min，缩短至 30min（符合最短处理周期要求）。后续炉次缩短为 45min 时，该炉次的出钢时间较正常炉次出钢时间延迟 3min（52+45−47−47＝3），由此，LF 处理周期需缩短 3min 至 32min，当后续炉次为 44min 时，该炉次的出钢时间与正常炉次出钢时间相同（52+45+44−47−47−47＝0），LF 炉处理周期保持 35min。以上通过调整 LF 的处理时间，可以保证连铸机不调整拉速而保证连浇，甘特图如图 3-10（b）所示。

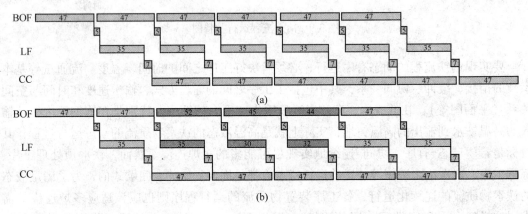

图 3-10　BOF—LF—CC 甘特图

思　考　题

1. 试简述冶金流程的物质流与运输行业的物流的区别。
2. 简述钢铁制造流程动态运行的物理本质。
3. 钢铁制造流程的基本参数有哪些特征，具体有哪些基本参数？
4. 钢铁制造流程中哪些是刚性组元，哪些是柔性组元？
5. 试分析转炉工序功能的演变。
6. 试分析电炉—精炼炉—连铸流程的重构优化。

习 题

1. 高炉—铁水预处理—转炉—二次冶金—连铸冷装—热轧流程的过程时间见下表，计算其连续化程度。

工 序	工序实际时间消耗/min	累计时间消耗/min
原料堆取料	10	10.00
原料输送	30	40.00
烧结过程	32	72.00
烧结矿输送与储存	120	192.00
高炉（上料+冶炼）过程	390	582.00
高炉出铁	30	612.00
铁水输送	15	627.00
铁水预处理过程	40	667.00
扒渣+铁水输送	30	697.00
转炉冶炼过程	36	733.00
钢包输送与等待	8	741.00
炉外精炼过程	25	766.00
钢包输送与等待	10	776.00
连铸过程	60	836.00
板坯输送	10	846.00
板坯库贮存	1440	2286.00
板坯运输+加热炉过程	100	2386.00
热轧过程+卷取	10	2396.00
钢材输送到成品库	60	2456.00

2. 收集炼钢厂的转炉冶炼周期、精炼处理周期和连铸机大包浇注时间，并画出转炉至连铸流程的运行甘特图。

3. 试进行 LF 精炼炉的工序功能解析。

参 考 文 献

[1] 殷瑞钰. 冶金流程工程学 [M]. 北京：冶金工业出版社，2004.

[2] 殷瑞钰. 冶金流程系统集成理论与方法 [M]. 北京：冶金工业出版社，2013.

[3] 许国志，顾基发，车宏安. 系统科学 [M]. 上海：上海科技教育出版社，2001.

4 冶金制造流程的功能拓展

本章概要和目的： 介绍冶金制造流程的能源高效转换利用功能和社会大宗废弃物的消纳及再资源化功能，介绍冶金能源的构成及能耗评价指标、能量流网络和能源管控中心的发展、绿色钢厂的内涵和特征等内容，引导学生用更广阔的视野认识冶金制造流程。

冶金制造流程中的能量流是指能源载体在时间-空间上按照设定的能量流网络传输、转化、利用和回收的动态过程。在钢铁制造流程中，铁素物质流是被加工的主体，碳素能量流作为驱动力、化学反应介质或热介质。因此，有必要关注能量流的运行特征和规律，以实现生产过程效率高、成本低、产品质量优、能源消耗低、过程排放少、环境和生态友好等多目标优化。

4.1 能源的高效转换利用功能

4.1.1 冶金能源及其构成

4.1.1.1 冶金能源

冶金能源是冶金工业使用或消耗的各种能源的总称，包括购入能源、自产能源和回收再利用的余热余能三部分。

购入能源主要包括煤炭、燃料油、天然气、电力等。冶金企业使用的煤炭主要是洗精煤、无烟煤和动力煤等。其中，洗精煤用于炼焦，无烟煤用于烧结和高炉喷吹，动力煤用于自备电厂发电、蒸汽机车、工业锅炉和其他炉窑。燃料油和天然气在我国冶金厂很少使用，只是在厂内能源供需无法平衡时才用少部分重油、天然气补缺。电力一般是购入的，较大的联合企业有自己的发电厂，发电厂的锅炉用购入的动力煤和企业内部剩余的高炉煤气和焦炉煤气为燃料。

自产能源是指由购入能源加工转换而成的各种能源产品，最常见的有焦炭、焦炉煤气、高炉煤气、转炉煤气、电力、蒸汽、氧气、压缩空气等。自产能源又可以分为两类。一类是满足钢铁生产工艺需要而被转换加工的能源。例如，将洗精煤用焦炉干馏成焦炭；用动力煤烧锅炉生产蒸汽或电力；利用电能生产或处理获得压缩空气、鼓风、氧气、氮气、氩气、冷却水等。另一类是生产过程中产生的副产能源。例如，炼焦过程产生的焦油、粗苯、焦炉煤气等副产品，炼铁过程产生的高炉煤气，转炉炼钢过程产生的转炉煤气等。这些副产能源约占企业购入能源总量的50%，因此充分有效地利用副产煤气资源，杜绝放散，对钢铁企业节能减排有十分重要的意义。

余热余能是指可供回收的、具有一定温度或压力的排气、排液和高温待冷却物料等所含有的热能，包括烟气和冷却水等的显热和余压、产品及炉渣等的显热等。例如，各类炉窑排放烟气的显热，烧结矿、球团矿、焦炭、铁水、连铸坯、高炉渣、钢渣等固/熔体的显热，冷却水带走的显热，还有高炉炉顶煤气的余压以及一部分带有压力的冷却水等。

4.1.1.2 我国钢铁工业的能源结构

我国钢铁工业购入能源的构成如表4-1所示。由表可见，煤炭是我国钢铁工业的主要能源，占购入能源的70%左右；电力占10%~25%；燃料油的用量很少，而且在逐年减少；2000年以后，天然气、可再生能源和新能源等在逐年增加。与世界主要产钢国钢铁行业能源结构相比，我国钢铁行业消耗的煤炭比例远高于其他产钢国，而天然气和燃料油的比例明显低于发达国家。

表4-1 我国钢铁工业购入能源的构成 (%)

年份	煤炭	电力	燃料油	天然气等	其他
1985	72.0	20.4	6.4	1.1	
1990	68.78	23.72	6.49	1.0	
1995	68.21	25.53	5.66	0.6	
1999	70.0	26.8	3.0	0.2	
2000	71.0	26.0	2.44	0.6	1.0
2002	72.43	23.6	1.91	0.31	1.75
2010	80.63	11.99	0.57	4.44	2.37
2011	80.46	12.35	0.50	4.42	2.27
2012	80.98	12.07	0.43	4.31	2.21
2013	75.43	10.33	0.35	11.93	1.96
2014	75.23	10.33	0.32	12.31	1.81
2015	65.59	31.72	0.03	2.21	0.45
2016	59.08	37.53	0.02	2.13	0.51

数据来源：《中国钢铁统计年鉴》和《中国能源统计年鉴》，2005年以前电力采用等价值0.404kg标准煤/(kW·h)折算，2006年以后采用当量值0.1229kg标准煤/(kW·h)折算。

当前，钢铁生产的主流流程主要有两类：一类是高炉—转炉"长流程"，它以铁矿石、煤炭等为源头，包括烧结、焦化、炼铁、炼钢、轧钢等主体工序；另一类是以废钢、电力为源头的电炉"短流程"，由电炉炼钢、连铸、轧钢等工序组成。长、短流程生产系统的能源消耗有所不同，高炉—转炉"长流程"因铁前工序（烧结、焦化、炼铁等）消耗了大量的煤炭，其总体能耗和煤炭的消耗都远高于电炉"短流程"，而电炉"短流程"的电力消耗显著高于长流程。由于废钢资源的长期缺乏，我国的钢铁企业的生产流程以高炉—转炉"长流程"为主。

4.1.1.3 冶金能源系统

冶金能源品种繁多，而且相互关联又彼此制约，这些能源的转换、使用、回收以及存储输送和缓冲调控等过程构成了冶金能源系统，基本结构如图4-1所示。

图4-1中，"能源转换子系统"是冶金能源系统的供给侧，它将大部分外购的一次能

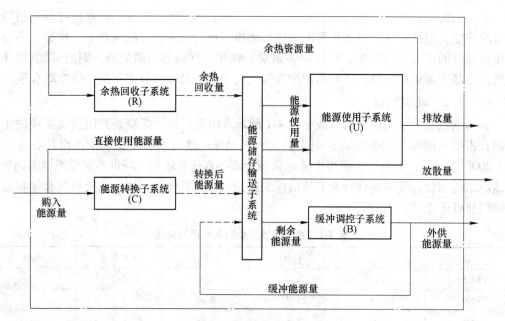

图 4-1 冶金能源系统结构示意图

源加工转换成钢铁生产所需要的焦炭、煤气、蒸汽和电力等二次能源。例如，焦炉将洗精煤干馏成焦炭，同时产生粗苯、焦油和焦炉煤气等副产品；高炉在炼铁的同时产生高炉煤气；转炉在炼钢的同时产生转炉煤气。再如，用动力煤烧锅炉，生产蒸汽或电力；利用电能生产或处理获得压缩空气、鼓风、氧气、氮气、氩气、冷却水等。"能源使用子系统"是冶金能源系统的需求侧，由烧结、球团、焦化、炼铁、炼钢、连铸、轧钢以及辅助生产装置构成。这些用能工序和装置，是冶金企业的主要耗能部门，在供给能量的驱动和作用下完成相应的物理化学变化。它们产生的废气、废渣和废水以及获得的产品还蕴含着一定的热能或压力能，需进入"余热余能回收子系统"，经过换热器、余热锅炉、干熄炉、余压透平等回收装置进行余热余能回收。由于受各种影响因素的非线性作用，系统内各种能源的供应与需求之间是不平衡的，时常出现涨落现象。所以，为了保障能源的稳定供给和避免富余能量放散，"能源储存输送子系统"和"剩余能源缓冲调控子系统"在冶金能源系统中是不可或缺的，包括氧气储罐、煤气储柜，以及掺烧煤气的燃煤锅炉、纯燃气锅炉等富余煤气缓冲设备等。图中用虚线标示冶金能源系统的边界，系统内富余的煤气、蒸汽、自发电等能量流，只有通过不断地与外界进行物质和能量的交换，才能从"非平衡"状态转变为一种有序状态。显然，一个封闭能源系统的富余能源放散是无法避免的。

4.1.2 能源的转换与利用

4.1.2.1 钢铁流程中的能源转换

在工业生产中涉及的能量形式主要有化学能、热能、电能、机械能等，它们之间相互转换的关系如表 4-2 所示。不同形式能量之间的转换，有些是可能的，有些是不可能的；有些可以全部转换，有些只能部分地转换；有的在理论上正向、逆向都相同，有的需要一定条件。

表 4-2　四种主要能量形式之间的相互转换过程

输入能	输出能			
	热能	化学能	机械能	电能
热能	传热过程	吸热反应	热力发动机	热电偶
化学能	燃烧过程	化学反应	渗透压	电池
机械能	摩擦	—	机械传动	发电机
电能	电热	电解	电动机	变压器

在钢铁生产过程中，购入的燃料能源（煤炭等）被大部分转换成多种形式的其他能源再加以利用，最常见的有焦炭、焦炉煤气、高炉煤气、转炉煤气、电力、蒸汽、氧气、压缩空气等。这些能源，一般称为冶金工业的"自产能源"或"二次能源"。自产能源的低耗生产和高效利用是冶金能源系统中的两大核心过程，也是钢铁生产过程节能降耗的关键环节。

4.1.2.2　焦炭的生产和利用

焦炭是高炉炼铁的主要燃料和还原剂，其生产过程是在焦炉内将洗精煤隔绝空气加热干馏成焦炭。焦化工序包括炼焦和化产两大部分。炼焦是一个复杂的物理化学过程，焦炉的主要原料是由气煤、主焦煤和瘦煤等配合而成的配合煤，满足灰分、硫分、挥发分、粒重、堆密度等指标要求。配煤完成后入贮煤塔，经加料车装入炭化室。在炭化室中，煤经过高温干馏生产焦炭，同时获得煤气、煤焦油，并通过回收得到其他化工产品。来自焦炉的荒煤气，经冷却和用各种吸收剂处理后，可以提取出煤焦油、氨、萘、硫化氢、氰化氢及粗苯等化学产品，并得到净焦炉煤气。经过化学产品回收的焦炉煤气是具有较高热值的冶金燃气，是钢铁生产的重要燃料。焦化工序流程如图 4-2 所示。

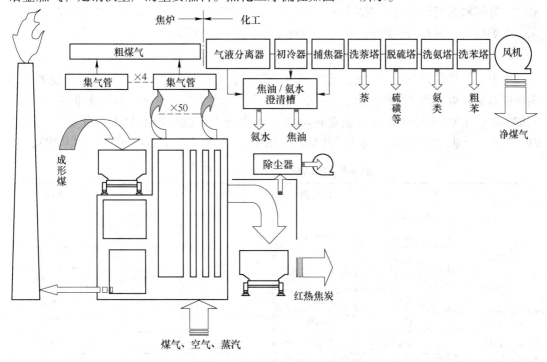

图 4-2　典型焦化工艺流程图

　　焦炭被推出焦炉时具有较高的温度和显热，在实际生产中，这部分的热量可通过干熄焦技术进行回收利用。干熄焦是在密闭的系统中用循环的惰性气体将红焦冷却，温度约1000℃的红焦在干熄炉的冷却室内与循环风机鼓入的惰性气体进行热交换。吸收了红焦显热的惰性气体温度上升到800~900℃，焦炭温度降到200℃以下，惰性气体先经过一次除尘器除尘，然后进入余热锅炉进行换热，余热锅炉产生的蒸汽用于发电或外送用户使用。干熄焦工艺流程如图4-3所示。

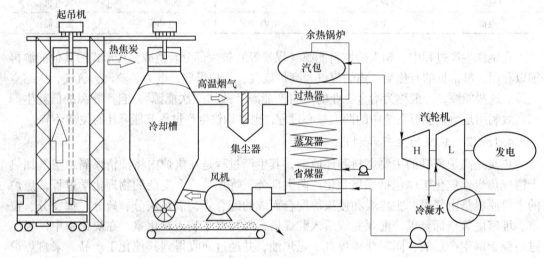

图4-3　干熄焦工艺流程

　　在整个焦化和干熄焦过程中主要消耗洗精煤、高炉煤气、焦炉煤气、蒸汽、电、水和氮气，其燃料为高炉煤气、焦炉煤气、转炉煤气或上述煤气混烧，产出主要有冶金焦、焦末、焦炉煤气、黄血盐、粗苯、焦油、干熄焦蒸汽等二次能源。

4.1.2.3　电力的生产和利用

　　电力是钢铁联合企业中消耗的重要能源，钢铁企业电力系统较为复杂，用户较多。某钢铁联合企业电力消耗情况统计见表4-3。钢铁企业的电力大部分来自钢铁企业的自发电。例如，年产1500万吨钢铁联合企业在不考虑外购动力煤发电的前提下，自发电比例达91%。钢铁企业的发电方式主要有热电联产（CHP）、燃气-蒸汽联合循环发电（CCPP）、

表4-3　某钢铁联合企业电力消耗情况

工序		比例/%	工序		比例/%
铁前	焦化	2.8	轧材	热轧宽带	10.5
	烧结	10.0		冷轧带钢	6.2
	球团	0.7		高线	3.2
	炼铁	7.3		中厚板	1.4
	合计	20.8		管材	4.3
炼钢	转炉	9.9		合计	25.6
	电炉	2.1	其他		41.6
	合计	12.0			

高炉炉顶余压发电（TRT）和干熄焦发电（CDQ）等。

A 热电联产

热电联产是指动力设备同时对外供应电能和热能，高品位的热能先用来发电，在热功转换过程中产生的低位热能再对外供热，把供热和发电生产有机地结合起来。热电联产是一种成熟的节能技术，它使本应排至凝汽器中放弃的蒸汽凝结热转供给热用户而不排放至大气中，不仅能提高供热质量、提高能源利用率、节约能源、控制粉尘污染、减少灰渣污染和减少 CO_2、SO_2 与 NO_x 的排放，增加电力供应量等综合效益，而且还能使火力发电厂的全厂热效率大幅度提高，可以由凝汽式发电状态的 25% ~ 40% 提高到 70% ~ 85%。

通常热电联产有背压式和抽汽式两种方式。背压式热电联产系统中，汽轮机的排汽压力高于大气压，设计成热用户所需的压力，蒸汽经汽轮机做功后，排汽再供给热用户使用，使蒸汽的冷凝热在热用户中得到进一步利用，代替锅炉生产新蒸汽，得到的冷凝水经过处理后再由循环水泵回供至锅炉。背压式汽轮发电机组运行时以热定电，要求电负荷和热负荷完全匹配，因而不能同时满足热、电负荷的需要，应变能力较差，因此供热背压式机组宜用于热负荷相对稳定的场合。背压式汽轮机的排汽压力高，蒸汽的焓降较小，与排汽压力很低的凝汽式汽轮机相比，发出同样的电量，所需蒸汽量较大。抽汽式热电联产系统，是从汽轮机中部抽出一部分经做功后尚具有一定压力的蒸汽供给热用户，其余部分继续在汽轮机内膨胀到低压，抽汽式汽轮机抽汽压力根据用户的需要和产品的要求而确定，能在一定范围内调整。抽汽式热电联产系统根据需要可以设计成一次调节抽汽式或二次调节抽汽式，具有很强的灵活性，可以同时满足用户热负荷和电负荷的需要。

B 燃气-蒸汽联合循环发电

燃气-蒸汽联合循环发电（CCPP）是由燃气轮机与汽轮发电机组共同构成一套完整的发电装置。燃气轮机是以高炉煤气为工质，经压缩、燃烧后在透平中膨胀，将压力能转换为机械能的旋转式动力机械。燃气轮机一般由压气机、燃烧室、透平、控制系统及必要的辅助设备组成。而汽轮发电机组是以蒸汽为工质，将蒸汽的压力能转换为机械能的旋转式热能动力机械。燃气-蒸汽联合循环发电正是将上述两种装置有机结合后的一种新的发电方式。

CCPP 的工艺流程为：燃气轮机采用电动机启动，燃烧器采用 COG 点火。BFG 经电除尘器除尘后，经煤气加压机加压；助燃空气经空气过滤器过滤后经空气加压机加压后与加压后的煤气一同送至燃烧器燃烧。燃烧产生的高温高压烟气进入燃气轮机做功发电。燃气轮机排出的高温烟气进入双压余热锅炉产生蒸汽后进入蒸汽轮机做功，带动发电机组发电，低压蒸汽直接供余热锅炉除氧器用汽。余热锅炉烟气经烟囱排入大气，当余热锅炉故障时烟气通过旁路烟囱排入大气。

C 高炉炉顶余压发电（TRT）

高炉煤气余压透平发电装置，是利用高炉冶炼的副产品——高炉炉顶煤气具有的压力能及热能，使煤气通过透平膨胀机做功，将其转化为机械能，驱动发电机或其他装置发电的一种二次能源回收装置。

TRT 装置由透平主机、大型阀门系统、润滑油系统、电液伺服控制系统、给排水系统、氮气密封系统、高低压发配电系统及自动控制系统等八大系统组成。TRT 装置在工艺中的设置一般是：高炉产生的煤气经过重力除尘器、塔文系统/双文系统/比肖夫系统，进入 TRT 装置，TRT 与减压阀组是并联设置。高压的高炉煤气经过 TRT 的入口蝶阀、入口插板阀、调速阀、快切阀，进入透平机膨胀做功，带动发电机发电，自透平出来的低压煤气，进入低压煤气系统。同时在入口插板阀之后、出口插板阀之前，与 TRT 并联的地方，有一旁通管及快开慢关旁通阀（简称旁通快开阀），作为 TRT 紧急停机时 TRT 与减压阀之间的平稳过渡之用，以确保高炉炉顶压力不产生大的波动，从 TRT 和减压阀组出来的低压煤气再送到高炉煤气柜和用户。

　　TRT 工艺有干、湿之分，其中煤气采用湿法除尘并设置 TRT 工艺的为湿式 TRT 工艺，采用干法除尘（布袋或电除尘）并设置 TRT 工艺的为干式 TRT。TRT 装置所发出的电量与高炉煤气的压力和流量有关，一般吨铁发电量为 $30 \sim 40 \text{kW} \cdot \text{h}$。高炉煤气采用干法除尘可以使发电量提高 $25\% \sim 40\%$，且温度每升高 10°C，会使透平机出力提高 10%，进而使 TRT 装置最高发电量可达 $54 \text{kW} \cdot \text{h/t}$ 铁，同时可以节约大量的除尘用水，生产每吨铁节水约 9t，其中节约新水 2t 左右。

4.1.2.4 副产煤气的生产和利用

　　副产煤气通常指在炼焦、炼铁和炼钢过程中伴生的气体燃料，是冶金能源中重要的能源介质，主要有焦炉煤气（Coke Oven Gas，COG）、高炉煤气（Blast Furnace Gas，BFG）和转炉煤气（Linz-Donawitz Gas，LDG）等。

　　煤气的生产伴随着炼焦、炼铁和炼钢等工艺过程，通过碳素的转换形成钢铁企业重要的气体燃料，由于生产工艺过程不同，影响因素各异，煤气的成分和发热值有较大差异。焦炉煤气是洗精煤在炭化室绝氧的状态下炭化或干馏产生的，主要成分为 H_2 和 CH_4，热值约为 $16000 \sim 19300 \text{kJ/m}^3$（表 4-4）；高炉煤气是铁矿石和焦炭等在高炉中发生还原反应产生的，主要成分为 N_2 和 CO，热值较低，热值约为 $3000 \sim 3800 \text{kJ/m}^3$；转炉煤气是氧气转炉冶炼钢水时产生的，主要成分为 CO 和 CO_2，热值约为 $7500 \sim 8000 \text{kJ/m}^3$；还可将焦炉煤气、高炉煤气和转炉煤气中的两种或三种煤气按照一定比例混合成不同热值的混合煤气供用户使用。

表 4-4　副产煤气的成分及发热值

燃料组成		高炉煤气	转炉煤气	焦炉煤气
干成分 （体积分数）/%	CO	$25 \sim 30$	$45 \sim 65$	$5 \sim 9$
	H_2	$1.5 \sim 3$	<2	$50 \sim 60$
	CH_4	$0.2 \sim 0.6$		$20 \sim 30$
	C_nH_m			$1.5 \sim 2.5$
	H_2S			
	CO_2	$8 \sim 15$	$15 \sim 25$	$2 \sim 4$
	N_2	$55 \sim 58$	$24 \sim 38$	$1.0 \sim 10$
	O_2		$0.4 \sim 0.8$	$0.5 \sim 0.8$
低位发热值/$\text{kJ} \cdot \text{m}^{-3}$		$3000 \sim 3800$	$7500 \sim 8000$	$16000 \sim 19300$

　　在冶金企业内部，这些回收的副产煤气主要作为燃料供焦炉、热风炉、加热炉等工业炉窑加热使用；富余的煤气用于发电，作为纯烧煤气锅炉发电机组、掺烧煤气锅炉发电机组或燃气-蒸汽联合循环发电机组的燃料；当煤气用户无法消纳产生的煤气时，往往通过

放散塔进行放散。实际生产中应充分回收、高效利用，减少放散。

4.1.2.5 蒸汽的生产和利用

钢铁企业蒸汽生产渠道多样，包括：燃气燃煤等动力锅炉产生的蒸汽；高炉、转炉、电炉及其他冶金炉的高温烟气通过余热锅炉生产的蒸汽等。而通过回收余热产生蒸汽的主要环节有干熄焦技术、烧结矿环冷余热发电技术、转炉煤气汽化冷却系统、电炉烟气余热回收系统和加热炉汽化冷却系统，利用这些系统回收余热蒸汽的典型参数如表4-5所示。钢铁企业余热蒸汽主要应用在预热烧结混合料、焦化副产品热源、升值发电、蒸汽喷射式制冷、热电联产、钢水精炼炉的真空脱气、RH设备的动力、生活取暖等。

表 4-5 典型余热蒸汽参数

余热蒸汽种类	温度/℃	压力/MPa	是否过热
干熄焦	450	3.82	是
烧结环冷	375	1.95	是
转炉煤气	240	3.2	否
电炉烟气	200	1.6	否
加热炉烟气	175	0.8	否

锅炉是生产蒸汽的主要装置。在钢铁企业主要有两种锅炉：动力锅炉和余热锅炉。动力锅炉和余热锅炉在产生蒸汽的原理上是一致的，主要的不同点是能量的来源。动力锅炉是燃气或燃煤的化学能经过燃烧产生高温的烟气，将锅炉中的水加热产生高温蒸汽。余热锅炉是通过锅炉将钢铁生产过程中产生的各种余热传递给锅炉中的水，将锅炉中的水加热，产生不同温度和压力的蒸汽。

4.1.2.6 氧、氮、氩气体的生产和利用

空气分离是利用液化空气中氧、氮等各组分沸点的不同，通过精馏的方法，将各组分分离开来。空分装置的工艺流程为：原料空气经过滤器清除灰尘和其他机械杂质；进入空气压缩机中被压缩到工艺所需的压力；然后被送入空气冷却塔中进行清洗和预冷；出空气冷却塔的空气进入分子筛吸附器，原料空气中的水分、二氧化碳和乙炔的杂质被分子筛吸附掉；净化后的空气一股进入增压机中增压，然后被冷却水冷却至常温进入主换热器，再从主换热器的中部抽出进入膨胀机中膨胀做功，膨胀后的空气部分被送入精馏塔上塔进行精馏，其余通入污氮管道；另一股空气直接进入主换热器后，被返流气体冷却至饱和温度进入精馏塔下塔进行精馏；空气经下塔初步精馏后，在下塔底部获得液空，在下塔顶部获得液氮；从下塔抽取液空、液氮进入液空液氮过冷器过冷，进入上塔相应位置，从辅塔顶部得到氮气，经过冷器、主换热器复热后经冷箱作为产品输出，另有一部分液氮直接进入液氮贮槽；经上塔进一步精馏后，在上塔底部得到氧气，氧气经主换热器复热后出冷箱，经氧气透平压缩机加压后进入氧气管网，液氧产品从冷凝蒸发器底部抽出，进入液氧贮槽。

空分过程消耗大量的电能、蒸汽和水，产出氧气、氮气、氩气等钢铁生产必不可少的能源介质和部分电能。氧、氮、氩气体气体用户主要是高炉炼铁工序、转炉炼钢工序及轧钢工序。其中转炉和高炉生产都会消耗大量的氧气；氮气和氩气在炼钢过程中作为搅拌气体效果明显，又由于氮气有很好的化学稳定性，因此在连铸、冷轧和热处理等工序作为保

护性气体使用；氩气在精炼、轧钢等工序也同样作为保护性气体，显现出很好的性能。表4-6为某钢铁企业氧、氮、氩气体消耗量。氧气用户连续生产或间歇生产，以及故障检修或部分停产等都会导致氧气供需不平衡。一般情况下，钢铁企业对氧气产量的实时调节能力相对不足，调节速度较慢，并且氧气缓冲存储能力比较固定，因此瞬时的不平衡将会导致一定的放散或不足，这样就会浪费能源或者不能保证正常生产。

表 4-6　某钢铁企业氧、氮、氩气体消耗量

车间	年产量 /万吨	作业时间 /h	单耗/$m^3 \cdot t^{-1}$			作业小时耗量/$m^3 \cdot h^{-1}$		
			氧气	氮气	氩气	氧气	氮气	氩气
$2 \times 2000m^3$ 高炉	280	8400	49	40	0	16330	13330	0
$2 \times 120t$ 转炉	299	7320	58	40	1.1	23690	16340	450
连铸	290	7752	3	0.1	0.2	1120	40	70
切割	45.72	3000	6	0	0	910	0	0
其他	0	0	0	0	0	2000	2000	20
合计						44050	31710	540

4.1.2.7　水的生产和利用

钢铁生产取水主要有工业用水、生活用水、地下水、矿井废水、城市污水、雨水、海水等。用水要坚持节约与开源并重，节约优先，治污为本，取消直排水，提高用水效率，实现多级、串级使用，提高水的循环利用率的原则。要按水质和水温进行优化供水，建立钢铁企业的生活水循环系统、浊水循环系统、污水循环处理系统、软水密闭循环系统和清水循环系统等。

钢铁企业生产过程中水的作用主要有：设备和产品的冷却、热力供蒸汽、除尘洗涤和工艺用水（如轧钢除鳞等）。冶金长流程生产工艺过程，每生产1t钢材，约用水85m^3。表4-7为2013~2015年中钢协企业平均用水情况。但是由于我国钢铁企业是处于不同生产结构、多种层次，先进指标与落后指标并存的阶段，所以各企业之间的工序水耗和新水消耗量差距特别大，存在多方面的不可比性。我国长江以南的钢铁企业处于丰水地区，用水来源容易、供水费用偏低，影响当地钢铁企业节水的积极性。总体上讲，南方钢铁企业普遍水耗高。

表 4-7　2013~2015 年中钢协企业平均用水情况　　　　　　（m^3/t 产品）

项目	年份	选矿	烧结	球团	焦化	炼铁	转炉	电炉	热轧	冷轧
工序水耗	2013	5.22		0.83	3.25	20.17	11.25	53.71	16.67	26.98
	2014	5.03		0.90	3.33	19.13	10.84	52.08	13.73	26.89
	2015	5.6		1.03	3.25	19.95	10.60	61.89	13.87	26.16
新水消耗	2013	0.58		0.19	1.21	1.05	0.71	1.75	1.55	1.45
	2014	0.61		0.15	1.30	0.98	0.77	1.79	0.57	1.48
	2015	0.54		0.15	1.21	0.52	0.70	2.28	0.63	0.98

4.1.3 能量平衡及能耗评价指标

4.1.3.1 企业能量平衡

企业能量平衡是以企业为对象的能量守恒关系，包括各种能源收入与支出的平衡，消耗与有效利用及损失之间的数量平衡。即：

$$[耗能量] = [购入量] ± [库存量的变化] - [外销量] \tag{4-1}$$

$$[耗能量] = [有效利用能量] + [各种能量损失之和] \tag{4-2}$$

$$[耗能量] = [各部门耗能量之和] + [内部亏损及输送损失之和] \tag{4-3}$$

能量平衡是能量在数量上的平衡，未考虑能量质量的差别。耗能量是指由外部提供的一次能源、二次能源、耗能工质等各种能源按照一定的折算方法累加获得的能源消耗总量。

企业能量平衡是以企业为体系，从能源购入储存，能量转换，输送分配，到各个主要生产部门、辅助生产部门、附属生产部门用能之间的平衡。它又可以将工序（车间）甚至单个用能设备分割成子系统，进行局部的平衡测定后再进行综合，也可以按能源的品种进行热平衡、电平衡、水平衡、汽平衡等，再进行综合。无论采用哪种平衡方法，其结果应是一致的，可以互相验证测定数据的准确性。

4.1.3.2 能源折标的含义

一个单位实物量能源含有的能量（kJ），叫做这种能源的当量热值（或当量能量）。燃料的当量热值等于其应用基低位发热值，$1kW \cdot h$ 电能的当量热值是 $3600kJ$，蒸汽的当量热值等于它的焓值。

企业所消耗的能源中，包括一次能源和二次能源（包括耗能工质）。二次能源有的是外购的，例如电力等；也有的是自产的，例如蒸汽等。由于二次能源是一次能源经加工转换获得的，其生产过程有能量损失，为便于能源结构不同的体系间相互比较，可以将二次能源生产过程的能量损失分摊到终端用户身上。一个单位实物量二次能源在生产过程中消耗的一次能源所含有的能量，叫做这种能源的等价热值（或等价能量）。

$$等价热值 = \frac{-个单位实物量二次能源所含有的能量}{二次能源的加工转换效率}$$

$$= \frac{生产过程消耗的一次能源所含有的能量}{二次能源产量} \tag{4-4}$$

等价热值主要是对二次能源而言的，二次能源的等价热值大于其当量热值，一次能源的等价热值等于其当量热值。二次能源的等价热值是个变动值，随着能源加工转换工艺的提高和能源管理工作的加强，其生产过程能量损失逐渐减少，等价热值会不断降低。

单位实物量能源所蕴含的能量也可以折算成标准煤量表示，称为"折标准煤系数"或"折标系数"。常见能源的热值及其折标系数见表4-8。

4.1.3.3 工序能耗

工序能耗指企业内某一工序（如人造块矿、炼铁、炼钢、钢加工、焦炭、耐火材料制品等生产）生产过程所消耗的各种能源量（包括主要生产系统、辅助生产系统以及直接为生产服务的附属生产系统所消耗的各种能源），扣除工序副产回收的能源量（能源加工转

表 4-8   常见能源的参考热值及折标系数

能源名称		能源实物单位	等价热值（kJ/实物单位）	等价折标系数（kgce/实物单位）	当量热值（kJ/实物单位）	当量折标系数（kgce/实物单位）
标准煤		kg	29308	1.000	29308	1.000
洗精煤		kg	26377	0.900	26377	0.900
焦炭		kg	33494	1.143	28470	0.971
原油		kg	41868	1.429	41868	1.429
重油		kg	46055	1.571	41868	1.429
煤焦油		kg	—	—	33494	1.143
天然气		m³	38979	1.330	38979	1.330
电①		kW·h	9232	0.315	3600	0.123
蒸汽		kg	4187	0.143	2763	0.094
水	新鲜水	m³	7536	0.257	—	—
	循环水	m³	4187	0.143	—	—
	软化水	m³	14235	0.486	—	—
	除氧水	m³	28470	0.971	—	—
鼓风		m³	879	0.030	—	—
压缩空气		m³	1172	0.040	—	—
氧气		m³	11723	0.40	—	—

① 电力等价热值和等价折标系数按照 2015 年全国 6000kW 及以上火电厂机组平均供电标准煤耗计算。

换工序包括扣除其产品的能量）后实际消耗的各种能源量。它反映了某一工序生产某种产品的能源消耗水平。

工序净耗能量=工序内各种能源消耗量之和-工序内能源外供量之和

如炼铁工序单位能耗计算公式为：

$$E_{LT} = \frac{e_{ltz} - e_{lth}}{P_{LT}} \tag{4-5}$$

式中 E_{LT}——炼铁工序单位产品能耗，kgce/t；

e_{ltz}——炼铁工序消耗的各种能源折标煤量总和，kgce；

e_{lth}——炼铁工序回收的能源量折标煤量，kgce；

P_{LT}——炼铁工序合格生铁产量，t。

【例 4-1】 以某公司炼铁工序为例，该公司的炼铁工序有两座 5500m³ 高炉和三套 1.1 万 Nm³/min 高炉鼓风机组，输入炼铁工序的能源有焦炭、煤粉、高炉煤气、焦炉煤气、氧气、电力和蒸汽，输出的能源有高炉煤气、电力。其中，焦炭消耗量为 345.45kg/t 铁水，煤粉消耗量为 136.87kg/t 铁水，电力消耗量为 40.98kW·h/t 铁水，蒸汽消耗量为 26.71kg/t 铁水，焦炉煤气消耗 11.59m³/t 铁水，高炉煤气消耗 456.03m³/t 铁水，氧气消耗量 38.48m³/t 铁水，高炉煤气产生量为 1349.16m³/t 铁水，压差发电量为 39.84kW·h/t 铁水，求该公司炼铁工序的吨铁能耗量。（高炉煤气主要成分体积分数为：CO 24%，CO_2 17%，H_2 2%，H_2O 1%，N_2 55%；焦炉煤气主要成分体积分数为：CO 8.1%，CO_2

3.23%，H_2 60.67%，O_2 0.63%，CH_4 21.87%，C_mH_n 1.83%，N_2 3.67%。)

解：由表 4-8 知，焦炭的当量折标煤系数为 0.971kgce/kg，煤粉的当量折标煤系数为 0.714kgce/kg，电力的当量折标煤系数为 0.123kgce/(kW·h)，蒸汽的当量折标煤系数为 0.094kgce/kg，氧气的当量折标煤系数为 0.4kgce/m³。

由煤气成分含量可计算出高炉煤气当量折标煤系数 0.1286kgce/m³，焦炉煤气当量折标煤系数 0.6143kgce/m³。

出公式得：

$$\begin{aligned} E_{LT} =& 345.45 \times 0.971 + 136.87 \times 0.714 + 11.59 \times 0.6143 + 456.03 \times 0.1286 + \\ & 38.48 \times 0.4000 + 40.98 \times 0.123 + 26.71 \times 0.094 - \\ & 1394.16 \times 0.1286 - 39.84 \times 0.123 \\ =& 338.78 kgce/t\ 铁水 \end{aligned}$$

因此，该公司炼铁工序能耗为 338.78kgce/t 铁水。

4.1.3.4 吨钢综合能耗

吨钢综合能耗是企业生产每吨粗钢所消耗的各种能源自耗总量；也就是每生产一吨钢，企业消耗的净能源量。其计算公式为：

$$吨钢综合能耗 = \frac{企业自耗能源量}{企业钢产量}（kgce/t\ 钢）\tag{4-6}$$

式中，企业自耗能源量即报告期内企业自耗的全部能源量。

$$企业自耗能源量 = 企业购入能源量 \pm 库存能源增减量 - 外销能源量$$
$$= 企业各部位耗能量之和 + 企业能源亏损量\tag{4-7}$$

吨钢综合能耗的统计范围是企业生产流程的主体生产工序（包括原料储存、焦化、烧结、球团、炼铁、炼钢、连铸、轧钢、自备电厂、制氧厂等）、厂内运输、燃料加工及输送、企业亏损等的消耗能源总量，不包括矿石的采、选工序，也不包含炭素、耐火材料、机修及铁合金等非钢生产工序的能源消耗量。

【例 4-2】 以某公司钢铁生产流程为例，该公司主流程设备有四座 70 孔 7.63m 大型焦炉、两台 500m² 烧结机、一条 504m² 带式焙烧球团生产线、两座 5500m³ 高炉、两座 300t 脱磷转炉、三座 300t 脱碳转炉、两台 2150mm 和一台 1650mm 双流板坯连铸机、2250mm 和 1580mm 热连轧机组各一套、2230mm、1700mm 和 1420mm 冷轧机组各一套，能源设施有三套 1.1 万 Nm^3/min 高炉鼓风机组、两套 300MW 燃气发电机组、两套 35MW CDQ 发电机组、两套 36.5MW TRT 发电机组。

在钢铁生产过程中，焦化工序能耗为 162.094kgce/t 焦炭，焦钢比系数为 0.37t/t 钢水，烧结工序能耗为 54.129kgce/t 矿，矿钢比系数为 1.2t/t 钢水，炼铁工序能耗为 338.78kgce/t 铁水，铁钢比系数为 1.03t/t 钢水，炼钢工序能耗为 22.293kgce/t 钢水，钢钢比系数为 1t/t 钢水，套筒窑工序能耗 165.181kgce/t 白灰，石灰钢比系数为 0.072t/t 钢水，热轧工序能耗为 45.736kgce/t 钢坯，材钢比系数为 0.97t/t 钢水，冷轧工序能耗为 54.171kgce/t 钢坯，材钢比系数为 0.21t/t 钢水，利用 e-p 能耗分析法求该公司的吨钢综合能耗量。

解：根据工序能耗和钢比系数来计算综合能耗的方法被称为 e-p 分析法，吨钢能耗计

算式为 $E = \sum_{i=1}^{n} (e_i \times p_i)$。式中，$E$ 为吨钢能耗；e_i 为各工序生产每吨实物的能耗（工序能耗）；p_i 为统计期内各工序实物产量与钢产量之比（钢比系数），各工序钢比系数分别称作矿钢比、焦钢比、铁钢比、钢钢比、连铸坯钢比、材钢比等。该公司吨钢综合能耗（未考虑能源亏损等）为：

$$E = 162.094 \times 0.37 + 54.129 \times 1.2 + 338.78 \times 1.03 + 22.293 \times 1 +$$
$$165.181 \times 0.072 + 45.736 \times 0.97 + 54.171 \times 0.21$$
$$= 563.81 \text{kgce/t 钢水}$$

4.1.3.5　能源利用效率

能源利用效率简称"能效"，是生产体系中供给能量的有效利用程度在数量上的表示，它等于有效利用能量与供给能量的比值：

$$能源利用效率 = \frac{有效利用能量}{供给能量} \times 100\% \tag{4-8}$$

供给能量包括体系实际消耗的一次能源、二次能源以及耗能工质的总量。有效利用能量是指体系终端利用所必须的能量，包括用于生产、运输、照明、采暖等过程的有效利用能量。

在计算能源利用效率时，需明确划定生产体系，针对单一设备、工序以及整体流程，能源量的统计和测算方法有所不同。对单一设备和工序，一般可以直接统计计算各种能源的消耗量；对整体流程或整个企业，往往要划分到各个生产部门，需要统计主体生产系统、辅助和附属生产系统的能源量以及体系的能源亏损量。有效利用能量的测算方法与实际工艺过程的性质有关，可以在理论上分析计算工艺过程必须消耗的能量（理论法），也可以根据设计规范、运行统计数据等来规定统一的消耗定额指标（指标法），针对难以理论计算的过程，还可以结合实际测试及生产经验来分析确定其有效能（经验测试法）。

当供给能量采用各种能源的当量值累加计算时，能源利用效率可以叫做"能量利用率"；当供给能量采用各种能源的等价值累加计算时，能源利用效率可以叫做"能源利用率"。能源利用率是将购入的二次能源的转换损失（例如电能等）均归在企业内部，相当于包含体系外二次能源生产过程的综合能源利用效率。例如，某生产企业消耗外购电力较多，其能源利用率会显著低于其能量利用率，因为在能源利用率计算中把电力生产过程的能量损失也计入供给能量中。能量利用率反映体系对供给能量的有效利用程度，而能源利用率反映体系直接和间接消耗一次能源的利用效率，在考虑环境效应评价时，能源利用率更具可比性。

4.2　能量流、能量流网络及其优化运行

4.2.1　能量流及其数学描述

4.2.1.1　能量流的属性与特征

前已指出，冶金制造流程的物理本质和运行特征可表述为：由各种物料组成的物质流在输入能量的驱动和作用下，按照设定的工艺流程，使物质发生状态、形状和性质等方面的一系列变化，成为期望的钢铁产品。能源转换过程及钢铁生产过程中能量的流动是不同

于物质流动的另一种流动。钢铁企业的能量流包括：企业外购的各种能源，如煤炭、电力、焦炭及天然气等；也包括生产过程中产生的各种余热余能（为描述方便，将二次能源也一并计入余热余能），如各种煤气（高炉煤气、焦炉煤气、转炉煤气）的化学能和显热、高炉炉顶余压、高温废气、余热水、冶金渣的显热等；还包括钢铁产品、中间产品所载能量，如烧结矿显热、球团矿显热、铁水显热及化学潜热、钢水显热及钢坯显热等。钢铁企业的外购能源以煤为主，因此，碳素流是能量流的主要形式。它沿着转换、使用、回收利用、再回收直至排放的进程不断运行，从一种形式变为另一种形式的碳素流（如焦炭、煤气等）或转变为其他种能量形式（如电力、蒸汽、氧气、鼓风、给水等）。可见，能量流是制造流程中的驱动力、化学反应介质、热介质等角色的扮演者。因此，弄清楚能量流的属性与特征是掌握冶金制造流程功能拓展及动态运行的前提，对于指导冶金制造流程尤其是能量流网络的设计、运行及优化决策都有着非常重要的作用。

能量流作为"流"或"类流"，具有一定的"流"性质。能量流一般具有如下属性和特征：

（1）能量属性。对于能量流而言，能量属性是其区别于其他流（如交通流、旅游流、数据流）的核心要素，具体体现在能量流具有温度、压力、发热值等。综合考虑热力学第一定律和第二定律，用流量（g）和能级（Ω）这两个概念来分别描述能量流的数量和质量。其中，能量流的能级的表达式为：

$$\Omega = Ex/En \tag{4-9}$$

式中，Ω 为能级；Ex 为能量流的㶲量；En 为能量流载有的能量。

（2）波动性。由于冶金制造流程是一个动态的、非线性的、非平衡或远离平衡的复杂系统，因此能量流的流量、压力和发热值等参数也是随之瞬时波动的。定义均衡度为反映能量流的流量和品质（如压力、发热值）波动情况的评价指标。某种物理量的均衡度的计算公式为：

$$J = 1 - \sqrt{n \sum_{\tau=0}^{T} \left(x - \frac{n\bar{x}}{T}\right)^2 \Big/ n\bar{x}} \tag{4-10}$$

式中，J 为均衡度；n 为波动的频次；x 为考察的物理量；$\bar{x}$ 为 x 的平均值。

【例4-3】 计算下述三种特殊生产状况下的蒸汽产生量的均衡度。

序号	不同工况	均衡度计算及其结果
1		$1 - \dfrac{\sqrt{\left[(0-100)^2 \times 4 + (200-100)^2 \times 4\right] \times 8}}{8 \times 100} = 0$
2		$1 - \dfrac{\sqrt{\left[(0-100)^2 \times 4 + (200-100)^2 \times 4\right] \times 2}}{8 \times 100} = 50\%$
3		$1 - \dfrac{\sqrt{\left[(100-100)^2 \times 8\right] \times 0}}{8 \times 100} = 1$

（3）方向性。冶金制造流程中的物质流按照加工顺序运行，能量流在驱动物质流运行的过程中，也是在压力差、温度差等势的作用下按照一定的方向运行的。本书以符号函数表示物质流和能量流的运行方向。若流自源点输入，方向为正；若流从汇点输出，方向为负；若没有流的输入和输出，则无方向。表征能量流的运行方向的符号函数为：

$$\text{Sgn} = \begin{cases} +1, & \text{能量流流入节点} \\ -1, & \text{能量流流出节点} \\ 0, & \text{既无能量流入，也无能量流出} \end{cases} \tag{4-11}$$

若某钢铁制造流程中有 3 股能量流，8 个节点，如图 4-4 所示。若节点 1，2，3 分别产生 3 种不同的流，则可以求出符号函数的表达式，表示成矩阵形式为：

$$\mathbf{Sgn} = \begin{bmatrix} +1 & 0 & 0 & -1 & 0 & -1 & 0 & -1 \\ 0 & +1 & 0 & 0 & -1 & -1 & -1 & -1 \\ 0 & 0 & +1 & 0 & 0 & 0 & -1 & -1 \end{bmatrix}^{\mathrm{T}} \tag{4-12}$$

（4）连续性。连续性是针对能量流的流量而言的。根据质量守恒定律，"流"或"类流"遵守连续性方程，即流入节点的流量必然等于流出节点的流量。也就是说，连接于任何节点的所有路径的能量流流量，其代数和为零，用矩阵表示为：

$$\mathbf{Sgn} \cdot \boldsymbol{G} = \boldsymbol{g} \tag{4-13}$$

式中，**Sgn** 为能量流网络的符号函数矩阵（简称符号矩阵）；$\boldsymbol{G} = [G_1, G_2, \cdots,$

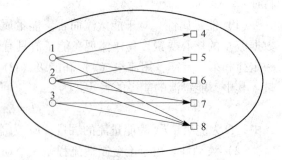

图 4-4　某钢铁制造流程示意图

$G_r]^{\mathrm{T}}$，G_r 为路径 r 的流量；$\boldsymbol{g} = [g_1, g_2, \cdots, g_j]^{\mathrm{T}}$，$g_j$ 为节点 j 的流量。

（5）耗散性。钢铁制造流程是开放的系统，时刻与外界进行着物质和能量的交换。能量流在输送、储存等运行过程中时刻都伴随着能量流的耗散。能量流的耗散包括压强耗散和热耗散两个方面。

能量流运行过程中会产生压强耗散，压强耗散一般源于两部分：一是能量流通过直管段所产生的沿程阻力损失；二是能量流通过各种阀门、管件等所产生的局部阻力损失。能量流运行过程中的热耗散主要包括三部分：1）能量流在运行过程中由于散热引起的热耗散；2）能量流运行过程中由于泄漏造成的热耗散；3）能量流运行过程中产生的冷凝水外排时引起的热耗散。

4.2.1.2　能量流与物质流的关系

从物质流为主体的角度上看，在钢铁制造流程中，物质流始终带着能量流相伴而行。但若从能量流为主体的角度上看，在钢铁制造流程中，能量流不可能全部伴随着物质流运动，有部分能量流会脱离物质流相对独立地运行。因此，能量流与物质流的关系是有相伴，也有部分分离的。相伴时，相互作用、影响；分离时，又各自表现各自的行为特点。总的看来，在钢厂生产流程中，能量流与物质流是有合有分、时合时分的。从全厂性的输入-输出运行途径来看，可以分别形成物质流网络和能量流网络，两者既相互关联，却又并不完全重合。

从局部的工序或装置看，在输入端，物质流和能量流分别输入；在装置内部，则物质流与能量流相互作用、相互影响；在输出端，则往往表现为物质流携带着部分能量流输出，同时还有不同形式的二次能量流单独输出。这是因为在工序或装置中，在运行过程中出现剩余能量流输出的现象是不可避免的。例如：在高炉炼铁过程中，在输入端，烧结（球团）矿和焦炭、煤粉、鼓风是分别输入的（即输入的物质流和能量流是分离的）；在高炉内部，烧结（球团）矿和焦炭、煤粉、鼓风相互作用、相互影响，发生燃烧升温、还原反应、成渣脱硫、铁液增碳等过程，完成了液态生铁的生产过程；在输出端，液态生铁和液态炉渣等物质流承载着大部分的能量输出，与此同时大量的高炉煤气带着动能、热能和化学能输出，形式是物质流，而本质上是能量流。同样，在烧结过程、炼焦过程、炼钢过程、轧钢加热炉过程也有类似的现象。

因此，人们不仅要注意输入端的物质流和能量流的行为，而且也必须注意输出端的物质流和能量流的行为。

在分析钢铁生产过程的能量流行为时，不能仅仅停留在封闭条件下质能衡算的层面上，因为这只是局限于封闭条件下某一状态、某一时刻的质能衡算，缺乏动态运行的概念，缺乏上游-下游之间的动态关联概念。作为制造流程的行为分析，极有必要进一步确立起开放系统的输入"流"-输出"流"的动态运行的概念。建立起能量输入-输出概念，不仅涉及能量，而且还能联系到能级、时间-空间等因素；涉及能量流的运行程序；利于构建能量流网络（或称能源转换网络），以利于进一步提高能源利用效率和建立相应的信息调控系统。

钢铁生产流程中，能量流包括：碳素化学能、热能、电能、压力能等，其中碳素化学能（碳素流）是主要类型的能源形式。由各类能源介质组成的能量流在钢厂生产流程中既有与物质流（主要是铁素流）相对独立运行的行为，又有相伴而行、相互作用的运行行为。在原料场，铁矿石与煤炭分别储存，构成了铁素物质流和碳素能量流的起始点，在后续的生产工序中，以及工序-工序之间的实际情况则是：铁素物质流在能量流的驱动和作用下沿着给定的流程网络（如总平面图等），动态有序地实现各类物质-能量转换过程和位移输送过程。其中铁素物质流是被加工的主体，能量流的角色是提供动力并且作为化学反应参与者和加热源等。在生产过程中，能源介质提供的能量大部分伴随着物质流运行，附着在各工序或装置内及输出物质流中。然而，还有一部分能量脱离铁素物质流独立运行，而且几乎每一生产工序都有独立的能量排放流输出。

前面提到，能量流对物质流的作用还表现在对物质流的驱动、位移，如运输烧结矿的皮带靠电力驱动，运输铁水的火车靠电力或柴油驱动，运输钢坯的辊道靠电力驱动等。当然，能量流对物质流的驱动力不能过大，否则过剩的能量流又可能会导致能量放散。

4.2.1.3　能量流的数学描述

流体力学中研究流体的运动规律，需要把流体视为连续介质，即流体是在空间上和时间上连续分布的物质。煤气流、蒸汽流、水流等在宏观上都符合连续介质假设，然而煤、焦炭等固体，却不能采用连续介质模型。载有能量的烧结矿、钢坯、钢渣、煤和焦炭等也具有多种流特性，从本质上讲它们是一种"类流"。在本书中，我们将能量流都当作"流"看待。通常描述"流"运动的方法有欧拉法和拉格朗日法两种。

（1）欧拉法。欧拉法着眼于研究空间固定点的流动情况，即研究流体质点经过某一空间点的速度、压强、密度等变化规律，将许多空间点在不同时刻的流体质点的运动情况记录下来，就可以知道整个流体的运动规律。显然，欧拉法不研究个别质点的运动规律，对于流体质点从哪里来，又流到何处去，并不加以研究。

可见，欧拉法的要领是在连续流动的"流"中，选定一个空间点，作为观察点。然后，观察各瞬间流过这个空间点的"流"的物理量，以获得这个点上有关数据随时间的变化。为了了解"流"的全貌，可依次改变观察点，从一个空间点转向另一个空间点。由于这种方法的要点是定点观察，也可称为"定点观察法"。

能量流作为一种"流"或"类流"，在研究其运行规律时同样可以采用欧拉法。利用欧拉法，可以得到某一节点处的能量流的产生、消耗和流动情况，即可获得能量流经过某一节点的流量、压强、温度等参数随时间变化的规律，综合许多节点在不同时刻的运动情况，就可以得到整个钢铁制造流程中能量流的运行规律。

（2）拉格朗日法。拉格朗日法以研究个别流体质点的运动为基础，通过对每一个质点运动的研究来获得整个流体运动的规律性。这种方法是质点系力学的研究方法，常用于理论力学。流体由无数个质点组成，要研究整个流体的运动，就必须研究每一个质点的运动。为此，必须找到一个区分质点的方法。拉格朗日法以每一个质点在初始时刻的坐标作为它的标记，流体质点的坐标可以表示为时间及初始位置的函数。它着眼于跟随流体质点的运动，记录该质点在运动过程中物理量随时间变化规律。拉格朗日法是以研究单个流体质点运动过程作为基础，综合所有质点的运动，构成整个流体的运动。

可见，拉格朗日法的要领是在连续流动的"流"中，选定"流"的一个质点，作为观察对象。然后，跟踪这个质点，观察它在空间移动过程中各物理量的变化，以获取这个质点在流动过程中的有关数据。为了了解"流"的全貌，可依次改变观察对象，从一个质点转到另一个质点。由于这种方法的要点是跟踪观察，也可称为"跟踪观察法"。

相应地，在研究能量流的运行规律时可以采用拉格朗日法。利用拉格朗日法，可以得到某股能量流的产生、消耗、耗散和转换情况，即获得某股能量流从源点到汇点的流动过程中在任意位置的流量、压强、温度乃至相态等参数的变化规律。综合许多质点在不同时刻的运动情况，就可以得到整个钢铁制造流程的运行规律。

为了研究能量流的动态运行规律，一般情况下采用拉格朗日法较为方便。图 4-5 所示的能量流图，包含一次能源转换或二次能源的生产、能源使用及其余热余能的回收利用，以及各种能源的耗散与排放等环节。

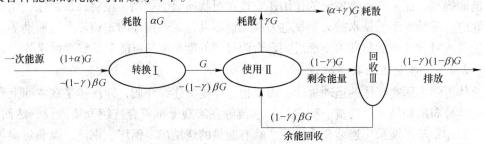

图 4-5 能量流模型示意图

G—生产 1t 钢铁产品在能源使用过程所输入的能源量，kgce/t；α—能源转换过程的能量耗散率，%；
γ—能源使用过程的能量耗散率，%；β—能源经使用后余热余能的回收利用率，%

将能量流图无量纲化，可建立以生产单位产品的输入能耗为基准的总能量流模型，如图4-6所示。

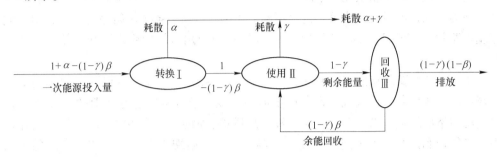

图 4-6　基准能量流模型示意图

整理可得：

一次能源投入量：　　　　　　　　$(1 + \alpha + \beta\gamma - \beta)G$

余热余能的回收利用量：　　　　　$(1 - \gamma)\beta G$

转换及使用过程的能源耗散量：　　$(\alpha + \gamma)G$

4.2.2　能量流网络的构建

4.2.2.1　能量流网络的含义

所谓"网络"，是由"节点"和"连接器"按照一定的图形整合起来的系统。对冶金制造流程而言，这是一个具有物质-能量-时间-空间-信息构成的动态系统。再细分，则可以进一步解析为物质流网络和能量流网络甚至包括信息流网络。其中，能量流网络也是由"节点"和"连接器"等单元按照一定的图形构建而成的运行系统，即"能量（包括能源介质在内）-空间-时间-信息"构成的动态运行系统。

在钢厂内部，能量有一次能源（主要是外购的煤炭）和二次能源（如焦炭、电能、氧气、各类煤气、余热、余能等）等形式。这就分别构成了能量流网络的始端"节点"（如原料场、高炉、焦炉、转炉等），这些能源介质沿着输送路线、管道等连接途径——"连接器"，到达能源转换的终端"节点"（如各终端用户工序及热电站、蒸汽站、发电站等）。当然，在能量流的输送、转换过程中，需要有必要的、有效的中间缓冲器（缓冲系统），例如煤气柜、锅炉、管道等，以满足能量从始端节点与终端节点之间的动态运行过程在时间、空间、能级、品质等方面的缓冲、协调与稳定。

由此不难看出，钢厂内部可以构建起能源始端节点-连接器-中间缓冲系统-连接器-能源终端节点之间按一定图形所构成的能量流网络（能源转换网络），并且实现某种程度的闭环。

更进一步分析，由于能量回收和转换技术在不断进步，对余热余能的回收利用范围不断扩大，则相应的始端"节点"/终端"节点"范围也会随之不断扩大，相应的"连接器"也随之增加或延伸。这样就会构成不同层次的能量流网络。例如，回收的余热介质是500~600℃时，可以构成该条件下的能量流网络；如果回收余热介质扩展到300℃甚至150℃时，则扩展成另一层次的能量流网络。可见，钢铁制造流程的能量流网络是有层次的，在实施过程中应考虑分层次推进，在设计概念和设计方法中应该有清晰的认识。

4.2.2.2 能量流网络的结构图

与钢铁制造流程中物质流网络的运行模式相比，能量流网络的运行则要更加复杂。根据介质种类不同，能量流网络可解构出不同的子网络。虽然各子网络略有差异，但其演变顺序基本都沿着"产生→固定用户使用→非钢用户使用→缓冲用户吞吐或使用"的路线进行。

图 4-7 给出了煤气流网络的物理结构。煤气流网络的始端"节点"主要是高炉、焦炉、转炉等气源设备，这些气源设备产生的各种煤气沿着煤气管道（即"连接器"）到达煤气流网络的终端"节点"（如烧结机、热风炉、加热炉、锅炉等）。在煤气的输送过程中，煤气柜和锅炉充当中间缓冲器，以调节煤气在始端节点与终端节点之间的动态不平衡。

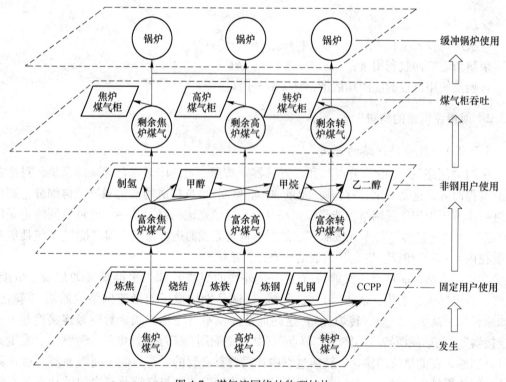

图 4-7　煤气流网络的物理结构

为了简化能量流网络，方便能量流网络的建模，以及信息化智能化应用软件的开发，网络图的节点设计最好按能量流的性质和功能分类，而不按热工设备的种类和任务划分。钢铁厂能量流网络由五个子系统组成：能源转换子系统（C）、能源使用子系统（U）、余热余能回收子系统（R）、剩余能源缓冲子系统（B）、能源储存子系统（S）。各子系统之间既独立又相互关联。

适应于能源结构及能量流的变化，对各种能源介质按种类不同实施"纵向"管理，划分为煤气、蒸汽、电力等多个子网络。各种能源介质子网络又可以细分为生产/转换、使用、回收、缓冲和存储等多个基本单元模块，服务于企业能源中心的离线优化和在线调度，如图 4-8 所示。

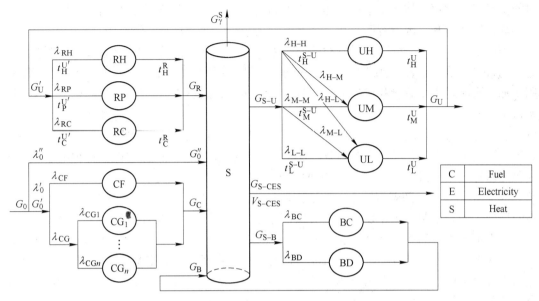

图 4-8　钢铁制造流程能量流网络图

S—能源储存/缓冲器；CF—燃料转换；CG—动力产生；UH—高品质能源用户；
UM—中品质能源用户；UL—低品质能源用户；RH—热利用；RP—动力利用；RC—联合利用；
BC—集中式能源缓冲用户；BD—分布式能源缓冲用户；CES—城市能源系统

图 4-8 中，箭头方向代表能量流的流向，线上方字母代表某一时刻的能量流量和分配比例，线下方字母代表能值或温度、压力等。

λ 表示能量流分配比例，$\lambda'_0 + \lambda''_0 = \lambda_{CF} + \lambda_{CG} = \lambda_{CF} + \lambda_{CG_1} + \cdots + \lambda_{CG_n} = 1$。其中，$\lambda'_0$、$\lambda''_0$ 分别表示经转换后使用的流量 G'_0 和直接使用的流量 G''_0 占外部输入流量 G_0 的比例，λ_{CF}、λ_{CG} 分别表示燃料转换部分的流量 G_{CF} 和动力生产部分的流量 G_{CG} 占总转换流量 G'_0 的比例，依此类推；t 为各股能量流的温度，据此可求出该能量流的能级。

钢铁产品的生产率为 P 时，需要外界输入能源 $G_0(\tau)$，其中 $G'_0(\tau)$ 部分经转换、$G''_0(\tau)$ 部分直接进入能源储存/缓冲器供给固定用户及内部缓冲用户和外部缓冲用户（城市能源系统）使用。

钢铁制造流程的能量流网络要发挥能源"高效转换、梯级利用、充分回收、动态缓冲"的作用，真正把能源提供的能"吃干榨尽"。

（1）高效转换。深入分析可以发现，能量的转换或消耗过程实际上是使能量密度高的形式转移或转换成能量密度低的形式，最后，一部分能量转移到新的能量形式中去，另一部分能量转移到环境中去。可见，能量的转换过程是不可逆的过程。为了避免或最大可能地减少能量在转换过程中的损失，就要实现能源的高效转换。如在化学能转换为热能时，可采取预热燃烧的方式等。

（2）梯级利用。用能的实质是利用能的质量，故按能的质量来安排能的用途是合理用能的基本原则。按质用能就是根据用户（生产工艺或生活设施等）的要求，恰当选择具有一定品质的能量安排供能，做到"门当户对"。只要该能的品质高于环境品质，而又有低于该能品质的对多种不同能质要求的过程存在，就应当按"能级匹配、梯级利用"的原则对能实行多次利用。如高温带压气体，应先利用其压差和温差膨胀做功，然后再换热，比先换热再做功有利，因后者回收热量虽多但动力较少，而功热是不等价的。

（3）充分回收。为了推动物质快速转变，供给用户（系统）的能源必然是过剩的。过剩的余热余能仍可被利用，即有回收价值，故应对各种可回收能（余热）加以回收利用。加强回收是余热数量利用的重要环节，能级匹配是余热质量利用的重要环节。热回收是最常用的余热回收方式，主要包括高温位热量回收（如焦化工序甲醇和合成氨装置等，可回收高温烟气，采用废热锅炉，产生高压蒸汽）和中低温位热量回收（如可产生中压或低压蒸汽用于生产工艺或采暖等的蒸汽发生器；预热给水的省煤器；加热燃烧用空气的空气预热器等）。余热回收的另一重要方面是进行动力回收，如发电等。

（4）动态缓冲。随着钢铁企业的结构调整、流程进步、能源节约和转炉煤气回收量的不断增加，使长期制约企业发展的煤气供需矛盾开始缓解，从煤气严重不足到基本持平，再到出现不同程度的剩余（煤气富余量平均在 20%~50%）。不管煤气的供需数量如何变化，企业中煤气的瞬时生产量与使用量、总发生量与总消耗量从来都是不平衡的。企业消耗的煤气量可以划分为固定用户消耗量、缓冲用户消耗量、煤气放散三部分，将稳定的富余煤气量分配给新的煤气用户（如 CCPP、纯燃煤气锅炉），使煤气富余量减少，"削峰填谷"；将有限的煤气富余量分配给缓冲用户，用掺气燃煤锅炉的缓冲能力和煤气柜的吞吐功能来消纳不同程度的煤气波动；另外，煤气柜、自备电厂等作为缓冲设备，根据时间序列数据的分布规律，将不同时间区段内富余煤气量的均值分配给缓冲用户，该区段均值线附近煤气波动的峰谷量作为煤气柜的吞吐量，实现煤气"零"排放。这属于企业内部的缓冲，受到规模的制约；若缓冲能力不足则亦可进行外部缓冲，即将富余的煤气供给城市能源系统。上面所述对富余蒸汽等同样适用。

4.2.3 物质流与能量流的协同

4.2.3.1 协同的内涵及定义

协同学理论是 20 世纪 70 年代初德国物理学家哈肯（Haken）提出的一门新兴学科。协同学在耗散结构理论的基础上，揭示了系统自组织过程的内部因素，认为系统的自组织过程除了需要具有一定外部条件外，还必须具备系统内各子系统之间的相互协同作用。即通过系统内各子系统的相互协同作用，系统显现出来的宏观性质和宏观行为并不只是各子系统性质和行为的简单叠加，而是系统的整体效益大于各独立组成部分之和，即 "2+2=5" 或 "1+1>2" 效应，这种效应便是协同合作产生的协同效应。

钢铁制造流程作为一个整体，是物质流与能量流两个子系统的有机组合而不是机械叠加的总和，其中的每个子系统都是与另一子系统相互关联、彼此影响的。尽管每个子系统都具有自身特定的功能和特点，有时彼此间甚至是冲突的，但它们都要为钢铁制造流程的整体功能服务。显然，物质流与能量流之间也存在着二者相互依存、互相促进的关系。物质流与能量流依存配合、相得益彰所产生的 "1+1>2" 的效果称为物质流与能量流的协同。

钢铁制造流程中的运行主体是物质流，能量流则作为物质流发生位移、化学和物理转换、形变或相变等变化过程的驱动力、化学反应介质或热介质，物质流与能量流非线性作用、共同影响，完成整个钢铁生产过程。因此，在重构钢铁制造流程时，必须要考虑钢铁制造流程中物质流与能量流的协同运行。

钢铁制造流程的研究是一门系统的学问，它不仅要从不断发展的事物中去分类分析，客观描述事物发展的本质和规律，而且还必须在分析、抽象的同时考虑重新整合，重构新的系统，形成新的语言、新的秩序、新的思想、新的体系。这样的研究评估是有别于简单的"消极反馈"的正反馈过程，具有主动的创造性，推动钢铁工业健康发展。

4.2.3.2 协同的表现形式

钢铁生产中，外购的原料经烧结（球团）、炼铁、炼钢、轧钢等工序直到生产出最终产品的过程，构成了钢铁企业物质流的运行过程。为了推动物质流的转变（表现为物质形态、组织结构、化学成分等的变化）和运输（表现为位移、输送等），外购能源大部分进入能源转换网络，产生能源产品能量流；外购能源的一部分及能源产品能量流与物质流在各个钢铁生产工序内耦合在一起，相互作用。一方面能量流推动物质流高效转变，生产钢铁产品；另一方面实现对输入能量流的高效转换，产生二次能量流。这部分能量流与物质流分离运行，进入能源转换网络（能量流网络），成为能量流网络的始端（输入端），而各单元装置以及发电设备等则相应成为能量流网络的终端（输出端）。

同时，还有部分能量流依附于物质流在一起流动。除了烧结矿或球团矿的显热因受工艺条件限制有时与烧结矿（球团矿）分离运行外，铁水显热及化学热、钢水显热和凝固潜热、连铸坯显热等均和铁水、钢水及钢坯等物质流耦合在一起而带入到下道工序。由于上料系统和炉顶装置的限制，高炉仍以冷矿入炉，所以烧结矿或球团矿显热难以带入高炉，因此必须利用回收装置，将热矿的显热转换为蒸汽或电力加以利用，这时，物质流与能量流的协同作用表现为热矿显热的充分回收利用。当能量流依附于物质流而进入下道工序时，物质流与能量流的协同作用表现为物质流所承载的有效能被下道工序充分利用，如转炉利用铁水显热及化学能，加热炉利用连铸坯的显热等。

4.2.4 企业能源管控中心及其智能化建设

4.2.4.1 能源管控中心的由来和发展

我国钢厂在节能方面，已经经历了如下几个主要阶段：20 世纪 80 年代的单体节能及与之相应的系统节能；90 年代的工序/装置结构重组和流程整体优化的系统节能；进入 21 世纪以来，通过"三干"（干熄焦、高炉干法除尘、转炉干法除尘）"系统节水""发电"等措施，逐步进入到全面深入地充分开发钢铁制造流程的"能源转换功能"时期；现在应该进入深化节能的第四阶段，也就是充分发挥钢铁制造流程的能源转换功能，推动钢厂能量流网络的建立，即能源调控中心的建设，从而进一步推动全面节能减排，实现清洁生产，达到更高层次的系统节能。

早在 1959 年，日本的八幡制铁所率先建成了世界第一座能源管理系统。随后，日本的住友金属、和歌山制铁所、联邦德国的蒂森冶金厂、韩国的浦项钢铁厂等建立了较高水平的能源管理系统。这些钢铁厂的能源管理系统，不仅是能源信息的在线采集和监测中心，而且也是合理使用能源的决策、调度和控制的指挥中心。

我国能源管理系统的建立，可追溯于 20 世纪 80 年代宝钢一期工程从日本引进的能源管理系统，以全厂公用能源管网为对象，直接调度和集中监控全厂各种能源介质的供应和分配。建设初期开始，能源的集中管理思想、大规模计算机控制应用及能源的最经济调配运行方式就为宝钢所采用，建立了一套以模拟仪表为主、管理模式以"自上而下"多级递阶思想为主的能源管理系统。近年来，新的能源设施不断被纳入能源管理系统，在系统性能和功能的扩展上获得了很大程度的提高。进入21世纪以来，继宝钢股份能源管理系统建立之后，全国各大钢铁企业为创建能源环保的企业形象，在借鉴宝钢经验的基础上，相继在武钢、沙钢、济钢、攀钢、鞍钢、宝钢股份不锈钢事业部（原上钢一厂）、宝钢股份特殊钢事业部（原上钢五厂）、南京钢厂、梅钢、马钢、太钢、邯钢、首秦金属材料公司等都陆续建立了能源管理系统。

4.2.4.2 钢铁企业能源管理与控制的智能化建设

钢铁企业的能源管理与控制需要对所有的能源介质管网（包括各种煤气管网、氧氮氩管网、供水及排水管网、压缩空气管网、各种压力的蒸汽管网、供电电网等）及其与这些管网连通的产能、用能设备（包括高炉、转炉、焦炉、发电厂、氧气站、锅炉房、空压站、工业水厂及对二次能源进行净化处理的设备等）进行监控、调度和管理。

能源管控系统与 ERP、MES 和 PCS 的关系如图 4-9 所示。能源综合管控系统向企业 ERP 系统提供能源管理的各种数据，同时从 ERP、MES 及 PCS 获取企业的生产计划、维修计划、订单等信息及生产过程信息。

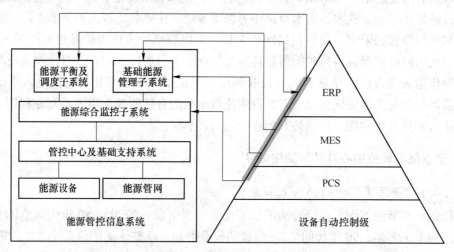

图 4-9　能源管控信息系统与 ERP、MES、PCS 的关系图

确立能量流、能源转换"程序"和能量流网络概念是构建钢厂能源调控系统的理论框架。建立能源调控系统应分别建立起包括各类能量流、能量流"节点"（包括始端和终端等）、能量流"连接器"和能量流中间"缓冲系统"以及包括合理的网络图形在内的能量流网络。在此基础上分别选择能源转换装置（能量流节点）的合理容量、合理个数、合理位置，并集成为"初级回路"，进而构建起动态物理模型和动态调控模型。这是能源调控系统的实体构成。

作为能源调控系统的实体——能源管控中心应是一个生产实体单位，不仅是一般的职能部门。能源管控中心本身是有设备、有装置、有管网系统，有信息调控系统，需要 24 小时连续实时地持续运行、监测、调控、维护和预报"前景"的。能源中心的功能应是连续实时地控制、协调整个钢厂的"能源转换网络"并预测、预报可能出现的未来状态，与物质流调控中心一起，提出对应的对策。

4.3 废弃物的消纳及再资源化功能与绿色化

废弃物特别是有害废弃物，如果在环境中长期存在，会造成侵占土地，污染土壤、水体、大气，影响环境卫生等诸多危害。我国的废弃物来源广泛，包含工业废弃物、城市生活垃圾等，其产生量巨大。传统的预处理、填埋、焚烧、热解等受到多方面因素的限制，因此对废弃物的消纳和再资源化利用显得尤为重要。

钢铁工业是资源、能源密集型产业，其特点是产业规模大、生产工艺流程长，从铁精矿到钢材，需要经过多道工序。这些工序在消耗大量资源、能源的同时，产生大量的废渣、尘泥等，若不充分利用，会占用大量的土地，导致严重的环境污染。另外，钢铁生产过程中经历多个高温过程，伴随着多种大量的物质和能量排放，并与外部环境形成复杂的环境、生态界面。这些特点反映出钢厂的环境负荷大，环境保护任务艰巨，同时也蕴含着钢厂消纳和处理大宗废弃物及建立循环经济示范园区和低碳生态工业链的可能性。

4.3.1 企业内部废弃物的再资源化

4.3.1.1 废弃物的种类

工业对环境的污染物分为三类：固体废弃物、废气、废水，这三类污染物从不同的角度和程度污染我们周围的环境。在钢铁生产过程中，不同工序产生出不同的污染物。因此，首先要梳理各个生产工序产生哪些废弃物，再去寻找处理污染物的方法。

A 固体废弃物

钢铁生产过程中产生的固体废弃物包括高炉渣、钢渣及各种尘泥等。这些固体废弃物在一定的条件下会对周围环境、生物等造成一定影响。如果采取措施不当，会危害环境和人体健康。

钢铁工业固体废弃物具有以下特点：

（1）量大面广，处理工作量大。据统计，钢铁联合企业每生产 1t 钢材，产生粉尘 15～50kg、高炉渣约 320kg、钢渣约 110kg，还有氧化铁皮、废耐火材料、废钢等。钢铁工业的固体废弃物占全国废弃物总量的 18% 左右。

（2）综合利用价值大。钢铁工业固体废弃物含有各种不同的有价元素，如铁、钒、钛、硅、钙等金属和非金属元素，是可再利用的二次资源。如高炉水渣中含有硅、钙、镁等氧化物，应用非常广泛；转炉含铁尘泥含铁 50% 以上，轧钢的氧化铁皮含铁 90% 以上，均是钢厂内部循环利用的金属资源。

B 废气

钢铁生产过程中产生大量的废气，如焦炉烟气、烧结烟气、转炉烟气以及电弧炉烟气以及加热炉烟气等，这些废气具有以下特点：

（1）排放量大，每生产 1t 钢排放废气约 $20000m^3$，钢铁企业的废气集中在焦化、烧结、炼铁、炼钢等工业窑炉，设备集中，规模庞大。

（2）烟尘颗粒细，比表面积大，吸附能力强，易成为有害气体的载体。

（3）废气具有一定的回收价值，高温烟气的余热可以通过余热回收装置转换为蒸汽或电能加以利用；各废气在净化过程中所收集的尘泥，大部分含有氧化铁成分，可以回收利用。

C　废水

钢铁工业废水通常有三种分类方法：

（1）按所含的主要污染物性质，通常可以分为含有机污染物为主的有机废水和含无机污染物（主要为悬浮物）为主的无机废水以及仅受热污染的冷却水。

（2）按所含污染物的主要成分，分为含酚氰污水、含油废水、含铬废水、酸性废水、碱性废水和含氟废水等。

（3）按生产和加工对象，分为焦化厂废水、烧结厂废水、炼铁厂废水、炼钢厂废水和轧钢厂废水等。

4.3.1.2　固体废弃物再资源化利用

我国钢铁产量连续多年位居世界第一，2017 年粗钢产量 8.2 亿吨，占世界总产量的 49.19%，产生高炉渣约 2.4 亿吨，钢渣约 1 亿吨。大量废弃的冶金渣占用土地、污染环境、浪费资源，钢铁工业可持续发展战略面临着严峻的挑战。目前，我国钢铁企业内部固体废弃物的资源化利用主要表现在以下几个方面。

A　高炉渣的资源化处理

a　高炉渣简述

高炉渣是由矿石中脉石、燃料灰分、熔剂的非挥发性组分和其他一些不能进入生铁中的杂质组成的一种易熔混合物，高炉渣是钢厂中产生数量最多的一种废渣。根据我国目前矿石品位和冶炼水平，平均每冶炼 1t 生铁约产生高炉渣 300~500kg。高炉渣主要化学组成是 SiO_2、CaO、Al_2O_3 等，三者占 90%以上，除此之外，还含有一定量的 MnO、FeO、K_2O 以及硫化物等。

b　高炉渣的资源化利用

高炉渣的主要用途包括提取有价金属、用作建材、生产肥料等。2017 年，中国钢铁工业协会会员企业的高炉渣的利用率为 95.6%，而国外发达国家对高炉渣的利用已达到 100%。可见，我国在高炉渣资源化利用方面还有很多工作要做。

（1）有价金属的回收。我国铁矿石资源多为伴生矿，尤其是在攀枝花等地冶炼钒钛矿时产生的钒钛高炉渣中有高价值元素残留。如攀钢生产的含钛高炉渣（渣中含 TiO_2 达 24%左右）。中南大学用攀钢高炉渣制取钛白；东北大学基于"选择性析出原理"开发出一种选择性析出技术，将其用于攀钢含钛高炉渣，确立了使含钛组分"选择性富集、长大、分离"成为人造富矿的技术路线。

（2）高炉渣用于建材领域。高炉渣在建材领域的应用是高炉渣综合利用的重要方面，常见的如：矿山坑井或地基填充材料、筑路材料、水泥混合材料、高炉矿渣微粉、玻璃等。

1）填充材料。对于已开采完的矿山，为了防止矿山坑井坍塌造成地面下沉，危及周围建筑或其他设施，必须对其进行回填处理。高炉渣作为稳定性较高的固体物质，可以作为填充材料回填到矿山坑井中。高炉重矿渣因具有一定的强度，弹性模量较大，稳定性好，可以将其应用于处理软土地基工程，以此提高持力层的承载力，减少地基变形量，加速地基排水固结。利用高炉渣处理软土地基，比深层搅拌法以及灌注桩等方法，可以大大降低地基处理费用，缩短地基处理工期，具有较好的经济效益。

2）水泥。由于高炉水淬渣的微观组织结构大部分是非晶体玻璃态，因而具有较高的活性。在水泥熟料矿物的水化产物、石灰以及石膏等激发剂的作用下，可以显示出水硬胶凝性能，是生产水泥的优质原料。高炉水淬渣用作水泥混合材料，不仅可以节约水泥熟料用量，降低生产成本，以及提高水泥相关性能，同时因减少了水泥熟料在生产水泥中的用量，节约了煤、电等能源，减少了废气排放及矿产资源的开发，具有很好的社会效益和经济效益。

3）矿渣微粉。将高炉水淬渣磨细至一定细度的粉体材料制成矿渣微粉，既可用于水泥的混合材料，也可以用于混凝土的掺合料。自 20 世纪 80 年代，英、美、加、日等国进行了矿渣微粉的系统研究，并制定了矿渣微粉国家标准。超细矿渣粉售价超过了水泥，具有良好的经济效益。矿渣微粉延缓了水泥水化初期水化产物的相互搭接，在混凝土中配加细粒高炉渣做掺合料，可以填充水泥颗粒间的空隙，提高混凝土的密实度，改善混凝土的过渡层结构，提高混凝土强度，改善混凝土的耐久性，如抗冻性、抗渗性、抗侵蚀性、抗碱骨料反应等，使混凝土具有良好的施工性能，如黏聚性、保水性等。2000 年我国国家标准开始实施，标志我国矿渣微粉技术进入成熟应用阶段。近年来，包括我国在内的许多国家在水泥中掺入一定粒度的矿渣微粉生产矿渣硅酸盐水泥，结果表明矿渣微粉的加入可提高硅酸盐水泥的强度，有效降低水泥的生产成本。

4）微晶玻璃。以高炉渣为原料，采用熔融法可制备结构均匀致密、性能良好的矿渣微晶玻璃，微晶玻璃具有机械强度高、耐磨损、耐腐蚀、电绝缘性优良、介电常数稳定、膨胀系数可调、热稳定性好等特点，除广泛应用于光学、电子、宇航、生物等领域作为结构材料和功能材料外，还可应用于工业和民用建筑作为装饰材料或防护材料。一方面，以高炉渣生产微晶玻璃可以提高高炉渣综合利用开发产品的技术附加值，产生较好经济效益；另一方面，以高炉渣为原料烧制微晶玻璃，比筑路、水泥混合料等利用方式能更好地固定其中的重金属等有害成分，使之不容易渗漏到外部环境中来，具有重要的环保意义。

5）高炉渣用作农业肥料。硅肥是一种以 SiO_2 和 CaO 为主的矿物质肥料，现已被国际土壤学界认为继氮、磷、钾之后的第四大元素肥料。我国作为一个农业大国，长期以来农田耕作主要以化肥为主，有机肥使用的减少使得作物必需的元素越来越匮乏，特别是南方的土壤缺硅严重。高炉水渣含有大量的硅和钙，其中大部分的硅酸盐是植物容易吸收的可溶性硅酸盐。因此，高炉水渣可作为一种很重要的硅钙肥料。相关研究表明，水渣可以用作改良土壤的矿物肥料、被污染的土壤的生态修复材料，也可用作土壤的 pH 调节剂等方面。

日本 1965 年就开始以高炉渣为主要原料粉碎过筛处理生产硅肥，其主要工艺流程为：将经风淬法急冷处理的高炉渣磨细，或加入一些添加剂球磨，达到一定粒度后，直接以商品硅肥的形式进入市场。该工艺方法制得的硅肥其玻璃化率和活性硅含量较高，硅肥中有效硅含量可达 20%；以高炉渣作为肥料在德国也有很长的历史，其高炉渣生产硅肥的工艺为：高炉渣磨细直接施用，或磨细后与磷酸盐混合施用。

我国硅肥发展相对缓慢，20世纪70年代中期才开始硅肥相关研究工作。80年代末，河南省科学院信阳硅肥厂利用高炉渣为原料生产硅肥获得成功，随后在该省建立了一批小型硅肥厂。近年来，鞍钢矿渣开发公司研制生产高炉渣硅肥。钢铁研究总院于"十二五"期间在科技部的支持下开展高炉渣用于土壤调理剂的相关研究，在工艺选择及优化、技术开发及产品应用等方面取得了阶段成果。

B　钢渣的资源化处理

a　钢渣简述

钢渣是炼钢过程中来自金属炉料中各元素被氧化后生成的氧化物、被侵蚀的炉衬料、金属炉料带入的杂质及为调整钢水性质而加入的造渣材料。受其形成过程影响，钢渣化学成分波动较大，矿物组成包括橄榄石、硅酸二钙、硅酸三钙以及少量游离CaO等，总体上其矿物组成与水泥的矿物组成较相似，具有水化活性，具有较大的开发利用潜力。

与高炉渣相比，钢渣的利用率较低，主要原因包括：（1）化学成分、矿物组成波动大；（2）易磨性差，且运输费用较高；（3）钢渣粉活性低；（4）含有一定量游离CaO、MgO，长期体积稳定性差。因此，长期以来钢渣一直未能得到大量、有效的利用，致使全国有数亿吨的钢渣被堆积，并以每年几千万至上亿吨的数量增加。大量的钢渣在各钢铁企业周围堆积成山，不仅侵占大批农田，造成空气、水质等二次污染，严重破坏环境，而且给钢厂增加了经济负担。由此可见，在当前社会经济发展与资源短缺的矛盾日益突出的情况下，对包括钢渣在内的废弃物再资源化的研究无疑显得尤为迫切和重要。

b　钢渣的资源化利用

近年来，由于对钢渣资源化综合利用和环保工作的重视，钢渣处理技术已有良好的开端，特别是针对钢渣的三大用途——用于冶炼熔剂、筑路和建材、农业化肥，可大力开展工作。

（1）回收钢渣中的金属。钢渣中含有10%左右的金属铁，综合回收这部分铁，对节约资源、降低环境污染、增加企业经济效益，具有现实意义。

前苏联较早采用机械破碎法处理钢渣，从中回收金属铁。实践结果表明，钢渣的破碎粒度越小，回收的金属量越多。例如，将钢渣破碎到100~300mm，可选出6.4%的金属铁；破碎到25~70mm，则可回收金属铁约15%。鞍钢采用自磨及磁选工艺回收钢渣中的废钢，破碎粒度50mm，精粉铁品位不低于85%，产率达8%，铁回收率27%~30%。

（2）钢渣用作烧结熔剂。钢渣用作烧结添加剂具有成熟的经验，把钢渣加工成钢渣粉，利用钢渣中CaO、MgO、MnO等有益成分，可替代部分石灰石作为烧结熔剂。此法可提高烧结矿的强度，显著改善烧结矿质量，提高产量，降低燃料消耗和烧结矿的生产成本。高炉中使用配入钢渣的烧结矿，由于烧结矿强度高，粒度组成改善，尽管含铁品位略有降低，高炉渣量略有增加，但有利于高炉操作顺行，降低焦比提高产量，我国已有宝钢、首钢等多家钢厂采用钢渣作烧结熔剂。

（3）钢渣用于道路工程。钢渣是一种很好的筑路材料，可用于铺筑道路的基层、垫层及面层，主要利用其表面粗糙抗压性、抗腐蚀性和耐久性好等特性。同时，由于钢渣具有膨胀性和一定粒度，因此压实后，大部分膨胀量将充填孔隙，使基层更趋密实。在硬度和颗粒形状方面均能满足道路材料的要求。此外，钢渣在化学反应过程中会产生一种胶体材料，它能很好地把松散的钢渣胶结起来，使基层形成具有一定板结性质的半刚性基层。经过一定时间行车考验，路面能达到平整且无裂纹，与其他路段并无区别。

（4）钢渣用于水泥领域。钢渣中含有与硅酸盐水泥熟料相似的硅酸二钙和硅酸三钙，高碱度钢渣中两者含量在50%以上，中、低碱度的钢渣中主要为硅酸二钙。钢渣的生成温度大于1560℃，而硅酸盐水泥熟料的烧成温度在1400℃左右。钢渣的生成温度高，结晶致密，晶粒较大，水化速度缓慢，因此可以将钢渣称为过烧硅酸盐水泥熟料。以钢渣为主要成分，加入一定量的其他掺和料和适量石膏，经磨细而制成的水硬性胶凝材料，称为钢渣水泥。生产钢渣水泥的掺和料可用矿渣、沸石、粉煤灰等。为了提高水泥的强度，有时还可加入质量不超过20%的硅酸盐水泥熟料。根据加入掺和料的种类，钢渣水泥可分为钢渣矿渣水泥、钢渣沸石水泥和钢渣粉煤灰水泥等。

传统水泥熟料是由石灰石、黏土和铁粉等经高温焙烧而成。每分解1t石灰石需耗能2093kJ，排放二氧化碳440kg，因此钢渣用于水泥生产可以有效降低能耗，减少温室气体排放。利用钢渣制造水泥，对节能、降耗、降低水泥成本，减少建材工业二氧化碳的排放，保护环境都有重要意义。

C　粉尘的资源化处理

a　粉尘简述

烧结、炼铁、炼钢等工序产生的粉尘、烟尘等常统称为含铁尘泥，是钢厂一种重要的回收利用资源。含铁尘泥主要包括烧结尘泥、高炉瓦斯灰、转炉尘泥等。按照吨钢产生含铁尘泥190kg计，2017年全国钢厂产生含铁尘泥总量约1.2亿吨。由此可见，无论是从资源的合理利用出发，还是从环境保护消除粉尘污染出发，含铁尘泥的资源化利用已成为钢厂生产的重要组成部分。

b　粉尘处理与回收原则

（1）粉尘处理与回收时首先应根据工艺条件、粉尘性能、回收可能性等条件考虑，首先选择粉尘直接重回生产系统方案。

（2）除尘装置排出的粉尘一般应以干式处理为主，便于有用粉尘的回收利用。当粉尘采用湿式处理时，以适当加湿不产生污水为原则。

（3）选择粉尘处理设备时，应注意其简单、可靠、密闭，避免复杂和泄漏粉尘。

c　粉尘的资源化利用

钢厂的粉尘与其他干粉及烧结返矿等配料混合，作为烧结原料使用，是我国主要的使用方法，占利用量的85%以上；或将含铁粉尘金属化球团后送到回转窑还原焙烧，作为高炉炼铁原料，或将含铁粉尘混合料直接送到回转窑还原焙烧成海绵铁。

对于含锌粉尘，由于其产出途径不同，其化学成分也有所差异，一般除了锌元素外，还含有较高的铁和碳等可回收资源。但是锌元素在高炉内循环富集，不但容易形成炉瘤，破坏炉衬，影响高炉寿命；还会破坏炉料强度，严重影响高炉顺行，从而限制了这些粉尘的使用，浪费了大量资源。含锌粉尘的处理工艺分为物理法、湿法和火法三类。目前以转底炉、回转窑为代表的火法工艺为主要处理方法，多以含碳球团为基础，采用煤粉或粉尘的自含碳作为还原剂，在高温下快速还原脱锌，得到半金属化炉料，以供电炉或转炉使用。

4.3.1.3   废水的资源化处理

废水循环回收利用是废物少量化的一条重要途径。废水资源化是钢铁工业水处理的目的和要求，合理用水是钢铁行业有效用水的重要手段。这里所说的废水资源化是将单一使用变为多种利用；一次利用变为多次利用；低效利用变为高效利用。就钢厂废水而言，钢铁生产工艺比较复杂，用水部门多，且对水质要求不同，为减少外排废水量，通常在清污分流的基础上，按照工序用水要求与用水的水质状况，设置多种串级循环用水系统，或将处理后的废水循环再用，达到最大程度的合理用水。在技术经济条件允许情况下，最终实现"零排放"，最大限度的实现废水资源化。尽可能将某些废水中的有用物质如瓦斯泥、尘泥等回收用于工序中。

钢厂废水减量化、无害化与资源化的模式经历了以下几个过程：

(1) 分质供水—串级用水— 一水多用的使用模式。

(2) 废水—无害化—资源化的回用模式。

(3) 综合废水—净化—回用的循环利用模式。

废水资源化利用必将成为控制钢铁工业水污染的最佳选择，并将越来越受到人们的重视，是我国乃至世界钢铁工业水污染的综合防治技术今后发展的必然趋势。

4.3.2   社会大宗废弃物的消纳

4.3.2.1   废钢的消纳处理

A   废钢的分类

废钢是指不能按原用途使用且必须回收熔炼的钢铁碎料及废旧钢铁制品，其范围广、数量大、品种多。从来源看，废钢可分为自产废钢、加工废钢和折旧废钢。

自产废钢是指在钢铁生产过程中钢厂内部产生的渣钢、注余、切头、边角料、废次材等废钢。加工废钢是指在对钢铁产品进行机械加工时产生的废钢。折旧废钢，是指各种钢铁制品使用一定年限后报废形成的废钢，或者因技术进步及经济指标落后而更新替代下来的淘汰品，如报废的机动车、各种报废的铁路器材、废船、各种废旧家电、拆毁的建筑物钢材等。

在数量上，折旧废钢量一般远大于加工废钢量，所以研究废钢问题的重点应放在折旧废钢上。图 4-10 为钢铁产品生命周期铁流图。该图清楚地说明了三种废钢的来源和去向，它是研究废钢资源问题的理论基础。

B   废钢资源化利用的意义

废钢是一种载能资源，应用废钢炼钢可以大幅降低钢铁生产综合能耗。废钢也是一种低碳资源，应用废钢炼钢可以大量减少"三废"产生，降低碳排放。

在大型的钢铁联合企业，从铁矿石进厂到焦化、烧结、炼铁、炼钢，整个工艺流程中能源消耗和污染排放主要集中在炼铁及铁前工序，一般占吨钢综合能耗的 60%。与铁矿石相比，采用废钢炼钢可节约能源 60%，其中每多用 1t 废钢可少用 1t 生铁，可节约 0.4t 焦炭或 1t 左右的原煤。同时，短流程和长流程相比可减少炼铁、焦化、烧结等铁前工序的废水、废渣、废气的产生，在一般钢铁企业可减少排放 CO、CO_2、SO_2 等废气 86%、废水 76%、废渣 72%。若加上铁矿石选矿过程所产生的尾矿渣，炼焦和烧结过程中产生的粉尘

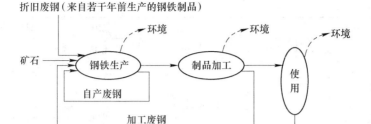

图 4-10　钢铁产品生命周期铁流图

等可减少排放废渣 97%。换算成实物量每用 1t 废钢可减少炼铁渣 0.35t、尾矿 2.6t，加上烧结和焦化产生的粉尘，约减少 3t 固体废物的排放。

综上所述，废钢回收利用有较高的经济、环保、社会效益，"逐渐减少铁矿石比例和增加废钢比重"，对于钢铁工业节能减排和低碳发展具有重要的意义。

C　废钢利用现状

目前美国钢铁工业生产使用的原料约有 60% 来自废钢铁，而目前我国生产的钢材其使用的原料仅约 10% 来自废钢铁。2017 年我国生产粗钢 8.32 亿吨，钢铁工业废钢消耗总量约为 1.48 亿吨，约占粗钢产量的 17.8%。而美国、德国、韩国和日本等国的废钢利用比例约为 40%~60%，2017 年世界平均废钢利用比例为 55.53%。我国钢铁工业的废钢利用比例与主要产钢国差距明显（表 4-9）。

表 4-9　1990~2017 年世界主要产钢国废钢利用比例　　　　　　　　（%）

年份	世界	中国	美国	德国	韩国	日本
1990	56.39	—	72.05	43.38	47.69	43.73
1991	58.91	—	78.86	47.37	43.72	43.26
1992	47.53	—	74.99	49.42	42.53	43.56
1993	47.25	—	75.99	47.69	44.37	43.29
1994	47.17	—	75.95	46.30	48.31	43.87
1995	46.07	—	63.35	48.54	48.64	43.08
1996	46.88	27.56	71.91	50.89	48.66	44.46
1997	46.35	25.71	71.89	50.30	51.80	44.91
1998	45.51	24.00	70.75	52.05	48.73	43.12
1999	42.65	21.54	56.86	41.84	49.95	42.47
2000	43.22	22.72	57.37	41.83	54.28	41.15
2001	43.87	22.69	57.94	42.63	51.08	39.66
2002	42.32	21.51	57.87	42.43	52.88	40.28
2003	41.81	21.54	59.88	42.62	49.67	40.81

年份	世界	中国	美国	德国	韩国	日本
2004	41.50	19.20	59.89	44.43	54.08	41.61
2005	38.51	17.96	60.06	44.03	53.12	41.70
2006	40.10	15.95	64.94	—	—	36.31
2007	35.78	13.84	62.08	44.70	52.21	42.43
2008	35.45	14.75	64.48	45.17	52.40	37.98
2009	35.60	14.74	60.78	—	53.33	34.05
2010	37.50	14.06	74.53	—	49.57	35.04
2011	37.30	13.67	65.39	—	44.98	34.57
2012	36.80	11.65	71.03	—	47.18	33.12
2013	36.10	10.42	72.50	—	49.47	33.18
2014	35.10	10.73	70.30	—	45.60	33.30
2015	34.24	10.40	71.7	—	42.90	31.9
2016	54.57	11.2	72.22	—	39.94	32.12
2017	55.53	17.8	72.06	—	43.02	34.22

"十一五"期间，我国粗钢累积产量26.24亿吨，比"十五"期间的11.92亿吨增加了120%，占同期世界总量（65.8亿吨）的40%。我国废钢铁资源量从2006年的9109万吨，到2010年达到11925万吨。2001~2014年钢铁工业废钢铁消耗量见表4-10。废钢铁消耗量逐年增加，由2001年的3440万吨增加到2015年的8330万吨，增长了1.42倍。而钢铁工业的废钢利用比例[1]却由22.7%降低到10.40%，降低了54.1%。

表4-10   2001~2014年我国废钢消耗统计表

年份	废钢消耗量/万吨				废钢利用比例/%		
	转炉消耗	电炉消耗	其他消耗	总计	综合利用比例	转炉利用比例	电炉利用比例
2001	1310	1930	200	3440	22.69	10.4	80.3
2002	1590	2320	10	3920	21.51	10.5	76.0
2003	1730	3060	30	4790	21.54	9.4	78.4
2004	2220	3134	76	5430	19.20	9.5	75.2
2005	3025	3210	95	6330	17.96	9.6	76.8
2006	3428	3280	32	6740	15.95	9.1	74.2
2007	3195	3570	85	6850	13.84	7.4	61.1
2008	3490	3820	70	7380	14.75	7.8	60.2
2009	4220	4060	90	8370	14.74	8.1	72.8

[1] 钢铁工业的废钢利用比例为钢铁工业的废钢消耗量与当年钢产量的比，相当于行业术语"吨钢废钢单耗"。

续表 4-10

年份	废钢消耗量/万吨				废钢利用比例/%		
	转炉消耗	电炉消耗	其他消耗	总计	综合利用比例	转炉利用比例	电炉利用比例
2010	4580	4140	90	8810	14.06	8.0	62.4
2011	5040	4290	10	9340	13.67	8.0	60.5
2012	4597	3910	13	8520	11.65	6.9	60.3
2013	4755	3815	—	8570	10.42	6.7	55.9
2014	5048	3782	—	8830	10.73	6.7	58.4

数据来源：中国废钢应用协会统计报表。

D 废钢资源回收加工工艺

以废旧汽车中钢铁材料的回收加工为例，废旧汽车超期服役危害性很大，不仅涉及环境污染，而且会引发交通事故，造成一系列社会问题。报废汽车的露天丢弃堆放，也是一个既浪费材料又影响环境和占用土地的社会难题，废旧汽车的回收、利用和处置，已经在发达国家引起高度重视。推行汽车回收工程，发展循环经济，不仅可以促进汽车回收行业的发展，而且更是解决废旧汽车引发的社会公害问题的途径。因此，从可持续发展的观念出发，依托科技手段，研究对废旧汽车的有效回收、再生利用和妥善处置，对环境保护及资源的综合利用，解决我国废钢资源紧缺及促进我国汽车工业的发展，推动社会、经济、环境的协调发展具有十分重要和长远的意义。

废旧汽车经拆卸、分类后可以回收的资源主要有废钢、轮胎、塑料、玻璃、铜、铝等。钢板在汽车制造中占有很重要地位，载重汽车钢板用量占钢材消耗量的 50% 左右，轿车则占 70% 左右。从废旧汽车拆解回收流程如图 4-11 所示。废旧汽车经拆卸、分类后作为材料回收的必须经机械处理，然后将废钢送钢厂冶炼，有色金属送相应的冶炼炉。当前机械处理的方法有剪切、打包、压扁和粉碎等。

随着我国汽车工业的迅猛发展和环境保护力度的不断加大，旧汽车报废更新的速度趋于加快，轿车的报废更新量将会逐年增加。因此，要严格执行汽车报废标准，努力扩大报废汽车的回收，提高回收率和可用零配件的利用率。

4.3.2.2 废塑料和旧轮胎的消纳处理

A 废塑料

随着塑料工业的迅速发展，各种塑料制品已大量用于工业领域和日常生活。然而随之产生的大量废塑料却严重污染环境，成为社会公害。世界各国纷纷立法以加强对废塑料的回收与利用。

废塑料是由碳氢聚合物和一些添加剂组成，在结构、组成上和煤、重油相似，具有很好的燃烧性能和较高的热值，可通过高炉风口喷吹或热压处理后装入焦炉，实现废弃物再资源化利用（表 4-11）。在高炉风口喷吹 1t 废塑料，相当于喷入 1t 油的热量。同样，也可利用焦炉将废塑料和焦煤压块处理消纳大量的废塑料，其废塑料的加入量可占焦炭产量的 2% 左右。这从根本上解决了传统废旧塑料的处理方式所带来的严重的二次污染问题，能够真正实现变废为宝的目标，合理利用社会资源，具有广阔的市场前景和良好的社会经济效益。

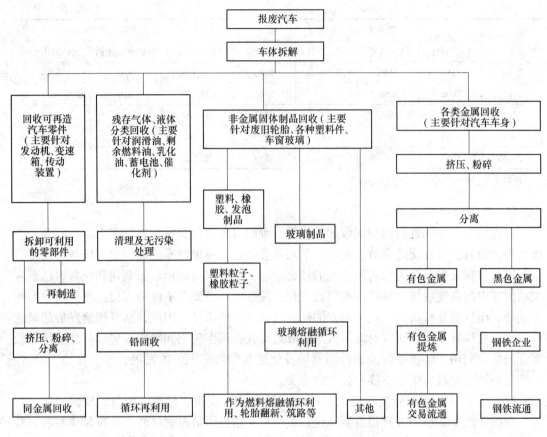

图 4-11　废旧汽车拆解回收流程

表 4-11　焦炉和高炉利用废塑料节省能源、资源的比较

名称		单位	未喷塑料	喷塑料	增减量
焦炉	装煤量	kg/t 铁水	826.2	777.7	-48.5 喷塑
	干馏热量	MJ/t 铁水	1971	1958	-13
高炉	焦炭	kg/t 铁水	479.5	451.4	28.1 喷塑
	煤粉	kg/t 铁水	78.1	92.8	+14.7
	塑料	kg/t 铁水	0.0	13.3	+13.3

　　国外对高炉喷吹废塑料的研究起步比较早，德国和日本已经实现工业化，高炉喷吹废塑料的处理流程如图 4-12 所示。1995 年 6 月在不来梅钢铁公司耗资 3000 万马克建造了世界上第一套喷吹废塑料设备，成功开发出高炉喷吹混合塑料技术，喷吹能力 7 万吨/年。

　　B　废旧轮胎

　　随着汽车工业的发展，对轮胎等橡胶制品的需求量也日益增多，与此同时，废旧轮胎的产量也急剧增加。据统计，2015 年我国废旧轮胎产生量约为 1100 万吨。大量废轮胎的堆积不仅占用土地，污染环境，危害居民健康，而且极易引起火灾，从而造成资源的巨大浪费，是一种危害越来越大的"黑色污染"。因此，对废轮胎的处理已成为十分紧迫的环

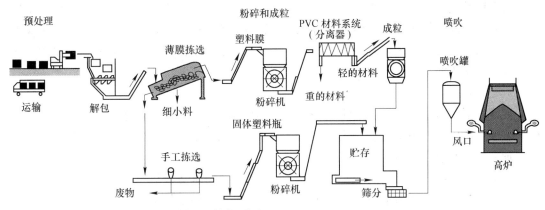

图 4-12　高炉喷吹废塑料的处理流程

境问题和社会问题。

废轮胎中含碳高达 78%，且含轮胎子午线用钢高达 13%，同时，其他橡胶原料还可以转变为可燃气体，成为粉煤的良好替代品。对冶金行业来说，废轮胎的化学成分作为能源具有较大利用潜力。

2003 年美国钢铁企业在使用电弧炉生产高碳钢过程中，开始利用废旧轮胎作为碳和钢的原料来源。当电弧炉温度达到 1667℃时，废旧轮胎中碳和钢发生反应产出高碳钢。在电弧炉炼钢过程中，废旧轮胎的优势是可以作为高碳钢、中碳钢和优质钢的碳来源，并在冶炼过程中提供能源，因此大大减少了生产成本。

钢厂是煤炭的消耗大户，虽然我国煤矿储量较丰富，但长期大量消耗总会造就资源匮乏。如果能在钢铁企业使用废旧轮胎代替部分能源和资源，既能减少废旧轮胎资源的浪费，又能节约钢铁企业对能源和资源的大量消耗，将会带来较大的社会效益。

4.3.2.3　城市废水和城市生活污水的消纳处理

A　钢铁厂利用城市中水的可行性分析

城市污水经处理设施深度净化处理后的水，包括污水处理厂经二级处理再进行深化处理后的水和大型建筑物、生活社区的洗浴水、洗菜水等集中经处理后的水，统称"城市中水"，其水质介于自来水（上水）与排入管道内污水（下水）之间，所以称为"中水"，中水利用也称作污水回用。

钢铁企业不能为了满足其自身用水需求而与民争水，钢铁企业也不会作为一个单纯的污染大户、耗水大户屹立于城市之中。和谐发展，协调发展，注重环保，应是钢铁企业在水系统设计时需要关注的。

a　资源量

根据《全国环境统计公报（2015 年）》统计，2015 年全国废水排放总量 735.3 亿吨，其中城镇生活污水排放量为 535.2 亿吨。2015 年重点钢铁企业吨钢消耗新水约 $3.25\mathrm{m}^3/\mathrm{t}$，全国粗钢产量以 8.22 亿吨计，则全国钢铁行业需要新水 26.7 亿吨。对于一个拥有 100 万人口的中等城市来说，每年生活污水排放量约 3935 万吨，完全能够满足年产粗钢 1000 万吨的钢铁企业用水需求。

由于钢铁企业本身所产生的污水即便全部回收再利用，从水量上而言，仍不能满足生产的需求。因此，将城市生活污水作为钢铁工业的水源，用于制取工业所需用水，是非常合理的。从生活污水处理总量而言，城市生活污水完全可以作为钢铁工业的稳定水源，作为钢铁工业用水的可靠保证。

b　水质

城市生活污水主要来自人们日常洗涮、洗澡、洗衣用水、排泄物及冲洗水等几个方面。城市生活供水的80%都转化为了污水，城市生活污水的主要污染物为有机物，目前生物处理方法已经非常成熟。

与钢铁企业本身所产生的工业污水相比，城市生活污水更容易通过预处理使之满足工业用水要求。城市生活污水与钢铁企业本身所产生的工业污水的水质见表4-12。

表 4-12　城市生活污水水质与钢铁企业污水水质对比

项　目	钢铁企业污水	城市生活污水
$COD/mg \cdot L^{-1}$	313	139
$BOD_5/mg \cdot L^{-1}$	12.2	5.27
$TN/mg \cdot L^{-1}$	51.7	6.63
$TP/mg \cdot L^{-1}$	2.03	0.35
pH 值	7.87	8.41
浊度/NTU	72.9	12.6
总硬度$/mg \cdot L^{-1}$	416	470
总碱度$/mg \cdot L^{-1}$	488	397
全盐量$/mg \cdot L^{-1}$	2720	3140
总铁$/mg \cdot L^{-1}$	0.721	0.339
$Cl^-/mg \cdot L^{-1}$	1077	1292
$SO_4^{2-}/mg \cdot L^{-1}$	388	467

c　经济性

对于钢铁企业本身而言，鉴于日益增强的环保要求，很多企业已经建有污水/废水处理站以及后续的深度脱盐处理设施。按钢铁企业本身用水的需求量引入城市生活污水作为水源，虽然会增加企业内部水处理站的一次性投资和长期的运行费用，但企业本身可省去大笔从城市引水的费用（如太钢外购新水价格 5.04 元/t，城市中水价格仅为 1.04 元/t，两者相差 4 元/t）。另外，原先的工业新水处理站也可省去。总体来说，经济上仍然是比较划算的。

B　太钢利用城市中水的案例分析

太原钢铁集团有限公司（简称太钢）引进城市污水、城市中水作为工业用水水源，全厂推广应用分质供水、串级用水、闭路循环、反渗透膜处理等节水工艺，先后建成焦化酚氰水处理、冶炼废水处理、生活污水处理、膜法深度处理、冷凝水回收等一批水资源循环利用项目，形成了"用水—处理—回用"的循环系统。

太钢城市污水处理中心包括太钢生活污水处理和中水深度处理两个系统。污水经过生化、脱盐处理达到除盐水标准，全部回用于太钢生产。该污水处理中心于 2009 年 4 月建成投产运行，设计处理污水能力 50000t/d，生产除盐水能力 33750t/d。污水经过 MSBR 生化反应去除水中的 COD、氨氮等有机污染物，再经过双膜法深度脱盐，生产除盐水替代新水回用生产。2015 年，太钢吨钢消耗新水降至 2.15m³/t（见图 4-13）。

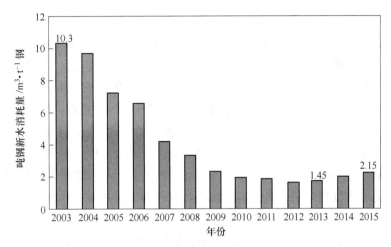

图 4-13 2003 年以来太钢吨钢新水消耗指标变化

太钢城市污水处理项目的实施，通过采取源头削减、过程利用、分质处理等措施，进行全系统用水、排水优化，分步实施废水"零排放"，将太钢建成冶金行业水资源综合利用示范工厂。

4.3.3 绿色化与环境友好型钢厂

4.3.3.1 绿色钢厂的内涵

绿色发展源于环境保护领域，是资源承载能力和环境容量约束下的可持续发展。广义的绿色发展包括存量经济的绿色化改造和发展绿色经济两方面，覆盖了国民经济的空间布局、生产方式、产业结构和消费模式；狭义的绿色发展包括绿色生产制造、节能减排、清洁生产、企业绿色化。

绿色发展、循环发展和低碳发展是相辅相成，相互促进的，可构成一个有机整体。绿色经济是以环境保护与资源的可持续利用为核心的经济发展模式，是包含低碳经济、循环经济等模式在内的，集资源高效利用、低污染排放、低碳排放以及社会公平发展等核心理念为一体的经济活动，是最具活力和发展前景的包容性经济发展方式。

钢铁工业绿色发展，指按照循环经济的基本原则，以清洁生产为基础，重点抓好资源高效利用和节能减排，全面实现钢铁产品制造、能源转换、废弃物处理-消纳和再资源化三个功能。具有低碳特点的钢铁工业，能与其他行业和社会生活实现生态链接，从而保证良好的经济、环境和社会效益。

4.3.3.2 钢厂绿色化发展趋势

（1）从依靠规模经济转向存量优化及内涵质量提升，建设绿色钢厂。目前我国单个钢厂在产量、装备水平上均居世界前列，下一步应注重提高钢材质量标准和稳定性，利用能耗、环保标准淘汰落后产能，提高企业竞争力，国有大型钢铁企业应在先进技术创新等方面发挥领军型企业带头示范的作用。

（2）科技创新方面，从依赖国外引进技术转向以我国自主知识产权技术为主。未来国际钢铁工业仍面临激烈竞争，国外先进技术一方面不会轻易向我国输入，另一方面也不能够满足我国钢铁工业发展所遇到的问题。因此，我国钢铁厂应结合发展实际，产、学、研、用相结合，发展具有自主知识产权的技术。

（3）能源由单体的局部优化转向系统优化。钢铁生产流程节能理念的第二层次，是在钢铁生产流程功能拓展的指导下，关注钢铁生产流程能源转换功能、能量流网络优化，第三层次则是将全社会范围内的能效提高。这两个层次的节能理念则是进入21世纪以来才得以逐步发展和提升的，是钢铁工业深入开展节能减排的必要内容。

（4）发挥钢厂三大功能，与其他产业协同发展，与城市共存，体现钢厂的社会服务价值，拓展工业生态链接。钢铁工业作为流程制造业，应充分发挥"钢铁产品制造、能源转换和社会废弃物处理-消纳"三大功能，与电力、石化、化工、建材、有色等行业建立工业生态链接，为城市处理废钢、废塑料、城市污水，为周边社区提供能源，体现钢厂的社会服务价值，与城市共生。

（5）信息化在钢铁工业"三个功能"中将发挥重要作用。在物质流、能量流优化的基础上（包括工序功能集的解析-优化、工序关系集的协调-优化和流程工序集的重构-优化），构建高效率、低成本洁净钢平台，构建能量流网络，建设循环经济工业生态园区。在工艺/装置整体运行实现自动化的基础上，结合通信技术，实现工序/装置协同运行，利用流程动态精准设计数字化技术、物质流、能量流网络技术实现流程整体优化，进而采用大数据技术、信息流综合调控技术和装备，实现功能拓展与智能化关联，最终利用智能化系统与技术，实现智能化集成体系，实现钢厂结构优化、功能拓展，工业生态园区的构建与运行。

4.3.3.3　环境友好型钢厂的特征

1992年联合国里约环发大会通过的《21世纪议程》中，200多处提及包含环境友好含义的"无害环境的"（Environmentally Sound）概念，并正式提出了"环境友好的"（Environmentally Friendly）理念。随后，环境友好技术、环境友好产品得到大力提倡和开发。

2003年5月，国家环保总局通过创建"国家环境友好企业"，树立一批经济效益突出、资源合理利用、环境清洁优美、环境与经济协调发展的企业典范，促进企业开展清洁生产，深化工业污染防治，走新型工业化道路。环境友好企业在清洁生产、污染治理、节能降耗、资源综合利用等方面都处于国内领先水平。

"环境友好型钢厂"的基本特征包括：在产品结构、产出效率、资源节约、环境保护等方面都达到行业先进水平；企业资源产出效率达到国内领先水平；单位产品能源、水、原材料消耗显著降低，远低于行业平均水平；废物循环利用水平大幅度提高，固体废物基本上实现综合利用，废水力争实现循环利用和"零"排放，废气、余热余压等充分合理利用；污染排放量大幅度降低，"三废"排放达到国内领先水平。

思 考 题

1. 我国钢铁生产流程的能源结构有什么特点？
2. 钢铁生产过程中有哪些能源转换环节？
3. 有些钢铁公司没有焦化厂，焦炭是外购的，还有些公司没有氧气厂，氧氮氩气体是由气体公司供应的，如何考虑这些能源转换环节的能耗？
4. 不同企业的吨钢综合能耗是有差异的，与流程结构、原料和产品特点、装备规模和技术水平、管理水平等因素密切相关，如何考虑吨钢综合能耗指标的可比性？
5. 简述能量流的两种描述方法。
6. 何谓物质流与能量流的协同？试举一例。
7. 钢铁企业消纳和处理废弃物的优势有哪些？
8. 什么是废钢？废钢分为哪几类？
9. 简述钢厂绿色化发展的趋势。

习 题

1. 某公司的炼钢工序有 2 座 300t 脱磷转炉、3 座 300t 脱碳转炉、2 台 2150mm 和 1 台 1650mm 双流板坯连铸机，输入炼钢工序的能源有焦炉煤气、氧气、石灰石、电力和蒸汽，输出的能源有转炉煤气和蒸汽。现已知氧气消耗量为 60m^3/t 钢水，焦炉煤气消耗量为 17.43m^3/t 钢水，电力消耗量为 90kW·h/t 钢水，蒸汽消耗量为 67.61kg/t 钢水，石灰石消耗量为 55kg/t 钢水，转炉煤气产生量为 78.14m^3/t 钢水，蒸汽产生量为 93.98kg/t 钢水，求该公司炼钢工序的吨钢能耗量。（转炉煤气主要成分体积分数为：CO 79.40%，CO_2 18.89%，SO_2 0.03%，H_2O 0.22%，N_2 0.96%，O_2 0.5%；焦炉煤气主要成分体积分数为：CO 8.1%，CO_2 3.23%，H_2 60.67%，O_2 0.63%，CH_4 21.87%，C_mH_n 1.83%，N_2 3.67%）
2. 某公司钢铁生产过程中，系统消耗的能源有洗精煤、粉煤和电力，系统产生的能源有蒸汽及焦化工序产生的化工产品，现已知消耗洗精煤 487.4kg/t 钢水、粉煤 188.425kg/t 钢水、电力 212.44kW·h/t 钢水，产生蒸汽 169.47kg/t 钢水、焦油 11.56kg/t 钢水、苯 4.46kg/t 钢水，求该公司的吨钢综合能耗量。
3. 计算下述生产状况下的煤气消耗量的均衡度。

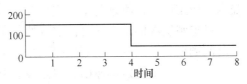

参 考 文 献

[1] 王众托. 系统工程 [M]. 北京：北京大学出版社，2010.
[2] 哈肯. 信息与自组织 [M]. 成都：四川教育出版社，1988.
[3] 殷瑞钰. 冶金流程工程学（第 2 版）[M]. 北京：冶金工业出版社，2009.
[4] 殷瑞钰. 论钢厂制造过程中能量流行为和能量流网络的构建 [J]. 钢铁，2012，47（1）：1~8.
[5] 殷瑞钰. 冶金流程集成理论与方法 [M]. 北京：冶金工业出版社，2013.
[6] 马军，邹真勤. 国内外钢铁企业固体废弃物资源化利用及技术新进展 [J]. 循环经济，2006，4：32~33.
[7] 陆钟武. 论钢铁工业的废钢资源 [J]. 钢铁，2002，37（4）：66~70.

钢铁制造流程运行动力学

本章课件

本章概要和目的： 介绍钢铁生产流程不同工序的作业表现形式，从宏观层次提出研究钢铁制造流程物质流运行的动力学规律；研究不同工序及工序间物质流运行技术对物质流动态-有序运行的作用和影响，从而提出钢铁制造流物质流动态运行规则，为物质流调控提供理论依据。使读者在对钢铁制造流程不同工序作业表现形式分析和理解的基础上，学习和了解流程物质流运行的宏观运行动力学规律，从而掌握不同工序间物质流作用关系，理解钢铁生产流程物质流动态-有序运行规则的内涵，为运行调控提供理论知识基础。

一般而言，动力学是研究物质（物体）状态随时间变化的机制和规律的学问。然而，仔细观察不同尺度、不同层次上的物质（物体）运动（运行）动力学过程特征，则是既有共性又有差别的，特别是量纲、尺度、时-空上的差别。从观察的尺度来看，可以分为微观、中观或介观及宏观动力学三个层次。

在钢铁生产流程中所涉及的化学反应，如高炉炉内铁矿还原动力学、炼钢炉内碳的氧化动力学等是原子分子尺度的动力学，属于微观层次的动力学，由冶金物理化学理论和传输原理进行分析和研究，经过近百年的发展和完善，已比较成熟；脱硫装置、精炼过程等装置反应过程动力学是工序/装置尺度的动力学，属于中观或介观层次的动力学，由冶金反应工程学理论进行分析和研究，经 20 世纪 60～70 年代发展至今，也已近成熟。中观（介观）的动力学过程相对地易于察觉，易于考量，易于简化-模拟。这类动力学过程一般周期相对较短，时-空尺度相对小，较易建模考察。

钢铁生产流程中物质流由上游工序经过物理化学反应、完成相应的功能后运行至下游工序完成相应的功能的过程，是宏观层次的动力学。而宏观的、缓慢渐进系统的动力学演变过程，由于空间尺度大、时间周期长、系统复杂等原因，往往不易考量。这类大尺度复杂过程系统，因其影响因素多，干扰源不稳定等原因，往往被看成是无序状态，难以入手研究，一般建模较难，由冶金流程工程学进行研究，21 世纪初刚刚兴起。

像钢厂生产流程运行动力学这类宏观尺度的过程动力学，是在冶金反应的微观层次动力学和装置/场域中观层次动力学基础上的宏观表现，必须在对微观过程、中（介）观过程有比较透彻理解和解析-协调优化的基础上进一步集成-优化，才能建模。

钢厂生产流程是涉及原料（能源）储存—焦化—烧结—炼铁—铁水预处理—炼钢—二次冶金（炉外精炼）—连铸—加热—热轧等工序的复杂流程过程，可以说是典型的多尺度、长过程的复杂系统。钢厂生产过程运行动力学主要研究、考察以下方面的事实与学问：

（1）作业表现形式及其内涵本质；

（2）生产流程的运行动力学特征；

（3）生产流程中不同工序和装置的运行方式与节律；

（4）生产流程中不同工序和装置所发生的"推力"-"拉力"关系及其匹配、缓冲、协调能力；

（5）生产流程系统中主要工序之间"界面技术"的演进与优化，如炼铁-炼钢界面、炼钢-连铸界面、连铸-热轧界面等；

（6）钢厂生产流程运行过程中的工程协同效应。

5.1 钢铁制造流程不同工序的作业表现形式和动力学特征

5.1.1 钢铁制造流中不同工序的作业表现形式

从流程工程学的角度看，钢厂内各主要生产工序的表现形式为：

（1）高炉：其运行本质是竖炉逆流移动床热交换-还原-渗碳的连续化作业过程，然而其出铁方式（或是铁水罐的输出方式）则是间歇式的，因此是连续化的生产运行本质和间歇出铁（或是铁水罐的间歇输出方式）的作业形式。

（2）铁水预处理：其运行本质是柔性-间歇振频式的熔池反应，其铁水供应方式是柔性协调性的间歇操作（其"柔性"主要表现在物流量、温度、时间以及由此派生的质量等参数上）。

（3）转炉：其运行本质是快速、间歇振频式的熔池反应和升温过程，其出钢方式是间歇式的，因此其运行本质是快速-间歇重复循环式的过程。

（4）钢的二次冶金：其运行本质是柔性-间歇振频式的熔池反应和控温-控时过程，其出钢方式也是柔性协调性的间歇操作（其"柔性"主要表现在物流量、温度、时间以及由此派生的质量等参数上）。

（5）连铸：其运行本质是准连续或连续的热交换-凝固-冷却过程，而其成品铸坯的输出作业方式——出坯方式则是间歇或准连续的。

（6）加热炉：其运行本质是准连续或连续加热的升温-控温-控时过程，出坯形式则是——出坯的间歇式作业。

（7）热连轧机：其运行本质是连续化的高温塑性变形与相变过程，而其轧件的输入、输出方式仍是——轧制、——出材，从具体操作上看仍有间歇式的特征，但从总体运行上可以看成有节奏的准连续出材。当然，半无头轧制、无头轧制将有助于促进过钢、出材的连续化程度。

在长期的研究、开发和生产实践中，人们越来越注意到由于钢厂生产流程的复杂性、多工序性等特点，钢厂生产流程的连续化，不能急于求成地追求把每种间歇操作的设备都改为连续化作业，也不能简单地追求直流贯通形式的连续，而是应该在整个流程内多种间歇或准连续的作业形式的条件下，通过工序功能优化和工序间（短程或长程的）互相衔接和匹配关系的节律化、协同化、紧凑化等手段（即开发工序间的"界面技术"）来实现生产过程的连续化或准连续化。而且，已经能够看出，钢厂生产流程的连续化/准连续化应该先从高炉炼铁、连续铸钢、连续轧钢等关键工序开始，逐步在整个生产流程扩展，形成准连续化/连续化的流程系统。

根据对上述各主要工序的运行本质和输出作业方式的分析，以及三代钢厂结构的演进过程的观察，可以看出钢厂生产流程的进步，本质上是以优化各工序的间歇或连续运行过程和间歇化输出作业为基础，利用一系列短程或长程的"柔性活套工程"为手段，即不断改进前后相邻工序和装备之间的"界面"技术，逐步实现整个生产流程的准连续化或连续化。

5.1.2 钢铁生产流程不同工序的动力学特征——推力源和拉力源

一般可以将整个钢厂的生产流程分解为两段：即上游段是从炼铁开始到连铸；下游段是从连铸出钢坯开始到热轧过程终了。上游段主要是化学冶金过程和凝固过程，下游段则是铸坯的输送、加热（保温）、热加工、形变和相变的物理控制过程。由此，可以从高炉、连铸、热轧机三个端点的运行动力学特点入手，对生产流程运行动力学进行解析-集成。图 5-1 为钢厂生产流程运行策略划分为上、下游两个区段的特征。

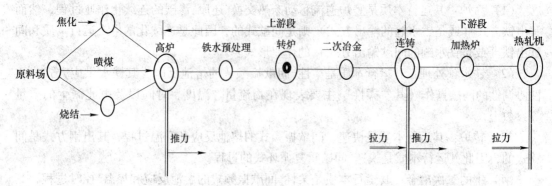

图 5-1 钢厂生产流程运行动力学的主要支点及其示意图

5.1.2.1 钢厂生产流程上游段的推力源与拉力源

A 高炉

由于高炉炼铁过程的本质是连续的竖炉移动床过程，这种过程自身要求连续、稳定运行，不希望发生波动，更不希望生产过程停顿。而高炉炉缸的容积是有限的（一般设计的炉缸容积约为高炉总容积的 14%左右），必须及时出铁，这对于高炉工序的生产物质流而言，表现为一种"不愿停顿的推力源"，其物质流推力可用下式表示：

$$F_{BF}^{push} = \int_{t_0}^{t_1} \frac{V\eta}{1440 t_{se}^{BF}} dt \tag{5-1}$$

式中 F_{BF}^{push}——高炉工序物质流的推力，t/min；

V——高炉容积，m^3；

η——高炉利用系数，$t/(m^3 \cdot d)$；

t_{se}^{BF}——高炉作业时间域，$t_{se}^{BF} = t_1 - t_0$，min；

t_0——上次出铁的时间点，min；

t_1——本次出铁的时间点，min。

这种"推力"不仅有物质流流量方面的意义，而且还有温度或能量方面的意义和时间节奏方面的意义。

在实际情况下，这种推力还有更多样化的表现形式，即对于铁水预处理、转炉等后续工序而言，这种推力可表现为每罐铁水（受铁罐或鱼雷罐）的重量和时间节奏。此外，这种推力还与高炉座数、铁水输送方式、铁路系统的能力特别是与平面布置图等有关。

B　连铸

由于连续铸钢过程的本质是连续的冷却-热交换-凝固成形过程，连铸机的效率、效益集中地表现在顺利实现长时间的多炉连浇和提高铸机作业率。一般而言，希望多炉连浇的时间周期尽可能长。因此，从生产过程的物质流运行来看，连铸工序的连续运行对高炉—铁水预处理—转炉—二次冶金等装置而言，是一种物质流的拉力源。这种拉力既表现为物质流上拉力，也表现为对物质流温度、质量上的拉力，而且这些意义上的"拉力"还必须实现在过程时间轴上的协调-耦合，即连铸工序要求其上游工序和装置能够连续不断"定时、定温、定品质"地供给钢水。也可以看成是连铸工序拉动着高炉-铁水预处理-转炉-二次冶金等工序有节奏地准连续或高频、间歇运行。因此，在钢厂生产流程的上游段里，连铸表现为一种"流程连续运行的拉力源"。其物质流的拉力可以表示为：

$$F_{CC}^{pull} = \int_{t_0}^{t_1} \frac{S\rho v_c}{t_{se}^{CC}} dt \tag{5-2}$$

式中　F_{CC}^{pull}——连铸工序对上游工序和装置的物质流的拉力，t/min；

S——连铸坯的断面面积，m^2；

ρ——钢液的密度，t/m^3；

v_c——铸机拉坯速度，m/min；

t_{se}^{CC}——连铸作业时间域，$t_{se}^{CC} = t_1 - t_0$，min；

t_0——连铸机多炉连浇浇次的开始时间点，min；

t_1——连铸机多炉连浇浇次的终止时间点，min。

其中，铸机拉速极限受到铸机冶金长度的制约，即：

$$L = \frac{D^2}{4K^2} v_c \tag{5-3}$$

式中　L——连铸机冶金长度，m；

K——凝固系数，$mm/min^{1/2}$；

D——铸坯厚度，mm；

v_c——铸机拉坯速度，m/min。

5.1.2.2　钢厂生产流程下游段的推力源与拉力源

A　连铸

当连铸坯经过切断并以不同长度、不同单重、不同温度、不同时间（节奏）输出时，对于随后的加热炉、热轧机而言，表现为一种推力；这种推力既是温度或能量意义上的推力，也是物质流量意义上的推力，当然也表现为时钟推进计划的连续性尺度上的推力。因为，假如不能及时连续和相对稳定地将连铸坯输送到热轧机，则必然引起铸坯温度及能量方面的损失，必然引起铸坯中间库存量的增加，甚至引起热轧机连续作业时间的降低。同时，对于连铸工序本身而言，铸坯不能及时输出，其堆积量达到一定程度后，也会影响连

铸机的拉坯速度，甚至影响连铸作业区的铸坯库存量。对于薄板坯连铸连轧、薄带连铸等
先进工艺而言，不允许存在铸机作业区有铸坯库存，必须迅速推向下游工序和装置。因
此，不难看出在钢厂生产流程的下游段里，连铸又表现为一种流程连续运行的推力源。其
物质流的推力可以表示为：

$$F_{CC}^{push} = \int_{t_0}^{t_1} \frac{S\rho v_c}{t_{se}^{CC}} dt \tag{5-4}$$

式中 F_{CC}^{push}——连铸工序对其下游工序物质流的推力，t/min；

         S——连铸坯的断面面积，m^2；

         ρ——连铸坯的密度，t/m^3；

         v_c——铸机拉坯速度，m/min；

         t_{se}^{CC}——连铸作业时间域，$t_{se}^{CC} = t_1 - t_0$，min；

         t_0——连铸机多炉连浇开始出坯的时间点，min；

         t_1——连铸机多炉连浇终止出坯的时间点，min。

当然，在实际生产中，这种推力源的推力对于各种类型的加热炉和不同类型的热轧机
而言，更具体地表现为不同长度、不同单重、不同温度或热量的单个铸坯上。

    B   热连轧机

热连轧机的运行方式是一种连续-间歇交替出现的运行方式（参见 5.1.1 节）。因此，
热连轧机希望尽可能长时间地有轧件通过，或是增加某一运行时间段（轧制周期）里的轧
件通过量。这样，对于节能、增产乃至提高成材率等都是有利的。热连轧机要求尽量延长
过钢的时间，甚至进一步要求通过各种手段延长轧件的长度（半无头轧制、无头轧制）
等，这说明在钢厂生产流程的下游段里，热连轧机对其上游工序和装置（连铸机、钢坯
库、保温坑、加热炉等）而言，是过程物质流的拉力源。它对过程物质流的"拉力"可
用下式表示：

$$F_{HR}^{pull} = \int_{t_0}^{t_1} \frac{60S\rho v_r}{t_{se}^{HR}} dt \tag{5-5}$$

式中 F_{HR}^{pull}——热连轧工序对上游工序物质流的拉力，t/min；

         S——成品轧件的截面积，m^2；

         ρ——轧材的密度，t/m^3；

         v_r——最后一架热轧机的出口轧制速度，m/s；

         t_{se}^{HR}——热连轧机作业时间域，$t_{se}^{HR} = t_1 - t_0$，min；

         t_0——轧件进入热连轧机组的时间点，min；

         t_1——轧件离开热连轧机组的时间点，min。

5.1.3   钢铁生产流程不同工序的动力学特征——缓冲-协调能力

从钢厂生产流程上游、下游区段运行的拉力源、推力源分析得知：高炉在流程整体运
行中起着"推力源"的作用；连铸机则有两重性——即对上游区段扮演"拉力源"的角
色，对下游区段则呈现推力源的角色；而热连轧机组则呈现出下游区段的拉力源角色，并
且在流程整体运行中也起着"拉力源"的作用。

在高炉-转炉区段，"推"是以烧结矿、焦炭等物料注入的方式，特别是以高炉连续还原和定时出铁的方式来推动生产运行；"拉"是以转炉对铁水需求的运行方式来拉动生产运行。在转炉与连铸区段，"推"是以转炉高频生产、周期出钢方式推动生产运行；"拉"是以连铸机要求"多炉连浇"的运行方式来拉动生产运行。在连铸与热轧区段，"推"则是以连铸机连续出坯的方式推动生产，"拉"是以热轧连续轧制对铸坯不宜停顿的需求拉动生产运行。

钢铁生产过程的连续化/准连续化是钢铁生产追求的目标，然而，在实际生产运行过程中，高炉不可能完全稳定运行；连铸不可能始终保持稳定连浇状态；热轧机组也不可能不断连续地有轧件通过。在生产过程中总会有干扰连续运行和引起运行不稳定的各种因素出现，而且，各类不连续、不稳定因素的出现，可能是随机的，也可能是有计划的。这样，就要保持钢厂生产流程中物质流连续或准连续运行，就需要在推、拉力源之间构建缓冲库，用来缓解或消除钢厂生产中暂时出现的"推力源"与"拉力源"之间的不平衡，使流程能够连续或准连续运行。铁水预处理、二次冶金和加热炉作为缓冲器，在所衔接的工序之间起到缓冲力的作用（图5-2）。

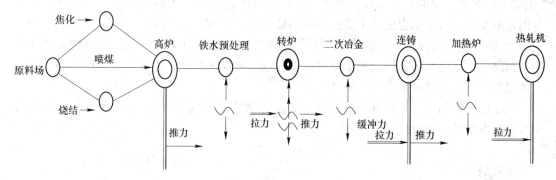

图5-2   钢厂生产流程运行过程中的推力-缓冲活套-拉力解析图

以高炉-转炉区段运行动力学为例说明的缓冲活套的构建与作用。高炉-转炉区段的物质流主要是铁水，铁水由铁水承接容器（受铁罐、鱼雷罐或兑铁包）在高炉处受铁，并运输至转炉。由前述的工序作业表现形式分析可知，高炉冶炼过程是连续的；而转炉冶炼过程是周期性的、间歇的，转炉冶炼过程的不定因素较多，不仅受自身可靠性、生产稳定性的影响，而且与下游连铸工序的稳定性和连铸机连浇炉数息息相关，因此，转炉实际冶炼炉数是变动的，转炉需求铁水量也是波动的，区段间的缓冲库的作用则可以消除这种波动对高炉冶炼稳定性的影响，由此产生了高炉-转炉区段的缓冲力。

设某个考查期内转炉实际冶炼炉数为 N_r，则区段的缓冲力为：

$$F_{HM}^{Buffer} = \int_{t_0}^{t_1} \frac{V\eta}{1440} dt - N_r G_{HM} \tag{5-6}$$

式中 F_{HM}^{Buffer}——高炉转炉区段物质流缓冲力，t；

G_{HM}——转炉冶炼一炉钢需要的铁水量，t。

这种缓冲力不仅体现在物质流量上，而且也有时间节奏的缓冲，F_{HM}^{Buffer} 的大小决定了铁水的等待时间。

$$t_w = \left(\frac{F_{HM}^{Buffer}}{G_{HM}} \right) t_{BOF} \tag{5-7}$$

式中 t_w——铁水等待时间，min；

　　　t_{BOF}——转炉冶炼周期，min。

就高炉-转炉区段而言，高炉与转炉间的缓冲库是混铁炉、铁水承载容器（如受铁罐、兑铁包或鱼雷罐）、铁水预处理和运输过程中的铁水承载量。

从图 5-2 所示的钢厂生产流程运行解析图中可以看出，在生产流程中铁水预处理、二次冶金、加热炉乃至转炉也在某种意义上起着缓冲-协调的作用，也就是维持"分流量相等"的活套功能。然而，这些工序（装置）在缓冲-协调方面的功能是更为广义的。其中：缓冲功能，往往是体现在量的方面，例如单位时间的物质流通量，单位时间内传输的热量、单位时间的温度升降等。而协调功能则往往是体现在质的变化方面，例如化学组分变化方面的工序性安排，形变控制方面的工序性安排，组织、性能控制方面的工序性安排等。由于从总体上看钢厂生产流程运行的实质是物质、能量、空间、时间等因素在生产流程中进行组织、协调、耦合，因此，实际就是化学组分因子、物理相态因子、几何形状因子、表面性状因子、能量（温度）因子在生产流程中进行时-空性耦合。由于空间因素（例如平面布置、立面布置等）是在钢厂总体设计中已经确定了的，对生产流程而言一般是固定不变的，因而就变成了主要是在时间轴进行协调-耦合。这样，对某些工序（装置）的缓冲-协调能力而言，也可以简化甚至量化在时序、时间节奏等参数上。当然，这并非说空间因素不重要。不合理的总图布置、不合理的流程网络很可能成为流程运行物质流混乱的根源，而无法通过生产组织调度得到弥补。

上面已经提到，为了使炼钢厂区段内的过程物质流实现连续化——长时间多炉连浇，应符合以下条件：

$$t_{SM} \ll t_{BOF} \leqslant t_{CC}$$

也就是：

$$Q_{CC} \leqslant Q_{BOF} \leqslant Q_{SM}$$

式中 Q_{CC}——连铸机有效运行时，单位时间的物质流通量，t/min；

　　　Q_{BOF}——转炉冶炼周期内，单位时间的物质流通量，t/min；

　　　Q_{SM}——二次冶金装置处理周期内，单位时间的物质流通量，t/min。

这样，二次冶金装置对连铸机而言的"缓冲-协调"能力为：

$$Q_{SM} - Q_{CC} = \frac{C}{t_e^{SM} - t_s^{SM}} - \frac{C}{t_e^{CC} - t_s^{CC}} \tag{5-8}$$

式中 C——一炉钢水的重量，t；

　　　t_s^{SM}——二次冶金装置开始处理的时间，min；

　　　t_e^{SM}——二次冶金装置结束处理的时间，min；

　　　t_s^{CC}——连铸机开始运行的时间，min；

　　　t_e^{CC}——连铸机结束运行的时间，min。

由此可以看到，某一装置的缓冲-协调能力在这里既可以体现为时间（min），也可以体现为单位时间的物质（金属）流通量（t/min）。

同理，二次冶金装置对转炉而言的缓冲-协调能力为：

$$Q_{SM} - Q_{BOF} = \frac{C}{t_e^{SM} - t_s^{SM}} - \frac{C}{t_e^{BOF} - t_s^{BOF}} \tag{5-9}$$

式中　$t_e^{BOF}-t_s^{BOF}$——转炉出钢-出钢时间周期，min。

这样，也可以用类似的方法来计算不同类型铁水预处理工序分别对高炉炼铁过程、转炉炼钢过程的缓冲-协调能力；计算不同类型加热炉等分别对连铸机、热连轧机运行过程的缓冲-协调能力。

5.2　钢铁制造流程中的界面技术

5.2.1　界面技术的概念

所谓"界面技术"是相对于钢铁生产流程中炼铁、炼钢、铸锭、初轧（开坯）、热轧等原有主体工序技术而言的，界面技术是指这些主体工序之间的衔接-匹配、协调-缓冲技术及相应的装置（装备）。应该说，界面技术不仅包括相应的工艺、装置，而且还包括时-空配置、数量（容量）匹配等一系列的工程技术。

界面技术是将钢铁生产流程在所涉及的物理相态因子、化学组分因子、温度-能量因子、几何-形状因子、表面性状因子、空间-位置因子和时间-时序因子以动态-有序、连续-紧凑的方式集成起来，实现多目标优化，包括生产效率、物质/能量耗最小化、产品质量稳定、产品性能优化和环境友好等。

从工程科学的角度看，在钢铁生产流程中界面技术主要体现在要实现生产过程物质流（应包括流量、成分、组织、形状等）、生产过程能量流、生产过程温度、生产过程时间等基本参数的衔接、匹配、协调、稳定等方面。因此，要进一步优化钢铁生产流程，就应该十分注意研究和开发界面技术，解决生产过程中的动态"短板"问题，促进生产流程整体动态运行的稳定、协调和高效化、连续化。

第二次世界大战前，由于炼铁、炼钢、铸锭、初轧（开坯）、热轧等主体工序基本上是独立地、间歇地运行，因此工序之间的关系较为简单，主要是输入、等待、储存、再输出的简单连接。在这个过程中多次降温、再升温，反复进库又出库，间歇而且往返输送，时间过程长，能量消耗高，生产效率低，而且产品质量不稳定，钢厂占地面积大。随着工序和装置功能集合的解析-优化和工序（装置）之间关系集合的协调-优化，为钢厂生产流程中各工序（装置）的重新有序化和高效化提供了技术平台性的支持。在这些工序功能集合、工序关系集合的演进和优化的过程中，引起了钢铁生产流程中一系列界面技术的演变和优化，甚至出现了不少新的界面技术，它们在不同生产区段中形成了新的有效组合。这一系列界面技术的出现和有效组合直接影响到钢铁生产流程的结构，包括工艺技术结构、装备结构、平面布置（空间结构）、企业产品结构等。

5.2.2　炼铁-炼钢界面技术

当前钢铁制造流程中炼铁工艺仍以高炉炼铁为主，因此炼铁-炼钢区段界面技术主要是高炉-转炉流程的界面技术。

高炉-转炉流程，由于其有效容积（或公称容量）不同，大体可分为大高炉-大转炉流程（用于生产平材）和小高炉-小转炉流程（主要用于生产长材）。不同类型产品生产流程不同，炼铁-炼钢之间界面技术形式也各有差异，构成了高炉-转炉流程"界面技术"的多样性。概述如下：

（1）中、小高炉铁水注入受铁罐后，将铁水运至混铁炉前并兑入混铁炉储存，中、小转炉需铁水时，铁水再由混铁炉倒入兑铁包后兑入转炉（图5-3）。在此过程中，铁水经过两次转兑散热，一次倒包吸热，三次在大气中暴露冷却，而且混铁炉还需要投入能量以保持铁水温度，因此这一过程不仅能量消耗多，而且在所有转兑、暴露过程中还产生石墨、烟尘，引起环境污染问题。

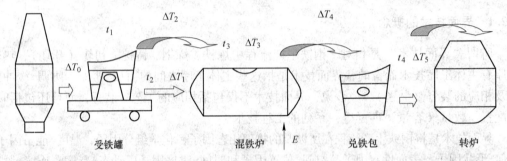

图5-3　中、小高炉铁水经由受铁罐-混铁炉-兑铁包后兑入中小转炉的过程示意图

ΔT—铁水温度的升降（℃）；t—铁水输送、储存、转兑等过程的时间（min）；E—外加能源（GJ）

（2）中、小高炉铁水注入受铁罐后，当铁水罐容量与转炉容量彼此对应时，可直接将铁水兑入转炉，如此则铁水只发生一次大气暴露冷却过程，而没有其他散热和转兑包衬吸热；当铁水罐（受铁罐）容量与转炉容量彼此不对应时，则将增添或留存若干铁水后转入兑铁包，再经兑铁包后兑入中、小转炉（图5-4）。在这种情况下，铁水将经过两次大气暴露冷却，一次倒包吸热。

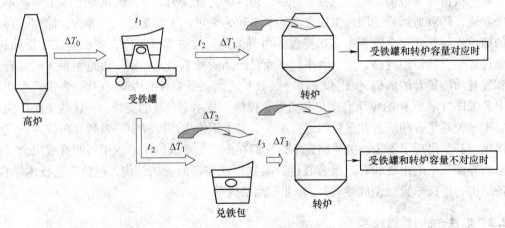

图5-4　中、小高炉铁水经由受铁罐兑入中小转炉的不同过程示意图

ΔT—铁水温度的降低（℃）；t—铁水输送、储存、转兑等过程的时间（min）

（3）随着技术进步和钢铁产品质量要求的日益严格，小高炉—小转炉流程也逐步发展了带有铁水脱硫预处理的界面技术。

当受铁罐容量与中、小转炉容量相同时，则中、小高炉铁水注入受铁罐后，运至脱硫站，扒渣后进行脱硫处理，再扒除脱硫渣，直接兑入转炉冶炼（图5-5）。这一类型的高炉-转炉界面技术，没有转兑散热和其他包衬吸热，铁水只在兑入转炉的过程中发生一次大气暴露冷却。

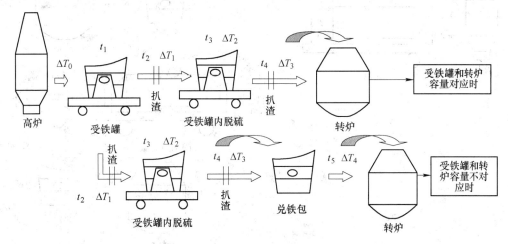

图5-5　中、小高炉-中、小转炉间经过铁水脱硫处理的过程示意图

ΔT—铁水温度降低（℃）；t—铁水输送、储存、预处理、转兑等过程的时间（min）

当受铁罐容量不等于转炉容量时，则将在上述处理过后，需增添或留存若干铁水，转兑入另一兑铁包，这样就增加了一次兑铁包的衬砖吸热和一次空气暴露冷却。

（4）大高炉铁水经出铁槽注入鱼雷罐车，再由鱼雷罐车运至受铁坑，铁水由鱼雷罐车倒入兑铁包后不经处理直接兑入转炉（图5-6），这种情况发生一次转兑散热、倒包包衬吸热和两次大气暴露冷却过程。另一种情况则是经脱硫站，在鱼雷罐内脱硫并扒渣后，运至受铁坑，再倒入兑铁包，然后兑入转炉冶炼，这同样是一次转兑散热、倒包包衬吸热、两次大气暴露的冷却过程，但由于增加了脱硫-扒渣过程，吸热多、时间长、温降大。当然，这两种方式的前提是鱼雷罐容量、兑铁包容量与转炉容量匹配较好。

（5）大高炉铁水经由出铁槽脱硅后进入鱼雷罐车，鱼雷罐车运至铁水预处理站，扒除脱硅渣后再在鱼雷罐车内进行脱硫、脱磷处理，扒渣后倒入兑铁包中，再兑入转炉冶炼（图5-7）。这一过程还是一次转兑过程、两次大气暴露的冷却过程，但由于"三脱"处理过程复杂，时间长，温降很大，主要适合于大高炉-大转炉流程，供生产高级钢材（主要为平材）用。这种高炉-转炉界面技术一般也要求鱼雷罐容量、兑铁包容量与转炉容量的匹配，最好不要出现剩余铁水或铁水量不够的现象。

（6）大高炉铁水经由出铁槽脱硅进入鱼雷罐车，由鱼雷罐车运至铁水预处理站，扒除脱硅渣后，倒入兑铁包中进行脱硫，再次扒除脱硫渣后，兑入脱磷转炉中进行脱磷，经脱磷转炉的出钢口（分渣后）倒入兑铁包，再兑入炼钢转炉冶炼（快速脱碳、升温），见图5-8。这种处理方式，反应器内的化学热力学条件好，动力学条件与在鱼雷罐内处理相比也明显改善，但过程温降大。因此，质量稳定，时间节奏快，有利于配合高效、高速连铸机生产高质量薄板。

以上六种炼铁-炼钢之间的界面技术形式，是实际生产中已经应用的（当然也有其他类似的界面技术）；其中前三种常用于小高炉—小转炉流程，后三种在大高炉—大转炉流

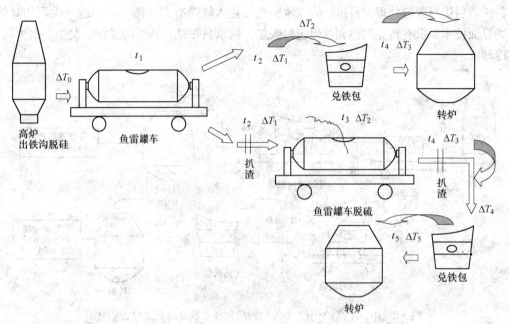

图 5-6　大高炉-大转炉间铁水经鱼雷罐车转运过程的示意图

ΔT—铁水温度降低（℃）；t—铁水输送、储存、预处理、扒渣、转兑等过程时间（min）

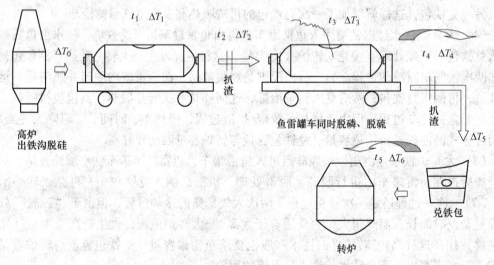

图 5-7　大高炉-大转炉间铁水在鱼雷罐内进行"三脱"处理的转运过程示意图

ΔT—铁水温度降低（℃）；t—铁水输送、储存、预处理、扒渣、转兑等过程时间（min）

程中应用较多。

（7）大高炉铁水在出铁槽脱硅处理后，流入容量与转炉容量匹配的受铁罐内。加盖保温，由受铁罐运至铁水预处理站。扒除脱硅渣后再进行脱硫处理及扒渣。然后，倒入脱磷转炉进行脱磷处理，再由出钢口倒入兑铁包（脱磷转炉出铁分渣效果良好，不需扒渣）。经"三脱"处理后的铁水由兑铁包兑入炼钢转炉冶炼（炼钢转炉的功能已简化为快速脱碳、快速升温）（图5-9）。由于在不同反应器内分别进行脱硅、脱硫、脱磷、脱碳（和升

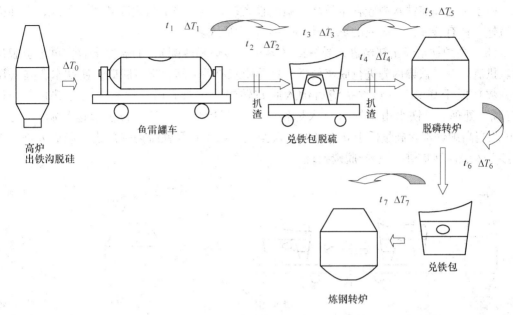

图 5-8 大高炉-大转炉之间铁水分步"三脱"处理的转运过程示意图

ΔT—铁水温度降低（℃）；t—铁水输送、储存、预处理、扒渣、转兑等过程时间（min）

温）的热力学条件和动力学明显改善，造渣剂消耗量大幅下降，不同反应器的处理过程时间明显缩短，化学冶金的效果明显提高。但这类铁水"三脱"处理过程有两次转兑过程、三次大气暴露冷却，而且还有"三脱"处理和扒渣过程，温降相对较大。将其用于加快生产节奏、提高生产效率和生产高质量平材作为主要目的。很显然"三脱"处理主要适用于大高炉—大转炉—高质量平材的生产流程。

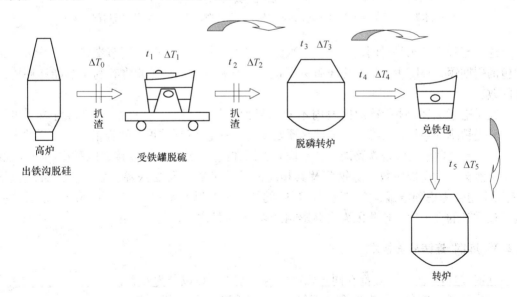

图 5-9 大高炉-大转炉之间不经鱼雷罐车的分步、分工序铁水"三脱"处理转运过程示意图

ΔT—铁水温度降低（℃）；t—铁水输送、储存、预处理、扒渣、转兑等过程时间（min）

由于预处理前铁水中硅含量较高，温度较高，有利于铁水预脱硫处理。因此，下面提出另外一种有待探讨和研究的炼铁-炼钢界面技术形式。

（8）高炉铁水经出铁槽进入受铁罐（容量与转炉相匹配），加盖保温后，再运至脱硫站。扒渣后在受铁罐内先进行脱硫处理，扒除脱硫渣后立即再进行脱硅，使铁水含硅（质量分数）低于 0.18%。再次扒渣后倒入脱磷转炉中进行脱磷，然后倒入兑铁包。经过"三脱"处理后，铁水由兑铁包兑入炼钢转炉进行冶炼（快速脱碳、快速升温），见图 5-10。当高炉铁水含硅量低于 0.25% 时，甚至也可以不在受铁罐内专门进行脱硅处理，而直接兑入脱磷转炉进行脱硅-脱磷处理。

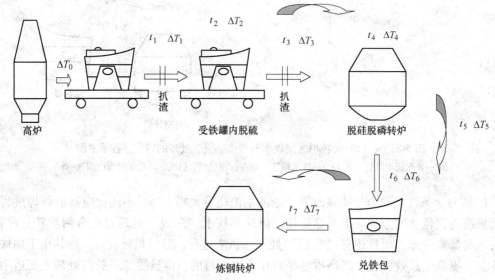

图 5-10 工序"三脱"处理转运过程示意图
ΔT—铁水温度的降低（℃）；t—铁水输送、储存、预处理、扒渣、转兑等过程时间（min）

这一流程中铁水经过两次转兑，三次大气暴露冷却。但由于时间节奏快，受铁罐、兑铁包的周期短，温降少。同时由于省去了鱼雷罐车和混铁炉，无疑将有利于节能和环境条件的改善。

在讨论了上述高炉-转炉区段内不同的界面连接过程后，必然会考虑到高炉（出铁量）—受铁罐（包括鱼雷罐车）—铁水预处理装置—兑铁包-转炉之间容量对应关系的重要性；也一定会联想起输送铁路能力和平面布置图在高炉-转炉界面连接、匹配中的重要性，甚至必然会探索高炉座数、炼钢厂及其相应的转炉座数以及受铁罐、兑铁包的合理数量（实际上也要考虑到空罐、空包返回过程中的热损失问题）等一系列优化问题，也必然应质疑鱼雷罐的合理性。这些因素也会影响到高炉-转炉之间运行的优化。

5.2.3 炼钢-连铸界面技术

炼钢-连铸区段（一般都在同一炼钢厂内）基本上可以分为两类，即：
（1）转炉—钢包—二次冶金—钢包—连铸中间包—连铸机；
（2）电炉—钢包—二次冶金—钢包—连铸中间包—连铸机。
由于炼钢炉、二次冶金装置、连铸机等工艺、装备的容量、功能取决于所生产钢材性能、规格以及热轧机的合理经济规模，因此可以区分为长材流程和平材流程（焊管是平材的延伸产品，无缝钢管占钢材总量的比例较小，因而应另做专门研究）。

炼钢-连铸之间的界面技术包括了二次冶金工序和装置、钢水包、连铸中间包、炼钢车间的平面布置和输送能力配置以及各工序和装置的数量（能力）以及对应匹配等。

5.2.3.1 关于二次冶金工艺的功能与分类

随着二次冶金工艺的不断完善，特别是全连铸体制炼钢厂的普及，二次冶金工序已经逐步成为炼钢厂生产流程中必须在线应用的环节之一。同时，二次冶金工序和装置的功能已逐步演变为：

（1）保证（提高）产品质量，特别是钢液洁净度和钢液温度调控；

（2）分担炼钢炉的若干冶金功能，缩短炼钢炉的冶炼时间，加快冶炼作业周期的频率；

（3）作为炼钢炉-连铸机之间的缓冲协调手段，定时、定温、定品质地向连铸机提供钢水，延长连铸机多炉连浇的作业时间。

可见，二次冶金工序和装置对于现代化炼钢厂的稳定运行、提高质量、降低成本、提高效率等技术经济目标已是不可或缺的了。

自 20 世纪 60 年代以后，二次冶金工艺（不包括铁水预处理）得到了迅速发展，而且种类繁多，各有特点，不胜枚举，概要来说有以下几类：

（1）吹入惰性气体进行气泡处理（各类吹 Ar 包括 N_2 切换装置）；

（2）真空处理（各类不同的真空脱气处理装置）；

（3）喷粉处理（各类喷吹粉剂处理装置）；

（4）钢包处理炉（以电加热及重新造渣为特征的处理装置）；

（5）特种吹氧精炼炉（氩氧炉、真空吹氧炉）；

（6）电渣重熔处理等。

连铸中间包的功能也得到了开发与完善。在连铸技术开发的初期没有中间包，为了稳定连铸机结晶器内钢液面，以及减轻铸流对结晶器的液面冲击力，开始应用中间包。现在，中间包的功能已发展为：

（1）稳定中间包内钢液的静压力，稳定结晶器内钢液面；

（2）中间包的冶金功能——防止钢液的再氧化，去除钢液中大部分大型夹杂物；

（3）调控钢液的过热度；

（4）在时间和流量尺度上形成炼钢炉-二次冶金-连铸机之间的缓冲"活套"。

近 20 年来，为了完善连铸中间包的功能，中间包的容量逐步增大，优化了中间包的结构形式，延长了中间包寿命，并在替换和修补中间包方面开发了一系列的技术。其重要目的之一也是为了增加连铸机的连续浇钢运行时间（有效作业率）。

5.2.3.2 转炉-连铸机区段的界面技术

转炉-连铸机区段的界面技术，可以大体上分为扁平材流程与长材流程两类。

A 转炉-连铸-平材流程

热轧平材主要是指轧薄板卷和宽度在 2500mm 以上热轧中（厚）板。一般采用 120~300t 转炉冶炼，连铸机则为 210~300mm 坯厚的传统板坯铸机，或是铸坯厚度分别为 50mm、

70mm、90~135mm 的薄板坯、中薄板坯铸机。这些铸机的单流能力都在 100 万吨/年左右，甚至更多。这种流程所生产的产品质量高，因此，形成了高效率、快节奏、高质量的运行特色。

生产热轧薄板的大型转炉板坯铸机之间界面技术，代表性流程为：

$$
\begin{array}{c}
\text{大型转炉} \\
(180\sim300\text{t})
\end{array}
\left[
\begin{array}{l}
\text{CAS（OB）装置} \\
\text{RH 真空处理} \\
\text{LF 炉}
\end{array}
\right]
\text{——大型中间包——传统板坯连铸机}
$$

这类传统流程中，钢液主要通过 CAS 吹氩（升温）、RH 真空处理等快速精炼装置，它们是在线设备；设置 LF 炉主要是为了生产超低硫钢和中、高碳钢种而设立的，在线生产的比例很小（如低于 10%）。为了作业顺行，在炼钢厂平面图上必须合理布置，避免不必要的吊运次数和过长的输送距离。此外，还要考虑到炼钢炉、二次冶金装置、连铸机合理地分布在不同的跨度内，以避免不同装置的运行和吊运钢包时相互干扰。

转炉—连铸—平材的另一类流程是采用薄板坯、中薄板坯连铸。这类生产流程一般应选用 120~150t 转炉，转炉-连铸机以一一对应配置为佳，而铸机单流能力可按年产 100 万~150 万吨考虑。其代表性的流程为：

$$
\begin{array}{c}
\text{转炉} \\
(120\sim150\text{t})
\end{array}
\left[
\begin{array}{l}
\text{RH 真空处理装置} \\
\text{CAS（OB）装置} \\
\text{LF 炉}
\end{array}
\right]
\text{——大型中间包——薄板坯连铸机}
$$

应指出，这类界面匹配有明显的一一对应性，而且其合理的运行时间节奏在 40~45min 左右。当转炉的冶炼周期时间缩短到 36min 时，LF 炉的时间周期可能成为制约环节；为了充分发挥薄板坯连铸连轧流程中热轧机的生产能力，这是必须解决的"瓶颈"之一。如果要改进薄板坯（中薄板坯）连铸连轧工艺流程，进一步提高作业线的效率，而且提高产品的档次，采用 RH、CAS 等快速精炼装置以实现在线处理，是应该考虑的主要措施。

B　中（小）转炉—小方坯连铸机—普通棒（线）材流程

我国的中（小）转炉—小方坯连铸机—普通棒（线）材流程是多年历史形成的、具有自主特色的钢生产流程，所生产的产品有较强的市场竞争力。其主要特点有：

（1）120mm×120mm~150mm×150mm 的小方坯连铸机，高速高效化生产，达到单流年产量 14 万~20 万吨的水平，并与全连铸生产技术相结合，组成成套技术；

（2）30~80t 转炉在强化冶炼和溅渣护炉等方面构成有自主特色的成熟技术，达到了单位炉座每年生产 12000~15000 炉的水平；

（3）与此同时，小型棒材连轧机、高速线材轧机也取得重大进展。以 150mm×150mm 或 160mm×160mm 铸坯为原料的棒材轧机，可分别达到年产 70 万~80 万吨或 90 万~120 万吨的水平；而以 135mm×135mm 或 150mm×150mm 铸坯为原料的高速线材轧机，可分别达到年产 40 万~50 万吨或 60 万~70 万吨的水平。

30~50t 转炉每炉次的出钢周期一般在 30min 左右，按照这一节奏运行，而配以 4~6 流高速高效连铸机，应该以吹氩和喂丝工艺作为主要的"界面技术"而衔接匹配起来。其代表性流程为：

```
中（小）转炉  ┌─ 钢包吹氩+喂丝 ─┐── 连铸中间包──  小方坯连铸机
  （30~50t）  └───────────────┘                （4~6流/台）
```

有的钢铁企业为了生产 45 号钢等优质碳素结构钢，采用 80t 转炉并以 LF 炉精炼作为界面技术，这样，一炉钢的冶炼周期运行节奏往往要放慢到 38~45min。

C　中型转炉—方坯连铸机—合金钢棒（线）材流程

国际上也有用 80t 左右的转炉，配以方坯连铸机生产合金钢棒（线）材的流程（例如住友金属的小仓制铁所）；其连接转炉—方坯连铸机的界面技术为 RH 和 LF(VD)。当然，这种流程运行周期的时间节奏往往不少于 45min，但与电炉流程相比，运行周期还是快些。其代表性流程为：

```
中型转炉   ┌─ RH 真空处理 ─┐
（80~100t） │               │── 连铸中间包──方坯连铸机
           └─   LF 炉     ─┘
```

应该指出，对于与 RH 真空脱气装置相匹配的转炉，至少应有 80t 钢水容量，才能经受真空循环过程引起的钢液温降。如果炼钢炉吨位太小，例如 50t 左右，为了克服真空处理过程的温降，往往要过多地提高转炉出钢温度，这不仅得不到良好的技术经济指标，而且会恶化钢水质量。国内外的实践经验表明，与 RH 装置对应的炼钢炉吨位一般应在 80t 以上，否则，RH 很难在线运行。

5.2.3.3　电炉-连铸区段的界面技术

电炉-连铸区段的界面技术，大体上分为普通钢长材、合金钢长材，还有电炉—平材等类型。

A　电炉—小方坯连铸机—普通钢长材流程

生产普通钢长材往往选用 80~100t 左右的电炉，为了保证冶炼周期可与连铸机多炉连浇相适应，这类电炉一般应配置 $30m^3/t$ 以上的吹氧（标准态）能力；与之对应的往往是断面为 150mm×150mm 左右的小方坯连铸机；其相互连接的界面技术一般都采用 LF 炉，一般以 50~60min 左右的节奏运行。LF 炉也可以配备底吹氩的功能。其代表性的流程为：

```
超高功率电炉  ┌─   LF 炉    ─┐── 连铸中间包──  小方坯连铸机
 （80~100t）  │ （80~100t） │                 （5~6流/台）
             └─────────────┘
```

B　电炉—方坯连铸机—合金钢长材流程

生产合金钢长材往往选用 60~100t 左右的超高功率电炉，并配以 $30m^3/t$ 以上的吹氧（标准态）能力。由于合金钢长材主要用于机械制造、汽车制造等用途，钢材断面一般为 ϕ16mm 至 ϕ75~90mm。因此，常选用 220mm×220mm~300mm×300mm 断面的方坯连铸机。其互相连接的"界面技术"可以是 LF(VD) 或 RH 真空脱气装置（如果采用 RH 作为界面技术，电炉出钢量应在 80t 以上），以 55~65min 的周期节奏实现多炉连浇。其代表性流程为：

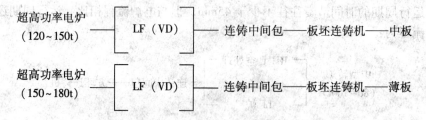

C 电炉—板坯连铸机（薄板坯连铸机）—中板（薄板）流程

电炉用于生产平材时可以分为两类：一类是生产中板；另一类是生产薄板。用于生产平材的电炉一般吨位较大，例如 150~180t，并配以 $30m^3/t$ 以上的吹氧（标准态）能力，分别通过板坯连铸机或薄板坯连铸机生产中板或薄板。其间相互衔接的界面技术一般为 LF（VD），以 55~65min 的周期节奏运行，实现多炉连浇。其代表性流程为：

D 电炉—板坯连铸机—不锈钢薄板（中板）流程

从技术经济角度看，用于生产不锈钢的电炉的吨位应不小于 80t。

这样，一方面有利于产品质量的稳定，另一方面有利于保持合理的经济规模和生产效率。过去一般认为不锈钢平材生产厂的合理经济规模应在年产 50 万吨以上。但是随着近些年技术进步和市场的发育，对不锈钢平材厂生产规模的认识有所发展，合理的经济规模应达到年产 80 万吨乃至 100 万吨以上。

冶炼不锈钢的电炉大体分为两类：一类是要大量利用不锈钢返回料的；另一类是要利用铁水（包括含铬铁水）热装的。其吨位都应不小于 80t，甚至可达 150t。目前生产不锈钢平材的连铸机大多应用传统的板坯连铸机，但也有的开始试用薄板坯连铸机生产某些用途的不锈钢薄板（如意大利 Terni 厂）。在日本、德国和法国等国家，还有些工厂在探索用薄带连铸机生产不锈钢薄板。

作为生产不锈钢的电炉（或转炉）和连铸机，其间衔接匹配的"界面技术"一般是采用 AOD 炉，或 AOD+VOD。其代表性的流程为：

5.2.4 连铸-轧钢界面技术

连铸坯经过切断后，大多先进入铸坯冷床，对于 9m 以上的长尺度铸坯，要采用步进式冷床，以防止铸坯发生过大的弯曲，有利于轧钢厂步进式加热炉的顺利运行。某些超长铸坯，则直接进入隧道式加热炉，而不经过铸坯冷床。例如，薄板坯连铸或某些新的长材半无头轧制过程，铸坯长度均在 40~50m 以上。这些超长坯直接进入隧道式加热炉，可以获得更大的节能效果并有利于提高钢材的冶金质量。一般而言，铸坯离开冷床后，经过热坯坑、铸坯保温炉、加热炉等不同类型的中间保温或加热装置，这些装置构成连铸机-热轧机之间不同的界面技术。

5.2.4.1 连铸机-热连轧机的生产流程

这是钢铁厂生产流程最后一个区段，按平材、长材分别介绍如下。

A 板坯铸机-平材轧机

板坯铸机-平材轧机之间的界面技术大致有三种：

（1）传统板坯铸机-传统热带钢轧机：

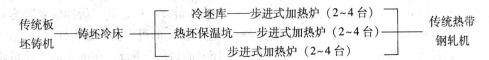

（2）薄板坯连铸-热连轧机：

薄板坯连铸（2台）—隧道式加热炉（2条）—热带钢连轧机（1套）

中（薄）板坯连铸（2台）—步进式加热炉（2~3台）—热带钢连轧机（1套）

（3）传统板坯铸机-中（厚）板轧机：

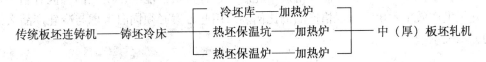

B 方坯铸机-长材轧机

这里方坯铸机包括小方坯连铸机、方坯连铸机；长材轧机则主要是指棒材连轧机和高速线材轧机，大体上分为两类：

（1）方坯铸机-长材轧机：

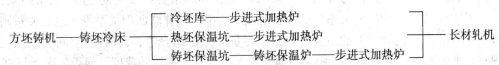

（2）方坯铸机-半无头轧制式长材轧机：

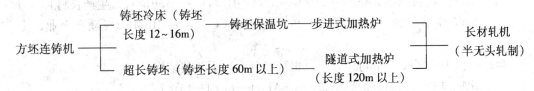

5.2.4.2 连铸机-热连轧机区段界面技术的发展趋势

总的来看，发展连铸机-热连轧机的界面技术，是为了保持铸坯的温度，即提高能量利用效率，在时间因素方面保持紧凑性和节奏性。因此，通过一系列不同功能和不同容量的缓冲-协调单元，使连铸机-热连轧机有效地连接起来。现在，发展这些连接"界面技术"大致遵循以下路线：

（1）在合理铸坯库存容量的前提下，设置不同温度层次的运行线路，即不同层次的

"温度活套"。首先，争取铸坯直接进入步进式加热炉，这样必须重视连铸机、步进式加热炉、热连轧机的平面布置以及运行节奏在时间上的协调-耦合。当铸坯不能进入直接热装炉时，优先选择进入缓冲保温炉储存，并作为直接热装炉运行节奏失衡时的第一候补方案，维持热连轧机持续运行。最后，当直接热装炉、缓冲保温炉都"客满"时，则采取铸坯下线作业，按不同钢种、断面堆放；当缓冲保温炉、直接热装炉出现空缺时，按订单逐步升级补充。

（2）效率高、库存量最小的半无头（甚至无头）轧制是努力追求的目标，实现的方法也是多样化的。超长尺的铸坯（如 50~150m）可通过不同长度的隧道式加（均）热炉，进行平材或长材的半无头轧制。这个方案最节能，效率最高，但是其"缓冲活套"容量也最小；要求"在线"装备及其控制-协调系统必须达到极高的可靠性和稳定性。

（3）通过铸坯焊机将一般长尺方坯（如 12~16m 的铸坯长度），在进入热连轧机之前焊接在一起（当然，这一方案要求加热炉与热轧机第一机架之间有足够的距离），实现超长坯的半无头轧制。这种半无头轧制能够提高轧机生产效率和铸坯综合成材率等，但在节约能源方面效益有限。

（4）在热连轧机的粗轧与精轧之间设置热卷箱、焊机等装备，使前后两条中间轧件焊接在一起，以此实现半无头轧制及薄规格轧制。这种方案节能是不明显的，但有利于提高热连轧机生产效率和增大薄规格产品的比例。采用此方案必须同时考虑与冷轧产品大纲之间的分工关系。

5.3　钢铁制造流程中物质流动态运行规则

5.3.1　钢厂结构对制造流程运行动力学的影响

钢厂的结构取决于其各构成工序（装置）的排列、组合以及时间-空间关系的安排。各构成工序（装置）的排列关系包括前后衔接序、串联或并联匹配关系等；组合关系则包括各工序（装置）的数量上的组合、能力（容量）上的组合等；而时间-空间关系则主要体现在总平面布置图、立面布置图和运输系统、运输设备的运转速度及能否依次顺行等。

因此，钢厂可以分为两类结构形态：

（1）串联结构：例如 EAF×1—LF×1—CC×1—HRM×1—（短流程，生产长材）。

（2）串联-并联结构：例如 BF×3—BOF×3~6—CC×3~6—HRM×2（联合企业，生产平材）。

生产流程中的区段（车间、分厂）也可以分为以下两类结构：

（1）串联结构：例如电炉炼钢车间，EAF×1—LF×1—CC×1。

（2）并联结构：例如炼铁厂、BF×3 等。

需要指出，这里的串联结构是指异质异构的工序（装置）之间的串联连接。而并联结构则可能包括同功能工序（装置）之间的并联（例如高炉、转炉、加热炉等）和异功能工序（装置）之间的并联（例如在板坯连铸机之前 RH 和 CAS 并联）连接。不同的连接方式形成流程结构网络，制造流程中的物质流、能量流和信息流等各种"流"在不同结构的流程网络中运行会表现出不同的行为特征，诸如"速度、流通量、效率等。

当工序间的平面布置和物流输送方式一定时，宏观运行物流的运输能耗主要取决于物质流在工序间运行的时间过程和时间节奏，而这与流程网络中工序间的连接方式密切相关。在简单串联连接方式下，工序之间的对应匹配关系明确，物质流运行的运输时间、等待时间都较短，生产效率和运输功消耗易于优化。在串-并联连接方式下，如果工序之间形成一一对应的匹配关系，则和串联连接方式相比，物质流运行的运输时间、等待时间相差不大，生产效率仍然高而且运输功耗增加不多；如果工序之间的物质流/物流采用多对多的"紊流式"随机匹配关系，和串联连接方式相比，由于物质流运行之间的相互干扰，运输时间特别是等待时间将大幅增加，生产效率因之降低，而运输能耗也随之增加。

钢铁企业的各个生产工序及单元装置按照一定的程序连接在一起，构成钢厂的总图，并体现为一定的流程网络。工序及单元装置之间的连接方式不同，流程网络结构也有所不同。生产工序或生产单元装置之间的连接方式主要有两种，即串联连接方式和串-并联连接方式。

5.3.1.1 串联连接方式——层流式运行

串联连接方式是指一个生产工序（或生产单元）的输出流是下一个生产工序（或生产单元）的输入流，而且对每一个生产工序或单元装置而言，物质流只是顺流向通过一次，这是一种"层流式"运行方式。所谓"四个一"的短流程钢厂即是典型的运行实例，如图 5-11 所示。

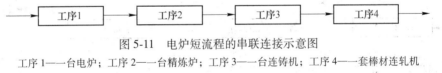

图 5-11　电炉短流程的串联连接示意图

工序 1——台电炉；工序 2——台精炼炉；工序 3——台连铸机；工序 4——套棒材连轧机

5.3.1.2 串联-并联连接方式与层流式、紊流式运行

在钢铁联合企业的流程网络中，并联方式经常与串联方式结合使用。其中串联方式常常是工艺过程的主干，并联方式往往是单元装置层级上的复制、加强方式。如高炉—转炉长流程钢铁企业采用两台烧结机并联运行、两座高炉并联运行，而烧结机-高炉之间串联-并联运行的例子如图 5-12 所示。

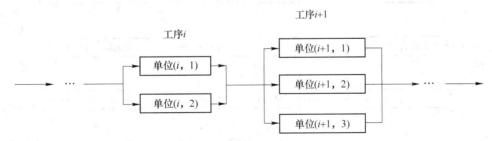

图 5-12　钢铁联合企业内烧结机-高炉之间的串-并联连接示意图

工序 i——烧结机 1，烧结机 2；工序 $i+1$——高炉 1，高炉 2，高炉 3

一般情况下，钢铁联合企业生产流程的网络结构在上、下游工序之间表现为串联连接，而在同一工序内部的各单元装置之间表现为并联连接。钢铁企业生产流程的网络结构是构建钢铁制造流程匹配-协同的流的静态框架，流的匹配-协同应体现出上、下游工序之

间的协调运行以及多工序之间运行的协同性、稳定性。若仔细观察串联-并联连接方式的各相邻工序、各生产单元装置之间可能出现的各种物质流匹配关系，则整个钢铁生产流程的物质流运行方式可类比为紊流式、层流-紊流式或层流式等不同的运行模式，不同运行方式可抽象为如图 5-13~图 5-15 所示的形式。

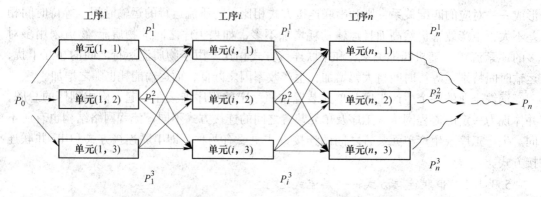

图 5-13　钢铁制造流程随机不稳定匹配-对应的"紊流式"运行（无序）网络模式

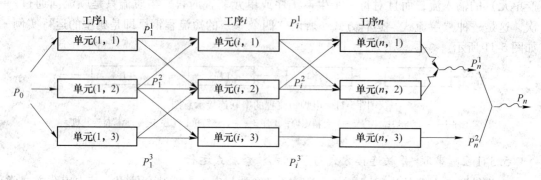

图 5-14　钢铁制造流程"紊流式"运行（混沌）运行网络模式

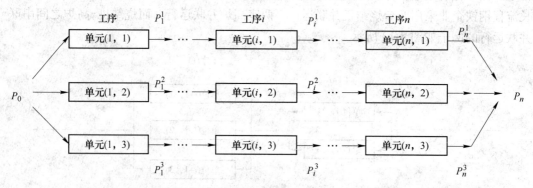

图 5-15　钢铁制造流程动态-有序、匹配-对应的"层流式"运行网络模式

在紊流式运行的网络模式中，相邻工序及各生产单元之间物质流向是随机连接的，输入、输出的物质流都是波动的，物质流运行的随机性很强；在层流-紊流式运行的网络模式中，相邻工序及单元装置之间的部分物质流流向由于生产波动而交叉连接，生产单元装置之间输入、输出的物质流是相对稳定的，但物质流运行的可控制程度比较难；在"层流

式"运行的网络模式中，相邻工序及各生产单元之间具有对应的物质流匹配连接关系，各生产单元装置输入、输出物质流的流向和流通量都是比较稳定的和可控的，是比较理想的物质流运行模式，体现了物质流动态-有序、协同-连续运行。在大多数情况下，钢铁制造流程在其设计和运行过程中，应尽可能建立起层流式协同运行的概念，避免紊流式随机连接运行。在外界条件如市场、供应链发生变化时，也可能暂时或局部形成层流-紊流式运行模式，但应尽量减弱其影响范围。这是实现高效率、低成本、高质量运行的现代设计观念，也是有效地解决钢铁制造流程中非稳定性现象的重要措施之一。

5.3.2 流程宏观运行动力学和运行规则

钢铁厂运行动力学追求流程运行的多目标优化，而一般不要求个别目标的最优化。在有些情况下，当要求个别目标最优化（例如单项的产量最高，单项的质量最好等）时，则通过生产流程运行动力学的优化也可以使其他目标的损失代价最小。

钢厂运行动力学既着眼于钢厂实现生产运行的稳定、协调、优化，又着眼于指导钢厂的技术改造和新厂设计方面的工程科学原理。钢厂生产运行动力学立足于不同类型钢厂的结构，研究其整体或区段流程的运行特征，促进流程网络中运行的"流"按特定的程序动态-有序地运行，提高其效率和效益。

钢厂生产流程的运行动力学研究表明，应以优化的界面技术创新、流程网络合理化和车间运行的动态 Gannt 图等运行程信息化为基础，促进钢铁生产流程动态-有序、协同-连续运行。为此，应确立以下运行规则：

（1）间歇运行的工序、装置要适应、服从准连续/连续运行的工序、装置动态运行的需要。由前述的工序的作业表现形式分析及推力、拉力和缓冲力的分析可见，间歇运行的工序、装置，具有一定的柔性，可以起到一定的缓冲作用，而准连续/连续运行的工序、装置则是刚性的，不易调整，如果中断连续，引发的影响不易消除，因此，运行原则首要的一条是间歇运行的工序、装置要适应、服从准连续/连续运行的工序、装置动态运行的需要。

（2）准连续/连续运行的工序、装置要引导、规范间歇运行的工序、装置的运行行为。虽然间歇运行的工序、装置具有一定的柔性，但其柔性也是有限度的，不能将其柔性无限放大，即也应尽量减少以间歇工序的辅助和空置运行时间，否则将会影响准连续/连续运行的工序、装置运行质量。因此，准连续/连续运行的工序、装置要对间歇运行的工序、装置的运行行为进行引导和规范。

（3）低温连续运行的工序、装置服从高温连续运行的工序、装置。钢铁制造流程的温度都是消耗大量的能源转换而来的，因此应加快高温连续运行工序、装置的运行，并保证其连续运行的质量，以减少温度损失，从而节省能源，所以低温连续的工序、装置应服从高温连续运行的工序、装置的要求。

（4）在串联-并联的流程结构中，要尽可能多地实现层流式运行，以避免不必要的"横向"干扰，而导致紊流式运行。

（5）上、下游工序装置之间能力的匹配对应和紧凑布局是层流式运行的基础。

（6）制造流程整体运行一般应建立起推力源-缓冲器-拉力源的动态-有序、协同-连续/准连续运行的宏观运行动力学机制。

> ## 思　考　题

1. 列举钢铁生产流程中分别属于微观、中观和宏观动力学研究范畴的问题。
2. 工程本质上看，钢铁生产流程的实质是什么？
3. 从界面技术的角度，在转炉和连铸之间选择合理的精炼工艺，应从哪些方面分析比较？

> ## 习　　题

1. 描述冶金流程中工程学中微观、中观（介观）和宏观动力学的研究对象与尺度、研究方法。
2. 若以高炉-转炉区段分析，试根据高炉、转炉工序的作业表现形式特征，分析高炉-转炉区段推力源、拉力源，并用以下参数计算该区段的推力和拉力。

工序	项目	数值
高炉	高炉有效容积 V/m^3	1780
	统计周期 $t_1 \sim t_0/h$	24
	高炉利用系数 $\eta / t \cdot d^{-1} \cdot m^{-3}$	2.6
转炉	转炉公称容量 G/t	70
	转炉超装系数 L/t	1
	铁水比 w_{HM}	0.9
	转炉冶炼周期 t_{BOF}/min	28
	铁水收得率 $\lambda / \%$	98
	统计周期 $t_1 \sim t_0/h$	24

转炉运行动力学力的大小计算公式：

$$F_{BOF} = \int_{t_0}^{t_1} \frac{GLw_{HM}/\lambda}{t_{BOF}} dt$$

式中　F_{BOF}——转炉对上游工序的拉力，t；

G——转炉公称容量，t；

L——转炉超装系数；

w_{HM}——铁水比；

λ——铁水收得率；

t_{BOF}——转炉冶炼周期，min。

3. 描述炼铁-炼钢界面模式的类别，并选取一类模式分析炼铁-炼钢界面组成的环节。

参 考 文 献

[1] 殷瑞钰. 冶金流程工程学 [M]. 北京：冶金工业出版社，2004.
[2] 殷瑞钰. 钢铁制造流程集成理论与方法 [M]. 北京：冶金工业出版社，2013.
[3] 邱剑. 钢铁制造流程高炉-转炉界面物质流技术的研究 [D]. 北京：北京科技大学，2004.
[4] 郦秀萍. 高炉-转炉区段工艺技术界面热能工程分析 [D]. 沈阳：东北大学，2005.
[5] 郦秀萍，张春霞，张旭孝，等. 高炉-转炉区段工艺技术界面模式发展综论 [J]. 过程工程学报，2006，6 (s1)：118~122.

6 流程系统建模与优化方法

本章课件

本章概要和目的： 在分析钢铁制造流程系统运行特征的基础上，探讨了制造流程网络静态结构、动态运行程序、界面衔接-匹配的建模与优化问题；系统介绍了钢铁制造流程系统优化的主要建模方法及其模型求解方法。使读者在了解钢铁制造流程静态结构与动态运行的实际特征与数学模型之间关系的基础上，学习掌握相关系统优化问题的建模及其求解方法，为深入学习钢铁制造流程的运行调控技术奠定基础。

流程制造业的生产过程实质上是物质、能量及其相应信息在流程设备构成的制造网络上的时-空尺度的流动/演变过程。冶金制造流程是由异质-异构的工序/装置通过"界面"技术的链接，形成流程静态"网络"结构（制造企业总平面图等）；而网络的动态运行是物质流（对钢铁制造而言主要是铁素流）在能量流（长期以来主要是碳素流）的驱动和作用下，按照"运行程序"（生产计划调度指令等），沿着特定的"流程网络"做动态-有序、协同-连续的运动，形成动态运行网络，实现制造过程的多目标优化（生产产品和能源转换等）。运用数学概念和语言描述冶金制造流程系统的结构及行为特征，对其运行机理进行科学分析、预测和调控，为运行程序的优化设定提供理论和方法支持。

6.1 流程系统建模与优化概述

流程系统因组元（工序/装置等）功能各异、种类复杂，以及系统动态运行时工序/装置之间衔接关系的多样化等特点而具有复杂性和不确定性特征。流程系统的建模与优化需要在对制造流程运行特征综合分析的基础上，深入研究各种"流"的运行行为，建立能反映其运行本质的数学模型。通过物质流与能量流运行网络的结构优化和运行程序的协同优化，引导制造流程系统朝着动态-有序、协同-连续运行的整体优化目标发展，实现对流程运行的优化调控。

6.1.1 流程系统的运行特征

在产品制造流程中，根据制造对象的物质流输出量与时间的关联关系，可将制造流程分为：连续运行制造流程、间歇运行制造流程和准连续运行制造流程。它们的运行特征可概括如下：

（1）连续运行制造流程的运行特点可以概括为：在一定的时间域内，系统生产的产（成）品输出量不随时间有明显的变化。连续运行流程产（成）品输出量的数值在不同时间域内可以有所变化，这往往是通过改变环境条件或变换操作负荷实现的，或是由于外界条件变化而造成操作运行负荷的变化而引起。

钢铁制造流程中的某些组元即制造单元的工序/装置可在一定程度或一定时空范围实现连续运行，如高炉炼铁过程可以认为是一个连续运行的子系统。

（2）间歇运行流程的运行特点可概括为：在一定时间域内，产品分批次输出，呈时断时续、时有时无的状态。在钢铁制造流程中的若干组元（工序、装置）具有此特征，例如炼钢炉、精炼炉的作业过程；从较大时间尺度来看，连轧机在一定时间域内的产品输出形式也具有间歇性特点。

（3）准连续运行流程的运行特点可概括为：在一定的时间域内，产品输出随时间变化，但产量会随机波动，需用平均值来表征流程的输出量。如果流程系统中的组元（工序/装置等）是衔接匹配或是循环运行，相互之间运行状态的变化会引起制造流程的输出量随时间波动甚至短时间停顿，则这类制造流程也可以视为准连续运行的，如连铸机浇次连浇的运行方式。

6.1.2 钢铁制造流程特征与动态运行规则

典型的钢铁制造流程由原材料处理、高炉炼铁、炼钢、精炼、连铸、轧钢等工序串联-并联构成。其中：部分工序（炼钢炉、精炼炉等）属于间歇运行作业、部分工序（高炉、连铸等）属于连续或准连续（相应于一定时间尺度范围）运行作业。因此，钢铁制造流程基本属于连续-间歇相混合的准连续运行流程。

由于间歇运行工序与准连续/连续运行工序之间存在生产周期、产能等差异，工序之间的衔接、匹配方式将影响钢铁制造流程整体运行效率和性能。因此，为实现钢铁制造流程的动态-有序、协同-连续运行目标，须遵循第5章中全流程各组元的6条动态协同运行规则设计"流程网络"运行优化的"程序"。考虑运行优化的建模问题，将流程动态运行规则概括为：

（1）按照制造流程整体运行要求应建立起"推力源-缓冲器-拉力源"的动态-有序、协同-连续/准连续运行的宏观运行动力学机制。例如，在钢铁制造流程中考虑以连铸生产为核心，将其作为牵引钢厂生产运行的拉力源，以及热轧生产的推力源，精炼与加热工序分别作为炼钢-连铸、连铸-热轧之间的缓冲器，进而建立起流程优化运行的动力学机制。

（2）以准连续/连续运行的工序、装置，来引导、规范间歇运行的工序、装置的运行行为，同时间歇运行的工序、装置要适应和服从准连续/连续运行的工序、装置动态运行的需要。例如，高效-恒拉速的连铸机运行要对相关的铁水预处理设备、炼钢炉、精炼装置提出钢水流通量、钢水温度、钢水洁净度和时间过程的要求；而炼钢炉、精炼炉要适应、服从连铸机多炉连浇所提出的钢水温度、化学成分特别是时间节奏参数的要求等。

（3）低温连续运行的工序、装置服从高温连续运行的工序、装置。例如，烧结机、球团等生产过程在产量和质量等方面要服从高炉动态运行的要求。

（4）在串联-并联的流程结构中，要尽可能实现层流式运行，上、下游工序装置之间生产能力的匹配对应和紧凑式布局是层流式运行的基础；当生产运行中出现不确定的扰动时，应尽可能快速恢复至"层流式"运行状态。例如，铸坯高温热装时要求连铸机与加热炉-热轧机之间工序能力匹配并固定-协同运行，而炼钢厂内通过连铸机-二次精炼装置-炼钢炉之间形成相对固定的炉机匹配关系，进行不同产品的专线化生产等均是实现"层流式"运行的措施。

不同的运行规则将影响流程系统模型的构建，包括运行优化目标、工艺及生产计划调度约束的确定。

6.1.3 钢铁制造流程系统建模与优化

根据钢铁制造系统中的流、流程网络的静态和动态特征，针对以钢铁产品制造为主的铁素物质流及相伴随的能量流体系，分析系统的主要因素及其相互关系，通过合理简化进行系统本质特征描述的数学抽象，实现制造过程的数学建模。针对建立的制造流程系统模型特征，设计相应的优化算法，借助计算机程序进行科学计算或模型求解，从而对钢铁制造流程的动态"运行程序"（如生产计划调度指令）给出最优或较优的决策。一般来说，钢铁制造流程系统的建模与优化包括以下几方面内容：

（1）钢铁制造流程静态网络结构的建模与优化。由多种异质-异构的工序/装置及其之间的运输环节构成的钢铁制造流程，本质上可抽象为由"节点"（对应于工序/装置）和"连接线"（对应于运输）组成的流程网络。不同流程网络具有不同的结构特点，如串并联、绕行、反馈等，因此，不同流程网络具有不同的性质特征，流程网络的结构优化需要在企业设计阶段考虑。因此，钢铁制造流程静态网络结构的建模与优化是通过对流程网络中"节点"和"连接线"的抽象和建模，研究流程静态网络的结构和效率，实现流程网络的节点优化（包括节点功能、节点容量、节点数等优化）和连接线优化（节点间相互关系、距离、时间、路线等优化）。对于构建静态网络及其优化而言，用于一般性"网络"研究的图论方法是重要的理论基础之一。

（2）钢铁制造流程动态运行程序的建模与优化。制造流程运行的程序可以看成是各种形式的"序"和规则的集合，反映出对流的总体调控策略。从物理角度看，钢铁制造流程动态运行的本质是：物质流（主要是铁素流）在能量流（主要是碳素流）的驱动和作用下，按运行程序进行动态-有序的运行。因此，钢铁制造流程动态运行程序的建模与优化是通过对流（物质流、能量流）的运行行为物理本质的数学抽象描述和建模，优化流的运行时间和运行路径。具体包括铁素物质流运行程序的建模与优化和能量流运行程序的建模与优化。

1）物质流动态运行程序的建模与优化。为实现制造流程的连续化和准连续化，须通过研究各类影响因素及其影响机理，使钢铁制造流程在满足各方面要求（边界条件）的情况下，达到生产流程时间最短或工序间衔接紧凑的连续化程度最高的高效运行要求。因此，可以最小化流程时间作为目标函数，将各方面的生产要求（如连铸连浇要求、加工工艺要求等）转换为约束条件，建立钢铁制造流程物质流运行程序优化的数学模型；并通过模型的优化求解，提高钢铁制造流程的整体运行效率。

2）能量流动态运行程序的建模与优化。为实现能量传递从能量流网络的始端节点（各种能源介质供应厂或站点，各二次能源如高炉煤气、焦炉煤气、转炉煤气等配送站），到终端节点（如各终端用户的工序及热电站、蒸汽站、发电站等）之间在时间、空间、能级、品质等方面的缓冲、协调与稳定，可将能量流在产生、输送和转换过程的工艺要求转化为约束方程，以提高能量利用、减少能量耗散为目标，建立能量流动态运行的数学模型；通过模型的优化求解，实现钢铁制造流程节能降耗的目标。

从数学角度看，钢铁制造流程动态运行程序的建模与优化是在满足生产各类约束下（主要是生产工艺约束和生产组织约束），根据生产目标通过生产组织的调控手段实现多因子流在流程网络中的优化运行，其本质上是一类约束下的优化问题。因此，数学规划模型常用于描述此类优化问题。然而，数学规划模型在描述和解决现实钢铁制造流程动态运行优化问题的不确定性方面存在不足，基于仿真建模（排队论、系统动力学等）的分析方法也得到了应用。

（3）界面衔接-匹配的建模与优化。界面衔接-匹配是在单元工序功能优化和生产过程控制优化基础上，随着流程网络优化等流程工程理论发展和系统设计理论创新而逐渐认识到的工序之间关系的协同-优化问题，包括了相邻工序之间的关系协同-优化或多工序之间关系的协同-优化。因此，钢铁制造流程中的界面衔接-匹配问题本质上就是将制造流程中所涉及的物理相态因子、化学组分因子、温度-能量因子、几何尺寸因子、表面性状因子、空间-位置因子和时间-时序因子，以动态-有序和连续-紧凑方式集合起来，实现系统运行的多目标优化（包括生产效率高、物质和能量损耗"最小化"、产品质量温度和产品性能优化及环境友好等）。

由于制造流程网络中工序之间存在串联、并联等多种连接关系，并且动态运行过程中工序之间的关系是变化的，一般通过待加工物质流的运输来建立工序间的联系，这就需要实时考虑上、下游工序间输出流-输入流的方向、等待加工的队长和顺序等实时因素来动态确定运输路径选择。基于排队论的仿真建模和动态运行 Gantt 图等是分析研究的常用方法，用于表达"流程网络"或"界面"运行过程及其参数的协同优化。

6.2 基于图论的流程网络建模与优化方法

钢铁制造流程运行的本质是多因子"流"（主要是铁素物质流和碳素能量流）在"流程网络"中作动态-有序运行。其中，钢铁制造"流程网络"由"节点"（工序/设备）和"连接线"（运输环节）构成，多因子"流"在"节点"上发生物理化学性质转变，并在"程序"驱动下通过"连接器"实现空间的有向流动。由此可见，钢铁制造流程网络可以抽象为由"顶点"（对应于"节点"）和"边"（对应于"连接器"）构成的一般性"有向网络"（如图 6-1 所示），而多因子"流"在不同结构的"有向网络"中运行表现出不同的行为特征，诸如"速度""流通量""效率"等。因此，研究一般性网络建模与网络流优化的图论方法，可以用于研究钢铁制造流程静态网络结构优化和流程网络中流的运行优化问题。

6.2.1 图论相关基本概念

图论是数学的一个分支。早在 1736 年，欧拉发表了图论方面的第一篇论文，解决了著名的哥尼斯堡 Pregel 河上的七桥问题（如图 6-2 所示），由此"图论"诞生。得益于计算机科学和信息科学的有力推动，从 20 世纪 50 年代至今，图论及网络流理论得到进一步发展，在应用数学、计算机科学与技术、信息科学、自动控制等众多领域已有广泛应用。

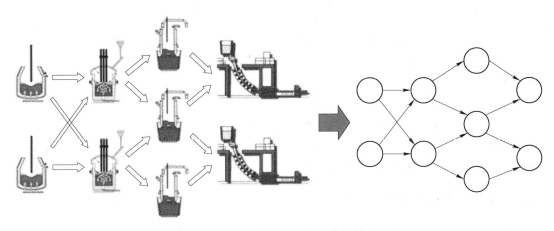

图 6-1 典型钢铁制造流程网络的抽象

使用图论模型描述复杂庞大的工程系统和管理问题，可以解决相关领域内很多最优化问题。

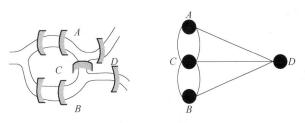

图 6-2 哥尼斯堡七桥问题

6.2.1.1 图论的基本术语和概念

图：图是由一些点及这些点之间连线（不带箭头或带箭头）所组成。

边、弧：图中两点之间的不带箭头的连线称为边，带箭头的连线称为弧。

有向图、无向图：根据边有无方向，图分为有向图 $D = (V, A)$ 和无向图 $G = (V, E)$，式中 V，A，E 分别代表点集合、弧集合和边集合。

环边、重边：图中两端点重合的边称为环边，设 v_i，v_j 是图 G 的顶点，若 v_i，v_j 之间有多于一条的边，则称这些边为图 G 中 v_i，v_j 间的重边。

度数：无向图中与节点顶点 V 相关联的边数称为 V 的度数，记 $\deg(V)$，有向图中以 V 为起点或终点的弧分别称为 V 的出度和入度，记为 $\deg^+(V)$ 及 $\deg^-(V)$。

简单图：既无环边也无重边的图称为简单图。

完全图：任意两点间都有一条边的简单图称为完全图。

赋权图：若图 G 的每条边 e_{ik} 都附有权 $w(e_{ik})$，则称图 G 为赋权图。

连通图：若图 G 中任意两个顶点都有路径连通，则称图 G 是连通图。

6.2.1.2 图的表示方法

A 图的集合表示方法

如果一个无向图 G 是由点及边所构成，则该图表示为：$G = (V, E)$，式中 V、E 分别是图 G 的点集合和边集合。一条连接点 v_i，$v_j \in V$ 的边记为 $[v_i, v_j]$（或 $[v_j, v_i]$）。

B　图的矩阵表示方法

为适合使用计算机对图进行存储和处理，需要用矩阵表示图。常用的矩阵表示方法为邻接矩阵、可达矩阵等。

设 n 阶图 $G = (V, E)$ 的点集合 $V = \{v_1, v_2, \cdots, v_n\}$

则：n 阶方阵 $A = (a_{ij})_{n \times n}$ 称为 G 的邻接矩阵。

其中，a_{ij} 表示以 v_i 为起点、v_j 为终点的边的数目。

则：n 阶方阵 $P = (p_{ij})_{n \times n}$ 阵称为 G 的可达矩阵。

其中，$p_{ij} = 1$ 表示从 v_i 到 v_j 可达，否则 $p_{ij} = 0$。

6.2.2　图论在网络优化中的应用

图论建模的优点是利用直观的图结构来描述问题，可以利用相应的图论优化算法来对问题进行求解。经典的图论问题包含旅行遍历问题（如欧拉图、邮递员问题、哈密尔顿图等）、图着色问题、网络流优化问题（如最大流、最小费用流）等。本章仅对网络流优化问题中的最短路和最大流问题做简单介绍。

6.2.2.1　最短路问题

最短路问题是重要的网络优化问题之一。它不仅可以直接应用于解决生产实际的许多问题，如管道铺设、线路安排、厂区布局、设备更新等，而且经常被作为一个基本工具，用于解决其他的优化问题。

最短路问题定义为：给定一个赋权无向图 $G = (V, E)$，对于每一个 $e = (v_i, v_j)$ 边，相应的有权 $w(e) = w_{i,j}$，又给定 G 中的两个顶点 v_s、v_t。设 P 是 G 中从 v_s 到 v_t 的一条路，定义路 P 的权是 P 中所有边的权之和，记为 $w(P)$，则求一条从 V_s 到 v_t 的路 P_0，使：

$$w(P_0) = \min_P w(P) = \min_P \sum_{e \in E(P)} w(e) \tag{6-1}$$

式中，对 G 中所有从 v_s 到 v_t 的路 P 取最小，称 P_0 从 v_s 到 v_t 的最短路。路 P_0 的权称为从 v_s 到 v_t 的距离，记为 $d(v_s, v_t)$。

最短路问题的 Dijkstra 算法：设赋权图 G 中所有边都具有非负权，Dijkstra 算法的目标是求出 G 中某个指定顶点 v_0 到其他点的最短路。其基本步骤是：假设每个边的权是非负的，即 $w_{i,j} \geqslant 0$，给每一个顶点 v_i 计一个标号。标号分临时性标号 T 和永久性标号 P，永久性标号表示从起点 v_1 到该点 v_i 的最短长度，得到永久性标号的不再改变标号；临时性标号表示从起点 v_1 到该点 v_i 的最短长度的上界。算法的每一步都把某一点的 T 标号改为 P 标号。开始时给起点 v_1 的标号记为 0，即 $P(v_1) = 0$，其他支点（记为临时性标号）的标号记为 $+\infty$，即 $T(v_i) = +\infty$，$i = 2, 3, \cdots, n$。然后，若 v_i 点是刚得到 P 标号的点，考虑边集合 E 中与 v_i 相连的边 (v_i, v_j) 且 v_j 是 T 标号。对 v_j 的标号进行如下更改：

$$T(v_j) = \min\{T(v_j), P(v_i) + w_{i,j}\} \tag{6-2}$$

比较所有具有 T 标号的点，把最小者改为 P 标号。当存在两个以上最小者时，可同时改为 P 标号。直至全部点均为 P 标号为止。

6.2.2.2　网络最大流问题

许多系统包含了流量问题，如交通系统中有车辆流，制造系统中的物质流、能量流等。网络最大流问题在理论和工程中都有着重要用途，能够提高网络的利用率和减少资源消耗。

网络最大流问题定义为：对给定网络 $D = (V, A, C, v_s, v_t)$，求一个流 $f = \{f_{i,j}\}$ 使其流量 $v(f)$ 达到最大，并且满足：

$$0 \leqslant f_{i,j} \leqslant c_{i,j} \tag{6-3}$$

$$\sum_{(v_i,v_j) \in A} f_{i,j} - \sum_{(v_j,v_i) \in A} f_{j,i} = \begin{cases} v(f) \, (i = s) \\ 0 \, (i \neq s, t) \\ -v(f) \, (i = t) \end{cases} \tag{6-4}$$

式中 $c_{i,j}$——各弧的容量，即各弧的通过能力；

C——弧容量集合；

$f_{i,j}$——通过各弧的通量；

f——该容量网络中实际通过的流量集，$f = \{f_{i,j}\}$。

最大流问题是一个特殊的线性规划问题，即在满足约束条件下求一组 $\{f_{i,j}\}$ 使得 $v(f)$ 达到极大。相应的求解算法参考 Ford-Fulkerson 标号算法、Dinic 算法和推拉流算法等。

6.2.3 图论方法应用举例——钢铁企业自备电厂电力输送路径问题

【例6-1】 已知某钢铁企业的自备电厂（记为结点 v_1）拟向某炼钢分厂（记为结点 v_4）输送电，需要经过中转站（记为结点 v_2、v_3）转送。图 6-3 给出了两结点间的距离（单位：km）。考虑到电力传输过程中的损耗，电厂希望选择合适的路线，使从电厂到炼钢厂的运输距离最短，即求结点 v_1 到结点 v_4 的最短路径。

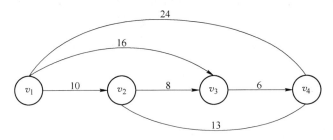

图 6-3　各结点间的距离示意图

解： 根据题意，结合图论求解最短路问题的相关思想，参照最短路问题的 Dijkstra 算法，计

$$P(v_1) = 0, \quad T(v_i) = +\infty, \quad i = 2,3,4 \tag{6-5}$$

Step1：与结点 v_1 直接相连的弧是 (v_1, v_2)，(v_1, v_3)，(v_1, v_4)，且结点 v_2，v_3，v_4 均为 T 标号。修改这 3 个结点的 T 标号：

$$T(v_2) = \min\{T(v_2), P(v_1) + w_{1,2}\} = \min\{+\infty, 0 + 10\} = 10 \tag{6-6}$$

$$T(v_3) = \min\{T(v_3), P(v_1) + w_{1,3}\} = \min\{+\infty, 0 + 16\} = 16 \tag{6-7}$$

$$T(v_4) = \min\{T(v_4), P(v_1) + w_{1,4}\} = \min\{+\infty, 0 + 24\} = 24 \tag{6-8}$$

在所有 T 标号（$T(v_2)$，$T(v_3)$，$T(v_4)$）中，因为 $T(v_2) = 10$ 最小，所以令 $P(v_2) = 10$。

Step2：与结点 v_2 直接相连的弧是 (v_2, v_3)，(v_2, v_4)，且结点 $(v_3、v_4)$ 均为 T 标号。

修改这两个结点的 T 标号：

$$T(v_3) = \min\{T(v_3), P(v_2) + w_{2,3}\} = \min\{16, 10 + 8\} = 16 \tag{6-9}$$

$$T(v_4) = \min\{T(v_4), P(v_2) + w_{2,4}\} = \min\{24, 10 + 13\} = 23 \tag{6-10}$$

在所有 T 标号（ $T(v_3)$ ， $T(v_4)$ ）中因为 $T(v_3) = 16$ 最小，所以令 $P(v_3) = 16$。

Step3：与结点 v_3 直接相连的弧是（ v_3 , v_4 ），且结点 v_4 为 T 标号。修改这结点 v_4 的 T 标号：

$$T(v_4) = \min\{T(v_4), P(v_3) + w_{3,4}\} = \min\{23, 16 + 6\} = 22 \tag{6-11}$$

与结点 v_4 相连的其他结点都是永久性标号。所以，将结点 v_4 记为永久性标号，即 $P(v_4) = 22$，至此所有结点都已标上永久性标号。

将以上过程反向即得从结点 v_1 到结点 v_4 的最短路径： $v_1 \rightarrow v_3 \rightarrow v_4$，最短路径长度：22km。

6.3   基于数学规划的一般性系统建模与优化方法

在钢厂生产运行过程中，经常面临很多决策优化问题，例如产品生产计划的编排：不同产品由于冶炼工艺的差别而需耗用不同数量的工时，并受劳动力的总工时限制；不同产品所耗用的原料量也不同，原料总量又会受到仓库存货量的限制。如何寻求最佳的生产方案，以确定各类钢产品的生产数量，既能追求利润的最大化，也能保证满足工时总量的要求和原料总量不超过库存容量。通过问题分析可以发现，需要决策的变量是各类产品的生产量，其目标是最大化利润，受到生产总工时和原料库存等的限制。通过把上述问题的决策变量、目标、约束进行数学化描述，进而转化为函数求极值问题进行求解，这就是数学规划方法的应用。

6.3.1   数学规划模型概述

6.3.1.1   数学规划模型的基本概念

数学规划是应用数学学科的一个重要分支。该术语出现于 20 世纪 40 年代末，由美国哈佛大学 Robert Dorfman 最先使用的。在冶金流程系统建模与优化过程中，数学规划所面向的主要对象是钢铁制造流程中生产计划、生产调度、运行控制等各类优化问题，所采用的主要解决方法是在给定条件下，按某一衡量指标来寻找可行的最优方案，可以表示为求函数在满足约束条件下的极大极小值问题。数学规划模型包含如下关键要素：

决策变量（decision variable），即所考虑的问题可归结为优选若干个变量 x_1 , x_2 , $\cdots$, x_n，它们的一组取值代表解决问题的一个方案。

约束条件（constraint condition），即对决策变量所加的限制条件，通常用不等式和等式表示为：

$$g_i(x_1, x_2, \cdots, x_n) \geqslant 0, \quad i = 1, 2, \cdots, m \tag{6-12}$$

$$h_j(x_1, x_2, \cdots, x_n) = 0, \quad j = 1, 2, \cdots, l \tag{6-13}$$

目标函数（objective function），通常为最大化或最小化一个实值函数 $f_i(x_1$, x_2 , $\cdots$, $x_n)$。

数学规划模型的一般形式为

$$\max Z = f_i(x_1,\ x_2,\ \cdots,\ x_n)$$

$$\text{s. t.} \begin{cases} g_i(x) \geqslant 0, & i = 1,\ 2,\ \cdots,\ m \\ h_j(x) = 0, & j = 1,\ 2,\ \cdots,\ l \end{cases} \tag{6-14}$$

若集合 $D = \{x \mid g_i(x) \geqslant 0,\ i \in 1,\ 2,\ \cdots,\ m;\ h_j(x) = 0,\ j = 1,\ 2,\ \cdots,\ l\}$，则集合 D 称为问题的可行域；若向量 $x \in D$，则 x 为问题的一个可行解。

6.3.1.2 数学规划模型的分类

数学规划模型包含不同的分类方法，根据实际问题的不同性质，可选用不同的数学规划模型和对应该模型的优化方法加以解决。现根据模型要素的不同性质，介绍几种主要数学规划模型分类。

根据可行域 D 划分：若 $D = R^n$，即 x 为自由变量，则该数学规划问题为无约束规划；否则，若 $D \subset R^n$，则该数学规划问题为约束规划。

根据函数的性质划分：若目标函数和约束函数都是线性的，则称该问题为线性规划；若目标函数和约束函数中至少有一个是非线性函数，则为非线性规划，进一步，若目标函数为二次函数，约束函数为线性函数，则问题为二次规划。

根据可行域的性质划分：若可行域的点是有限多个，则问题为离散优化问题；反之，若可行域的点为无穷多个，且可以连续变化，则问题为连续优化。对于离散优化问题，若变量取值为整数，则称其为整数规划，特殊的，若变量取值为 0 或 1，则称为 0-1 整数规划；若部分变量为整数，部分连续变化，则称其为混合整数规划问题。

根据目标函数来划分：若目标有多个，则为多目标规划问题；若目标唯一，则为单目标规划问题。

根据规划问题有关信息是否确定来划分：若目标函数或约束条件具有随机性，这样的问题称为随机规划；如果问题的变量具有模糊性，则问题称为模糊规划；若目标函数和可行域都是确定的，这样的规划问题为确定性规划问题。

6.3.1.3 建模和求解的基本步骤

钢铁制造流程相关的优化问题建模及优化过程一般可分为以下三个步骤：第一步是明确变量（时间变量、工位变量、炉次或浇次变量等），确定恰当的目标（生产效率、节能降本、设备损耗等）和约束（生产工艺约束、设备资源约束等），这一过程被称为建模，模型的选取要有统筹性，模型太简单则难以为实际问题提供有力的技术支持，模型太复杂则增加求解难度；第二步为确定求解算法，根据所建数学规划模型的性质及问题规模，选择合适的优化求解算法，小规模问题可以利用运筹优化算法求得最优解，大规模复杂问题需借助启发式方法或智能优化方法进行求解，还可以根据问题特征改进设计优化算法自行编程或借助数学计算软件进行求解；第三步是结果验证，将实际问题的演化状况（生产数据或仿真数据）和求解结果进行比较，验证其合理性与正确性，并利用灵敏度分析等技术改进模型，对算法的可行性、收敛性、适用性、时效性、稳定性等做出评价。

6.3.2 典型的数学规划模型

针对钢铁制造流程中的优化问题，下面简要介绍几种常用的数学规划模型。

6.3.2.1 线性规划模型

线性规划（Linear Programming，LP）是数学规划最具代表性的模型。线性规划问题模型的目标函数和约束函数均为线性函数。线性规划理论完善、方法简单、应用广泛，是其他数学规划模型的基础。

一般的，线性规划模型可总结为如下形式：

$$\max Z = c_1 x_1 + c_2 x_2 + \cdots c_n x_n$$

$$\text{s. t.} \begin{cases} a_{11}x_1 + a_{12}x_2 + \cdots + a_{1n}x_n = b_1 \\ a_{21}x_1 + a_{22}x_2 + \cdots + a_{2n}x_n = b_2 \\ \quad\quad\quad\quad\quad\vdots \\ a_{m1}x_1 + a_{m2}x_2 + \cdots + a_{mn}x_n = b_m \\ x_1, \ x_2, \ \cdots, \ x_n \geqslant 0 \end{cases} \tag{6-15}$$

当然，线性规划可能有不同的形式，目标函数可以是最大化或最小化，约束条件可以是"="形式、"≥"形式或者"≤"形式，决策变量有时存在非负限制，有时不存在。为了方便讨论，可以规定上述线性规划形式为标准型，具体问题的线性规划数学模型可以转化为标准型，并借助标准型方法求解。

线性规划模型的求解有精确的数学求解方法和近似的优化求解方法。其中，模型简单、变量维数较低时可以使用图解法或单纯形法等运筹优化算法求得最优精确解；对于高维、复杂问题模型，则可以采用结合启发式方法的智能优化算法等求解。

【例 6-2】 钢铁企业生产计划问题。

已知某钢厂生产 A、B、C 三种产品，每吨的利润分别为 600 元、900 元、300 元，生产这三种产品需要的工时分别为 1h、4h、7h，所需要的某类重要原材料分别为 1t、2t、2t。若每天供应的该类重要原材料不超过 4t，并且能用于生产这三种产品的劳动力/设备总工时不超过 9h。求使三种产品总利润最大的生产计划方案。

解： 将一个实际问题转化为线性规划模型有以下几个步骤：

（1）确定决策变量：

$$x_1 = \text{生产 A 产品的数量}$$
$$x_2 = \text{生产 B 产品的数量}$$
$$x_3 = \text{生产 C 产品的数量}$$

（2）确定目标函数——钢厂的目标是利润最大：

$$\max Z = 600x_1 + 900x_2 + 300x_3 \tag{6-16}$$

（3）确定约束条件：

$$x_1 + 2x_2 + 2x_3 \leqslant 4 \text{（资源限制）} \tag{6-17}$$
$$x_1 + 4x_2 + 7x_3 \leqslant 9 \text{（工时限制）} \tag{6-18}$$

（4）变量取值约束：

$$x_1, x_2, x_3 \geqslant 0 \tag{6-19}$$

于是有下列线性规划模型：

$$\max Z = 600x_1 + 900x_2 + 300x_3$$

$$\text{s. t.} \begin{cases} x_1 + 2x_2 + 2x_3 \leqslant 4 \\ x_1 + 4x_2 + 7x_3 \leqslant 9 \\ x_1, \ x_2, \ x_3 \geqslant 0 \end{cases} \tag{6-20}$$

6.3.2.2 多目标规划模型

多目标规划（Muti-Objective Programming，MOP）是在变量满足给定约束的条件下，研究多个可数值化的目标函数同时极小化或极大化问题。如钢铁企业投资问题（见本节例6-3），目标需考虑风险最小、利润最大。

一般地，多目标规划可以描述为如下形式：

$$\max \ Z = f(x) = (f_1(x), \ \cdots, \ f_p(x))^T$$

$$\text{s. t.} \begin{cases} g_i(x) \geqslant 0, & i = 1, 2, \cdots, m \\ h_j(x) = 0, & j = 1, 2, \cdots, l \end{cases} \quad (6\text{-}21)$$

在实际问题中，衡量一个方案的好坏往往难以用一个指标判断，往往需要多个目标，而这些目标可能存在不协调，甚至冲突。当目标函数处于冲突状态时，就不会存在所有目标函数同时达到最大或最小的最优解，只能寻找非劣解（又称非支配解或帕累托解）。多目标规划问题的直接解法，通常是寻找它的整个最优解集（Pareto 有效解集）。除了特殊情形，计算所有的最优解是比较困难的，已证明确定整个有效解集为 NP 难问题。因此，可以间接地通过将多目标规划问题转化为一个或多个单目标规划问题进行求解。基于一个单目标问题的方法，常用线性加权和法、主要目标法、极小化极大法理想点法等；基于多个单目标问题的方法，常用分层排序法、重点目标法、分组排序法等。

【例 6-3】 钢铁企业投资问题。

某钢铁企业拟将 1000 万元投资用于 A、B 两个项目的技术改造。设 x_1、x_2 分别表示分配给 A、B 项目的投资（万元）。据估计，投资项目 A、B 的年收益分别为投资的 60% 和 70%；但投资风险损失，与总投资和单项投资均有关系：

$$0.001x_1^2 + 0.002x_2^2 + 0.001x_1x_2$$

据市场调查显示，A 项目的投资前景好于 B 项目，因此希望 A 项目的投资额不小 B 项目。试问应该如何在 A、B 两个项目之间分配投资，才能既使年利润最大，又使风险损失为最小？

解： 该问题为非线性多目标规划问题，对该问题进行分析：

（1）决策变量：问题的决策变量为 A、B 项目的投资数目 x_1、x_2。

（2）目标函数：分为两个，一个是收益最大化，一个是风险最小化。用数学公式表示如下：

$$\max f_1(x_1,x_2) = 0.60x_1 + 0.70x_2 \quad (6\text{-}22)$$

$$\min f_2(x_1,x_2) = 0.001x_1^2 + 0.002x_2^2 + 0.001x_1x_2 \quad (6\text{-}23)$$

（3）确定约束条件：

$$x_1 + x_2 = 1000(\text{投资总额约束}) \quad (6\text{-}24)$$

$$-x_1 + x_2 \leqslant 0(\text{投资比重约束}) \quad (6\text{-}25)$$

（4）变量取值约束：

$$x_1 \geqslant 0, x_2 \geqslant 0 \quad (6\text{-}26)$$

于是有下列多目标规划模型：

$$\max f_1(x_1,x_2) = 0.60x_1 + 0.70x_2 \quad (6\text{-}27)$$

$$\min f_2(x_1,x_2) = 0.001x_1^2 + 0.002x_2^2 + 0.001x_1x_2$$

$$\text{s. t.} \begin{cases} x_1 + x_2 = 1000 \\ -x_1 + x_2 \leqslant 0 \\ x_1, \ x_2 \geqslant 0 \end{cases}$$

6.3.2.3　整数规划模型

整数规划（Integer Programming，IP）是一类要求其变量部分或全部为整数的规划问题。现实很多问题可以归结为整数规划问题，如决策变量为炉次数、订单个数、人数等。

整数规划的一般形式如下：

$$\max Z = \sum_{j=1}^{n} c_j x_j$$

$$\text{s. t.} \begin{cases} \sum_{j=1}^{n} a_{ij} \leqslant b_i, \quad i = 1, \ 2, \ \cdots, \ m \\ x_j \geqslant 0, \quad j = 1, \ 2, \ \cdots, \ l \\ x_1, \ x_2, \ \cdots, \ x_n \ \text{中部分或全部为整数} \end{cases} \tag{6-28}$$

整数规划模型的几个基本概念：分解，用 $R(p)$ 表示问题 p 的可行域，若条件 $\bigcup_{i=1}^{m} R(p_i) = R(p)$ 及 $R(p_i) \cap R(p_j) = \varnothing$，$1 \leqslant i \neq j \leqslant m$ 成立，则称问题 p 被分解为子问题 p_1，p_2，$\cdots$，p_n 之和。如采用两分法，例如 x_i 是问题 P 的 0-1 变量，则问题 P 可以按照条件 $x_i = 0$ 和 $x_i = 1$ 分解为两个子问题之和。衍生，由原问题按照某种方式产生出来的问题称为原问题的衍生问题，通常可以用"切割"和"分枝"的方法来产生衍生问题。松弛，一部分或全部决策变量为整数的规划问题成为整数规划问题，如果不考虑整数约束，得到的规划问题即为原问题的松弛问题。

求解整数规划模型一般运用简化和迭代的思路，即：针对原问题的复杂性或不易求解性，逐次生成一个原问题的衍生问题，对每一个衍生问题有伴随着一个比它更容易求解的松弛问题，通过松弛问题的解来确定它的归宿，即其原问题已被解决（包括已得到整数解或被舍弃），还是要再生成一个或多个它的衍生问题来替代它，然后再选择一个至此尚未被舍弃或得到解的原问题的衍生问题，重复以上步骤直至不再剩有未解决的衍生问题为止。现在，解决整数规划常用的解法主要是分支定界法和割平面法等。

6.3.2.4　多阶段决策模型

对于一个系统，可以分成 K 个阶段，任意一个阶段 k 系统状态可以用 x_k 表示（可以是数量、向量、集合等）。在每一个阶段 k 每一状态都有一个决策集合 $Q_k(x_k)$，在 $Q_k(x_k)$ 中选定一个决策 $q_k \in Q_k(x_k)$，状态就迁移到新的状态 $x_{k+1} = T(x_k, q_k)$，并且得到效益 $R_k(x_k, q_k)$。系统优化的目的就在于在每一个阶段的决策集合中选择一个最优决策序列 $(q_1^*, q_2^*, \cdots, q_k^*, \cdots, q_K^*)$，使得所有阶段的总效益 $\sum_{k=1}^{K} R(x_k, q_k)$ 达到最大。这样一个动态优化过程可称为多阶段决策模型。它包含以下基本要素：

阶段（k），事物在发展过程中的一个状态由开始到结束的过程，通常按时间顺序或空间特征划分阶段。

状态（x_k），表示某个阶段 k 的初始位置，也是每个决策阶段中的初始条件；阶段 k 所有状态的集合表示为 X_k。

决策（$q_k(x_k)$），当某个阶段的状态 x_k 确定后，从可以做出选择从而演变到下一阶段某状态的选择。$Q_k(x_k)$ 表示第 k 个阶段从状态 x_k 出发的允许决策集合，$q_k(x_k) \in Q_k(x_k)$。

策略（$P_{1,K}$），由每个阶段的决策 $q_k(x_k)$ 组成的决策序列成为全过程策略，简称策略。

状态转移方程（$T(x_k, q_k)$），描述一个状态迁移到另一个状态的过程，若给定状态变量 x_k 及对应的决策变量 q_k，则第 $k + 1$ 阶段的状态变量 x_{k+1} 也随之确定，即 $x_{k+1} = T_k(x_k, q_k)$。

指标函数，用来衡量所实现过程的优劣的一种数量指标，或称效益函数。$R_k(x_k, q_k)$ 表示在状态 x_k 下施行决策 q_k 时的收益。

多阶段决策模型中可以用时段表示不同阶段。在各个时间阶段，采取的决策随时间而变化，如动态生产计划、动态资源分配、生产调度等动态优化问题；另外，在一定条件下通过人为地引进"时段"因素，也可描述一些与时间无关的静态最优化问题，如旅行商问题、最短路径问题。

6.3.3 数学规划模型的优化求解方法

针对现实问题求解，一般需要通过模型建立过程进行现实问题的抽象和形式化表达、问题求解过程进行求解算法设计和实现、模型结果验证过程进行模型求解算法的检验和改进。对于解决规模较小或者复杂度较低的确定性流程系统优化问题，可以通过数学规划精确求解方法得到最优解。但当优化问题具有规模大、约束复杂或多目标冲突等难点时，无法快速得到确定的最优解，常使用一些近似求解方法。

本节将针对这两类方法进行具体举例介绍。

6.3.3.1 精确优化求解方法

精确优化求解方法是指能够求出问题的最优解的求解方法。对于组合优化问题，当问题的规模较小时，精确优化求解方法能够在可接受的时间内找到最优解。常见的精确优化求解方法有：图解法、分支定界法、约束规划法、动态规划法等。

根据具体问题特点，可建立不同种类的模型，再针对不同模型的特点，采用不同的求解方法，如针对线性规划模型的图解法和单纯形法、针对整数规划模型的分支定界法等。

A 图解法

图解法是理解求解线性规划的单纯形方法的基础。对于一般形式的线性规划问题（或简单的整数规划问题），当只含有两个决策变量时，可以通过几何作图的方法，分析求出其最优解。该方法简单直观，便于理解和掌握。

基本步骤：

Step1：在平面上建立直角坐标系。

Step2：将约束条件加以图解，求得满足约束条件的解的集合（可行域）。

Step3：图示目标函数，确定优化方向。

Step4：结合目标函数的要求从可行域中找出最优解。

根据问题的不同特征，应用图解法可能出现如下情况：

（1）若线性规划问题的可行域为非空，则其可行域为一凸多边形；

（2）若线性规划问题有最优解，则必有可行域的一个顶点为其最优解；

（3）线性规划问题的最优解可能并不唯一，但其目标函数的最优值是唯一的；

（4）线性规划问题的可行域和最优解有以下几种可能情况：

1）可行域为一有界区域，线性规划问题有唯一最优解或无穷多最优解，如图 6-4 所示；

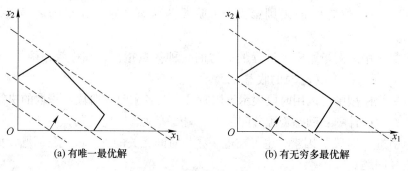

（a）有唯一最优解　　　　　　　（b）有无穷多最优解

图 6-4　可行域为有界区域

2）可行域为一无界区域，线性规划问题有唯一最优解，或无穷多最优解，或无最优解，如图 6-5 所示；

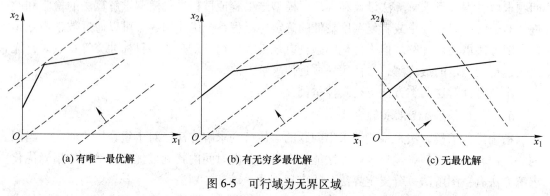

（a）有唯一最优解　　　　　（b）有无穷多最优解　　　　　（c）无最优解

图 6-5　可行域为无界区域

3）可行域为空，线性规划问题无可行解，即此时约束条件中存在有矛盾的约束。

B　单纯形法

单纯形法（simplex method）是目前解决线性规划问题应用最广的方法，这种方法是由丹捷格（G. B. Dantzig）于 1947 年首先提出的线性规划问题求解方法，被称为 20 世纪最成功的算法之一，并在几十年的发展中不断改进并趋于成熟，已成为线性规划的核心内容。

单纯形法求解线性规划的思路是：一般线性规划问题具有线性方程组的变量数大于方程个数，这时有不定的解，将问题划为线性规划的标准形式，从可行域中的某个初始基可行解（一般为顶点）出发，按目标函数值增大（或减少）的方式转换到另一个基可行解（另一顶点），直到目标函数值达到最优为止。

设定的线性规划标准形式为：

$$\max\ Z = c_1 x_1 + c_2 x_2 + \cdots + c_n x_n$$

$$\text{s. t.}\begin{cases} a_{11}x_1 + a_{12}x_2 + \cdots + a_{1n}x_n = b_1 \\ a_{21}x_1 + a_{22}x_2 + \cdots + a_{2n}x_n = b_2 \\ \qquad\qquad\qquad \vdots \\ a_{m1}x_1 + a_{m2}x_2 + \cdots + a_{mn}x_n = b_m \\ \qquad x_1,\ x_2,\ \cdots,\ x_n \geqslant 0 \end{cases} \tag{6-29}$$

基本步骤：

Step1：将线性规划问题化为标准型。

由于线性规划可能有不同的形式，目标函数、约束条件、决策变量可能有不同的要求或表达，根据 6.3.2 节中对于线性规划模型的介绍，本章设定的线性规划标准形式如式（6-29）所示。

若线性规划为非标准型，则需要通过适当的变换将其转化为标准型。具体方法如下：

（1）若目标函数为最小化，即 $\min Z = c_1 x_1 + c_2 x_2 + \cdots + c_n x_n$，通过添加负号化为最大值，即令 $Z' = -Z$，从而化为 $\max Z' = -c_1 x_1 - c_2 x_2 - \cdots - c_n x_n$。

（2）若存在不等式约束，则将其化为对应的等式约束，对于"$\leqslant$"形式的约束在原不等式左边加入非负松弛变量，对于"$\geqslant$"形式的约束在原不等式左边减去一个非负剩余变量，松弛变量与剩余变量的目标函数价值系数 c_i 为 0。即将不等式约束 $a_{i1}x_1 + a_{i2}x_2 + \cdots + a_{in}x_n \leqslant b_i$ 增加松弛变量 $x_{n+i} \geqslant 0$ 化为 $a_{i1}x_1 + a_{i2}x_2 + \cdots + a_{in}x_n + x_{n+i} = b_i$，将不等式约束 $a_{i1}x_1 + a_{i2}x_2 + \cdots + a_{in}x_n \geqslant b_i$ 增加剩余变量（松弛变量）$x_{n+i} \geqslant 0$ 化为 $a_{i1}x_1 + a_{i2}x_2 + \cdots + a_{in}x_n - x_{n+i} = b_i$。

（3）若存在无非负要求的变量，即自由变量，利用变量替换法，设 x_i 为自由变量，使 $u_i - v_i = xi$，其中 $u_i \geqslant 0$，$v_i \geqslant 0$，由 u_i，v_i 的大小来确定 x_i 的正负。

Step2：确认初始基可行解。

将式（6-29）化为矩阵形式：

$$\max\ Z = c^T x$$

$$\text{s. t.}\begin{cases} Ax = b \\ x \geqslant 0 \end{cases} \tag{6-30}$$

其中：

$$c = (c_1,\ c_2,\ \cdots,\ c_n)^T$$
$$x = (x_1,\ x_2,\ \cdots,\ x_n)^T$$
$$p_j = (a_{1j},\ a_{2j},\ \cdots,\ a_{mj})^T$$
$$b = (b_1,\ b_2,\ \cdots,\ b_m)^T$$

$$A = (p_1,\ p_2,\ \cdots,\ p_n) = \begin{bmatrix} a_{11} & a_{12} & \cdots & a_{1n} \\ a_{21} & a_{22} & \cdots & a_{2n} \\ \vdots & \vdots & & \vdots \\ a_{n1} & a_{n2} & \cdots & a_{nn} \end{bmatrix}$$ 称为约束方程的系数矩阵。

（1）若 x 满足 $Ax = b$ 且 $x \geqslant 0$，则称 x 为线性规划问题式（6-29）的可行解；满足式（6-29）的解称为该问题的最优解。

（2）设式（6-29）中约束方程组的系数矩阵是 $m \times n$ 矩阵，其秩为 $r(A) = m$ ，若 B 是 A 中的 m 阶非奇异子矩阵，则称 B 为约束方程组的一个基矩阵，简称基。基矩阵 B 的列向量 p_j 称为基向量，所对应的决策变量称为基变量。

（3）设 A 的前 m 个列向量线性无关（其他情形类似），即矩阵 A 可表示为 $A = (B, N)$ ，称 N 为非基矩阵，约束等式 $Ax = b$ 可表示为：

$$(B, N) \begin{bmatrix} x_B \\ x_N \end{bmatrix} = b \tag{6-31}$$

从而有 $x_B = B^{-1}b - B^{-1}Nx_N$ 。若取非基变量 $x_N = 0$ ，则有 $x_B = B^{-1}b$ 。

称 $x = \begin{bmatrix} x_B \\ x_N \end{bmatrix} = \begin{pmatrix} B^{-1}b \\ 0 \end{pmatrix}$ 为线性规划问题（6-29）的基解。

若 x 是线性规划问题式（6-29）的基解且 $x_B = B^{-1}b \geqslant 0$ ，则称 x 为式（6-29）的基可行解。

通过确定一个初始基可行解 $x^{(0)}$ 开始线性规划问题计算。

Step3：最优性检验。

判断是否得到唯一最优解、无穷多最优解、无界解和无可行解等。通过判别准则判断，若得到最优解和最优目标，则计算结束；反之，需通过进行基变换及迭代，并再次检验。

Step4：基变换（若得到最优解或无界解或无可行解，计算结束，否则转 Step4）。

若初始基可行解 $x^{(0)}$ 不是最优解及不能判别无界时，需要找一个新的基可行解。具体做法是从原可行解基中换一个列向量（保证线性独立），得到一个新的可行基，这称为基变换。为了换基，先要确定换入变量，再确定换成变量，让它们相应的系数列向量进行对换，得到一个新的基可行解。

Step5：用初等变换进行迭代。

基变换之后将原来的模型约束方程组和目标函数也要变换，再进行求解。

单纯形法是求解线性规划问题很好的方法，下面针对具体问题应用该方法进行求解，可进一步理解算法思想。

【例 6-4】 方法应用举例——单纯形法求解线性规划问题。

针对本节上一部分中"钢铁企业生产计划问题"所建立的线性规划模型，应用线性规划模型进行求解。

线性规划模型如下：

$$\max Z = 600x_1 + 900x_2 + 300x_3$$
$$\text{s.t.} \begin{cases} x_1 + 2x_2 + 2x_3 \leqslant 4 \\ x_1 + 4x_2 + 7x_3 \leqslant 9 \\ x_1, x_2, x_3 \geqslant 0 \end{cases} \tag{6-32}$$

解：根据题意，结合单纯形法思想求解线性规划问题：

Step1：化为标准型。

增设松弛变量 x_4、x_5，使约束条件变为等式约束，目标函数值中松弛变量对应的价值系数为 0，从而得到标准形式的线性规划问题为：

$$\max Z = 600x_1 + 900x_2 + 300x_3 + 0x_4 + 0x_5$$

$$\text{s. t.} \begin{cases} x_1 + 2x_2 + 2x_3 + x_4 = 4 \\ x_1 + 4x_2 + 7x_3 + x_5 = 9 \\ x_1, x_2, x_3, x_4, x_5 \geqslant 0 \end{cases} \tag{6-33}$$

Step2：确认初始基可行解。

约束条件的系数矩阵为：

$$A = \begin{pmatrix} 1 & 2 & 2 & 1 & 0 \\ 1 & 4 & 7 & 0 & 1 \end{pmatrix} = (p_1, p_2, p_3, p_4, p_5) \tag{6-34}$$

取 p_4、p_5 构成一个基矩阵，$B = (p_4, p_5) = \begin{pmatrix} 1 & 0 \\ 0 & 1 \end{pmatrix}$。

基变量为 x_4、x_5，可表示为：

$$\begin{cases} x_4 = 4 - x_1 - 2x_2 - 2x_3 \\ x_5 = 9 - x_1 - 4x_2 - 7x_3 \end{cases} \tag{6-35}$$

代入目标函数有：

$$Z = 0 + 600x_1 + 900x_2 + 300x_3 \tag{6-36}$$

根据本问题现实背景，当这三种产品都未投入生产时，各参数都取零时，即 $x_1 = x_2 = x_3 = 0$，此时不产生利润，$Z = 0$，从而得到一个初始基可行解 $x^{(0)} = (0, 0, 0, 4, 9)^{\text{T}}$。

Step3：最优性检验。

目标函数式（6-36）中 x_1、x_2、x_3 的系数均为正，它们都是非基变量。若将其转换为基变量，也即只要 x_1、x_2、x_3 各参数取正值（安排这三种产品的生产），就可以增加目标函数值（利润）。此时并非最优解。

Step4：基变换。

基于上述分析，优先选择单位利润最大的 B 产品进行生产，本例中为 x_2，而在式（6-35）中取 $x_1 = x_3 = 0$，x_2 需要满足：

$$\begin{cases} x_4 = 4 - 2x_2 \geqslant 0 \\ x_5 = 9 - 4x_2 \geqslant 0 \end{cases} \tag{6-37}$$

取 $x_2 = \min \left\{ \dfrac{4}{2}, \dfrac{9}{4} = 2 \right\}$，即生产 2t 产品 B，正好将提供的 4t 重要原材料用完，所用工时 $4 \times 2 = 8\text{h}$（总工时不超过 9h）。

此时，$x_4 = 0$、$x_5 = 1$，基变量变换为 x_2、x_5，即得到新的基可行解 $x^{(1)} = (0, 2, 0, 0, 1)^{\text{T}}$。

Step5：迭代。

x_2、x_5 变为基变量，x_1、x_3、x_4 变为非基变量，原线性规划问题（6-32）转化为：

$$\max Z = 1800 + 150x_1 - 600x_3 - 450x_4$$

$$\text{s. t.} \begin{cases} x_2 = 2 - \dfrac{1}{2}x_1 - x_3 - \dfrac{1}{2}x_4 \\ x_5 = 1 + x_1 - 3x_3 + 2x_4 \\ x_1, x_2, x_3, x_4, x_5 \geqslant 0 \end{cases} \tag{6-38}$$

再次进行基变换（Step4）并随之迭代（Step5），与上文同理。

令 $x_1 = x_3 = x_4 = 0$，得目标函数 $Z = 1800$。由于式（6-38）中的目标函数仍有非基变量的系数为正，所以将 x_1 从非基变量转换为基变量，并将原线性规划问题（6-32）转换为：

$$\max Z = 2400 - 300x_2 - 900x_3 - 600x_4$$

$$\text{s. t.} \begin{cases} x_1 = 4 - 2x_2 - 2x_3 - x_4 \\ x_5 = 5 - 2x_2 - 5x_3 + x_4 \\ x_1, x_2, x_3, x_4, x_5 \geq 0 \end{cases} \tag{6-39}$$

检验、得到求解结果：

此时，目标函数中非基变量系数都为负值，这些变量的增加将会导致目标值的减少，从而目前的各参数取值 $x_1 = 4$、$x_2 = 0$、$x_3 = 0$、$x_4 = 0$、$x_5 = 5$ 使目标函数达到最大值，即 $Z = 2400$。

所以最优解为 $x^{(2)} = (4, 0, 0, 0, 5)^{\mathrm{T}}$，即安排生产 A 产品 4t，不安排生产 B、C 产品，获得利润最大，最大利润为 2400 元。

C 分支定界法

分支定界法（branch and bound method）是通过"分支"和"定界"来寻求最优解的方法，是目前求解整数规划较为成功的一种方法。该方法是由 Land 和 Doig 在 20 世纪 60 年代初提出，并由 Dakin 等人修正，可用于求解纯整数规划或混合整数规划问题。由于该方法灵活且便于用计算机求解，所以现在它已是求解整数规划的重要方法。

分支定界法求解整数规划的步骤如下：

Step1：先不考虑整数约束，解对应的线性规划问题。

设有最大化的整数规划问题 A，与它相应的线性规划（不考虑变量是整数）为问题 B：

整数规划问题 A：

$$\max Z = \sum_{j=1}^{n} c_j x_j$$

$$\text{s. t.} \begin{cases} \sum_{j=1}^{n} a_{ij} x_j \leq b_i, & j = 1, 2, \cdots, m \\ x_j \geq 0 \text{ 且全为整数}, & j = 1, 2, \cdots, n \end{cases} \tag{6-40}$$

对应的线性规划问题 B：

$$\max Z = \sum_{j=1}^{n} c_j x_j$$

$$\text{s. t.} \begin{cases} \sum_{j=1}^{n} a_{ij} x_j \leq b_i, & j = 1, 2, \cdots, m \\ x_j \geq 0, & j = 1, 2, \cdots, n \end{cases} \tag{6-41}$$

从解问题 B 开始，求出对应线性规划问题的最优解，可能得到以下几种情况之一：

（1）若线性规划问题 B 没有可行解，则整数规划问题 A 也没有可行解，停止计算；

（2）若问题 B 有最优解，并符合问题 A 的整数条件，则问题 B 的最优解即为问题 A 的最优解，停止计算；

（3）若问题 B 有最优解，但不符合问题 A 的整数条件，则转入下一步。

Step2：定界。

记问题 B 的最优解为 $X^{(0)}$，对应目标函数值为 Z_0，其中 $X^{(0)}$ 中所有决策变量不全为 0；记问题 A 的目标函数最优值为 Z^*，以 Z_0 为 Z^* 的上界，记为 $\overline{Z}$。而 A 的任意可行解的目标函数值将是 Z^* 的一个下界，记为 $\underline{Z}$，则有 $\underline{Z} \leqslant Z^* \leqslant \overline{Z}$。

Step3：分支。

在问题 B 的最优解 $X^{(0)}$ 中，任选一个不符合整数条件的变量，例如 $x_r = b'_r$（不为整数），以 $[b'_r]$ 表示不超过 b'_r 的最大整数。

构造两个约束条件 $x_r \leqslant [b'_r]$ 和 $x_r \geqslant [b'_r] + 1$，将这两个约束条件分别加入问题 A，形成两个线性规划子问题 A_1 和 A_2，再解这两个整数规划子问题对应的线性规划问题 B_1 和 B_2。

求解 B_1 和 B_2，得到两个问题的解分别为 $X^{(1)}$ 和 $X^{(2)}$，对应的最优值分别为 Z_1 和 Z_2。

Step4：剪支及上、下界改进分析。

以子问题 B_1 为例分析，其他分支类似：

（1）如 $Z_1 < \underline{Z}$，则问题 B_1 及由 B_1 分支的所有子问题的最优值均满足 $Z_1 < \underline{Z} \leqslant Z^*$，故对 B_1 剪支；

（2）如 $Z_1 \geqslant \underline{Z}$，当 $X^{(1)}$ 满足整数约束时，则 $X^{(1)}$ 是整数规划问题的可行解，故 $Z_1 \leqslant Z^*$，改进下界 $\underline{Z} = Z_1$，同理，此时 B_1 剪支。

注意到问题 A 的最优解 X^* 必是 B_1 或 B_2 的可行解，于是 $Z^* = Z(X^*) \leqslant Z_1 = Z(X^{(1)})$ 或 $Z^* = Z(X^*) \leqslant Z_2 = Z(X^{(2)})$，所以 $Z^* \leqslant \max\{Z_1, Z_2\}$。因此，改进上界 $\overline{Z} = \max\{Z_1, Z_2\}$。

Step5：比较并继续分支。

对 $X^{(1)}$ 和 $X^{(2)}$ 中不满足整数要求的分量，继续分支，直至产生 $\underline{Z} = \overline{Z}$ 或全分支被剪支。逐步减小 $\overline{Z}$ 和增大 $\underline{Z}$，如此反复，最终求得 Z^*。

【例 6-5】 方法应用举例——分支定界法求解整数规划问题。

求解如下整数规划问题：

$$\max Z = 4x_1 + 3x_2$$

$$\text{s. t.} \begin{cases} 3x_1 + 4x_2 \leqslant 12 \\ 4x_1 + 2x_2 \leqslant 9 \\ x_1, \ x_2 \geqslant 0 \ \text{且为整数} \end{cases} \tag{6-42}$$

解：结合分支定界法思想求解线性规划问题：

记题设中的整数规划问题为 A，去掉整数约束，变成一般的线性规划问题，记为 B：

$$\max Z = 4x_1 + 3x_2$$

$$\text{s. t.} \begin{cases} 3x_1 + 4x_2 \leqslant 12 \\ 4x_1 + 2x_2 \leqslant 9 \\ x_1, \ x_2 \geqslant 0 \end{cases} \tag{6-43}$$

用图解法求问题 B 的最优解，如图 6-6（a）所示，得到 $X^{(0)} = \{x_1 = 1.2,\ x_2 = 2.1\}$，$Z_0 = 11.1$。即 Z_0 为问题 A 优化目标函数值 Z^* 的上界，记作 $\overline{Z} = 11.1$。而 $x_1 = 0$，$x_2 = 0$ 时，显然是问题 A 的一个整数可行解，这时 $Z = 0$，是 Z^* 的一个下界，记作 $\underline{Z} = 0$，即 $0 \leqslant Z^* \leqslant 11.1$。

对于 $x_1 = 1.2$，对原问题增加两个约束条件 $x_1 \leqslant 1$ 和 $x_1 \geqslant 2$，将原问题分解为两个子问题 B_1 和 B_2（即两支），如图 6-6（b）所示。

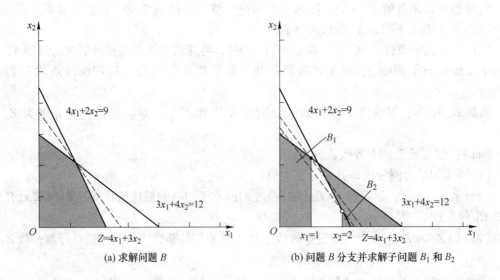

(a) 求解问题 B　　　　　　(b) 问题 B 分支并求解子问题 B_1 和 B_2

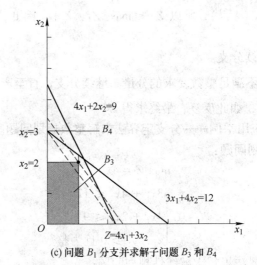

(c) 问题 B_1 分支并求解子问题 B_3 和 B_4

图 6-6　用分支定界求解整数规划问题

分别求解子问题 B_1 和 B_2，得到各自的最优解：问题 B_1，$x_1 = 1$，$x_2 = 2.25$，$Z_1 = 10.75$；问题 B_2，$x_1 = 2$，$x_2 = 0.5$，$Z_2 = 9.5$。

显然没有得到全部变量为整数的解。因 $Z_1 > Z_2$，故更改上界，改为 $\overline{Z} = Z_1 = 10.75$。

继续对问题 B_1 和 B_2 进行分解，因 $Z_1 > Z_2$，故先分解 B_1 为两支。增加条件 $x_2 \leqslant 2$，记为问题 B_3；增加条件 $x_2 \geqslant 3$，记为问题 B_4，此时可行域只有点（0，3），如图 6-6（c）所示。分别求解子问题 B_3 和 B_4，得到各自的最优解：问题 B_3，$x_1 = 1$，$x_2 = 2$，$Z_3 = 10$；问题 B_4，$x_1 = 0$，$x_2 = 3$，$Z_4 = 9$。可见 B_3 和 B_4 的解都已是整数，并且目标函数值 $Z_3 > Z_4$，因此可更改下界 $\underline{Z} = Z_3 = 10$。而此时 $\underline{Z} = 10 > Z_2 = 9.5$，所以再分解 B_2 已无必要。

此时，问题的上界和下界分别为 $\overline{Z} = 10.75$，$\underline{Z} = 10$，上界与下界之间只有一个整数，因此可以断定 $Z_3 = \underline{Z} = Z^* = 10$。问题 B_3 的解即为原整数规划问题的解，即 $x_1 = 1$，$x_2 = 2$，$Z = 10$。

目前，有许多商业软件包都有现成的算法求解线性规划模型，如 CPLEX、Gurobi、LINGO、LINDO、SCIP 等，可结合算法思想针对现实问题抽象成线性规划问题等进行求解。使用优化软件对已经建立的线性规划模型求解时，需要根据模型在软件中依次进行如下步骤：（1）定义已知参数并初始化；（2）定义决策变量；（3）构建目标函数；（4）构建约束条件；（5）设置求解器参数；（6）优化求解并得到结果。在本书的实验部分有运用商业软件进行模型求解的案例。

D　动态规划

动态规划（Dynamic Programming，DP）是由美国数学家 Richard Bellman 于 1951 年提出的一种求解多阶段决策问题的最优化方法。

Bellman 最优性原理：作为整个过程的最优策略具有这样的性质，即无论过去的状态和决策如何，对前面所形成的状态而言，余下的诸决策必须构成最优决策。

根据 Bellman 最优性原理，可以把多阶段决策问题的求解过程看成一个连续的递推过程，由后向前逐步推算。在求解时，各个状态前面的状态和决策，相对其后续子过程而言，只不过相当于初始条件而已，并不影响后续子过程的最优决策。Bellman 最优性原理的数学表达如下：

$$f_k(x_k) = \text{Opt}\{R_k(x_k, q_k(x_k)) + f_{k+1}(x_{k+1})\}, q_k(x_k) \in Q_k(x_k), x_{k+1} = T_k(x_k, q_k)$$

$$(6-44)$$

最优性原理的数学表达式可知，动态规划各个阶段的决策不但需要考虑阶段的决策目标，还需要兼顾整个决策过程的全局目标，进而实现系统整体的全局最优。运用动态规划方法求解多阶段决策模型的一般步骤为：

Step 1：根据优化问题所处的时间或空间划分阶段数 K。

Step 2：确定状态变量 x_k，使其具有如下特征：

（1）可知性：状态变量的取值可以直接或间接确定。

（2）无后效性：给定某阶段的状态时，其后续各阶段状态演化不受之前阶段状态的影响。

Step 3：确定决策 q_k 及每个阶段的允许决策集合 $Q_k(x_k)$。

Step 4：构造状态转移方程，$x_{k+1} = T_k(x_k, q_k)$。

Step 5：列出阶段效益 $R(x_k, q_k)$ 及指标函数 $f_k(x_k)$。

Step 6：写出递推方程并求解（包括顺序和逆序求解方法）。

动态规划的关键是写出递推关系式，难点则是求解递推关系式。不同的递推关系式，其求解方法也存在差异，所以动态规划不像线性规划或整数规划那样具有准确的数学表达式和定义精确的算法过程，它强调具体问题具体分析，主要依赖算法设计者的经验与技巧。

6.3.3.2　近似优化求解方法

近似优化求解方法是指能够在可接受的合理时间内得到问题的可行解（甚至是高质量的可行解）、但不能确定该解是否为全局最优解。对于规模较大、复杂度高的问题，只能采用近似优化求解方法得到近优解。常见的近似优化求解方法有：启发式方法、智能优化方法（遗传算法、蚁群算法等）、拉格朗日松弛法、列生成法、Benders 分解法等。

以下将针对启发式方法和典型智能优化方法进行介绍。

A　启发式方法

启发式方法指决策者根据经验解决问题的方法。其特点是在解决问题时，利用过去的经验，选择已经行之有效的方法，而不是刻意地寻求最优解。启发式方法通常可以在合理可接受的计算成本代价（计算时间、占用空间）范围内得到近似最优解，但与最优解之间的偏离程度却无法事前预计。用启发式方法解决问题时常常得到的是满意解，其特点是不考虑算法所得解与最优解之间的误差，这种算法技术在可接受的计算成本内去搜寻最好的解，但不一定能保证所得解是可行解和最优解，甚至在多数情况下，也无法确定所得解与最优解的近似程度。

钢铁制造流程的动态运行需要实时的优化反馈，因此对算法的求解时间有严格要求，针对复杂的钢铁生产运行问题，有很多是 NP（non-deterministic polynomial，NP）难问题，其中，NP 是指非确定性多项式，即所谓的非确定性是指可用一定数量的运算去解决多项式时间内可解决的问题。例如考虑复杂约束的生产计划安排就可以转换为图论中的旅行商问题（travel saleman problem，TSP），这就是 NP 难问题，目前尚难以找到一个有效的多项式算法。为使问题得以解决，启发式方法是优化求解中常常用到的方法。

a　启发式方法简介

现代启发式算法在优化机制方面存在一定的差异，但在优化流程上却具有较大的相似性，均是一种"邻域搜索"结构。算法都是从一个（组）初始解出发，在算法的关键参数的控制下通过邻域函数产生若干邻域解，按接受准则（确定性或概率性）更新当前状态，而后按照关键参数修改准则调整关键参数。如此重复上述搜索步骤直到满足算法的收敛准则，最终得到问题的优化结果。

用启发式方法求解问题常常是通过迭代过程实现的，在整个迭代过程中要不断检测和接受新的信息，根据启发式策略确定下一步的前进方向。在问题求解过程中可以根据实际问题设置多个启发式策略，并在必要时进行动态的选择。启发式算法在迭代过程中不断地从失败中吸取教训，并逐步缩小搜索范围。

b　启发式策略

算法求解过程中伴随着启发式策略的使用，选择合理的启发式策略可在较短时间内获得质量更高的解。下面列出几个常用的策略：

（1）逐步构解策略。一个完整的解通常是由若干个分量组成的。当用该策略时，应建立某种规则，按一定次序每次确定解的一个分量，直至得到包含所有解分量的一个完整的解为止。

（2）分解合成策略。为求解一个复杂的大问题，可首先将其分解为若干个小的子问题，再选用合适的方法按一定顺序求解每个子问题，根据子问题之间及其与总问题的关系，将子问题的解作为下一阶段子问题的输入，或在相容原则下将子问题的解进行综合，经合成后得到符合总问题要求的解。

（3）改进策略。运用这一策略时，首先从一个初始解（初始解不必一定是可行解）出发，然后对解的质量（包括它产生的目标函数值、可行性及可接受性等）进行评价，并采用某种启发式方法设计改进规则，对解加以改进，反复进行如上的评价和改进，直至得到满意的解为止。

（4）搜索学习策略。本策略包括在解空间中的定向搜索以及在搜索过程中发现和收集新的信息，并根据对新信息的分析，重新确认或改变搜索方向，修正搜索参数，消去不必要的搜索范围，以有效提高搜索效率，尽快获得问题的解。

钢铁生产计划调度相关问题研究中，启发式规则可以调度规则的实践经验为基础，从而快速有效地求解出生产计划调度问题的近优解。目前，已经有很多调度规则被总结出来并被应用，例如，持续时间最少、等待时间最小、预计完成时间最少、剩余工作最少等优先规则。这些规则简单、计算复杂度低、反应快捷、易于实现，方便应用于实际生产计划调度系统，一直以来被广泛研究。

启发式方法具有计算步骤简单，理论要求不高、易与其他算法结合得到强大的混合算法等优点，在现实问题求解中应用广泛。但目前启发式算法缺乏统一、完整的理论体系；无法获知与最优解之间的误差，容易得到很差的解；参数的选择对算法收敛的影响大，缺乏确定优化参数组合的理论体系。

c 启发式方法应用举例

【例 6-6】 多个工件在多个设备上加工的排序问题。

问题描述：研究 N 个工件在 M 台设备上进行有序的加工问题（在制造业中有较多此类加工排序问题），即在满足约束条件的情况下，确定 M 台设备上工件的加工顺序。各工件在设备上的加工时间已知，且必须按照一定的工艺次序进行加工。通过各个工件在各台设备上加工次序的合理安排，使得完成这批工件加工任务所需的总时间最短。

约束条件：（1）每台设备同一时间只能加工一件工件；（2）工件在上一台设备加工完成后才能进入下一台设备；（3）加工操作一旦开始不能中途停止。

为简单说明，本例题假设有 2 台设备，研究 5 个工件任务在 2 台设备上顺序加工的排序问题，要求每个工件需先在设备 1 上加工，加工完后再进入设备 2 进行加工。采用启发式方法求解工件的最优加工序列，使总的加工时间最短。

解：根据题意，结合启发式方法的相关思想，求解工件的最优加工序列，使总的加工时间最短。

已知各个工件在不同设备上的加工时间（见表 6-1）；模型中符号含义如下：

i 表示工件编号，$i=1, 2, \cdots, 5$；

j 表示设备编号，$j=1, 2$；

$t_{i,j}$ 表示工件 i 在设备 j 上的加工时间；

A_i 表示工件 i 在设备 1 上加工；

B_i 表示工件 i 在设备 2 上加工；

Q 表示所有的工件的加工时间集合。

表 6-1 不同工件在不同设备上的加工时间

设备号 ＼ 工件号	1	2	3	4	5
1	35	50	50	75	70
2	60	60	40	70	45

采用启发式方法，首先需要定义问题的启发式策略，即根据什么规则选择工件的加工顺序。

本例中选择逐步构解策略作为启发式策略，先考虑工件 1 和工件 2 有两种排序方案，即 1-2 或 2-1（图 6-7 所示）。由于 $t_{1,2}=t_{2,2}$，$t_{1,1}<t_{2,1}$，故将工件 1 排到最前面加工，所需的总加工时间较少。对于工件 2 和工件 3，由于 $t_{2,1}=t_{3,1}$，$t_{2,2}>t_{3,2}$，故将工件 2 排在前面，所需的总加工时间较短（图 6-8 所示）。

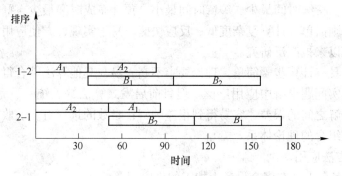

图 6-7 工件 1 和工件 2 有两种排序方案

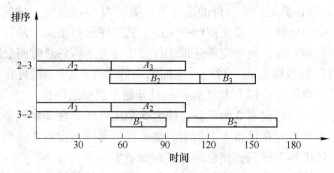

图 6-8 工件 2 和工件 3 有两种排序方案

通过图 6-7 和图 6-8 的分析，对比了不同加工时间情况下两个工件的排序问题。由此受到启发，将其推广到 n 个工件在两台设备上的加工顺序问题。

设计算法流程如下：

Step1：令 $i=1$，$k=0$；$Q=\{A_1, A_2, \cdots, A_n, B_1, B_2, \cdots, B_n\}$。

Step2：在时间集合 Q 中找到最小加工时间，即：

$$T_{\min} = \min\{Q\} \tag{6-45}$$

Step3：若 $T_{\min} = A_j$，则安排工件 j 为第 i 个加工工件，令 $i = i+1$；若 $T_{\min} = B_j$，则安排工件 j 为第（$n-k$）个加工工件，令 $k = k+1$。

Step4：删除加工时间集合中关于工件 j 的时间信息，即 A_j 和 B_j。

Step5：若 Q 不为空，转 Step2，否则转 Step6。

Step6：终止迭代，输出所有工件的加工顺序。

因此，根据上述算法流程可算出本例题的工件加工顺序为 1—2—4—5—3（图 6-9）。

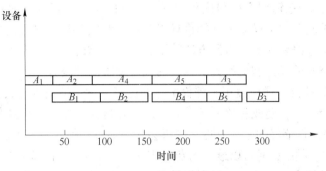

图 6-9　流程的排序方案

上述例题试图通过一个简单的例子来说明采用启发式方法是如何解决现实问题的，通过相对简单的启发式策略就能够解决多个工件在两台设备上的加工顺序问题并得到最优解。但当问题扩展到 N 台设备加工时往往很难得到最优解，需要重新设计启发式策略。因此，针对现实问题特征，需要设计合理的启发式策略，才可能在有限时间代价和空间代价下得到优化解。

B　智能优化方法

智能优化方法，是人们受自然界规律的启发而发展起来的。智能优化方法通过模拟或揭示某些自然现象或过程而得到发展，其思想和内容涉及数学、物理学、生物进化、人工智能、神经科学和统计力学等方面，为解决复杂问题提供了新的思路和手段。根据所模拟的自然界的现象的不同，主要的智能优化方法有：遗传算法、蚁群算法、模拟退火算法、粒子群算法、人工神经网络等。在冶金生产过程中，智能优化方法已广泛应用于钢铁生产流程运行优化的计划调度等领域，如生产订单的计划排产、轧制计划编制、炼钢生产组炉组浇、钢厂调度排程、钢包调度等问题。以下对几种常用的智能优化算法做简要介绍。

a　遗传算法

遗传算法是一类模拟生物在自然界遗传和进化过程中的随机搜索算法。其主要概念是适者生存，不适者淘汰。它的目标是提高生物体在动态变化和竞争环境下的生存能力。在自然进化中，生存是通过繁殖过程实现的，其中继承父代双方优良基因的个体会在残酷的自然法则下生存下去，而劣质个体将会被淘汰。染色体作为遗传物质的主要载体，它决定了个体形状的外部表现。因此，个体的生存能力也由染色体决定。遗传算法通过将研究的问题以编码的形式构造成染色体（个体），问题解的优劣由染色体决定，并随着染色体的进化不断朝着最优解的方向收敛。遗传算法的对象是由多个个体所组成的集合，称为种群，其运算过程是一个反复迭代的过程，通过对生物遗传和进化过程中选择、交叉、变异机理的模仿，来完成对问题最优解的自适应搜索过程。

遗传算法的构成要素

（1）染色体的编码。基本遗传算法使用固定长度的二进制符号串来表示群体中的个体，初始群体中各个个体的基因值可用均匀分布的随机数来生成。常用的编码方式还有格雷码编码、浮点数编码、符号编码、各参数交叉编码方法等。对于一个简单的编码问题——0-1背包问题，基因常采用0或1表示，那么染色体就可以表示为：100110100101。相对于0-1背包问题，涉及钢铁厂生产流程相关的染色体编码问题将采用更复杂的编码方式。例如，针对炼钢-连铸调度排程优化问题，设计的染色体需要同时包含多个炉次的生产工艺流程、在不同工序上设备的选择信息以及加工时间信息，并且需要满足一定的约束条件，如连铸机的连浇要求等。编码方法除了决定了个体的染色体排列形式之外，它还决定了个体从搜索空间的基因型变换到解空间的表现型时的解码方法。

（2）适应度的评价。适应度用于评价个体的优劣程度，适应度越大解的质量越好。基本遗传算法按与个体适应度成正比的概率来决定当前群体中每个个体遗传到下一代群体中的机会，以保证适应性能好的个体有更多的机会繁殖后代，使优良特性得以遗传。在炼钢-连铸生产流程优化问题中，通常以最小化流程时间和等待时间为目标函数，目标函数越小表明得到的解的质量越高，因此，可以利用目标函数的数值进行个体适应度的计算与评价。

（3）遗传算子。基本遗传算法使用下述三种遗传算子：

1）选择。根据种群个体的适应度，按照一定的概率选出种群中的优良个体遗传到下一个种群中。在问题求解中，个体的适应度一般是通过目标函数来确定的。根据个体的适应度值采取合适的算法进行选择，可以选择的算法包括：轮盘赌选择、竞标赛选择、随机遍历选择、截断选择等。

2）交叉或基因重组。在生物的自然进化过程中，两个父代染色体通过交配重组形成新的染色体，即父代个体按照一定的概率交换基因，形成新个体。可以挑选的算法包括：单点交叉、多点交叉、均匀交叉、洗牌交叉等。

3）变异。指将个体染色体上的某个基因或者基因段替换为其他的等位基因或基因段，从而产生新的染色体，即按照一定的概率改变个体的基因值。

遗传算法的求解

遗传算法将所研究的问题解构造成染色体，每个染色体都代表一个优化问题的候选解，是蕴含当前优化问题所需全部信息的结构体。遗传算法的关键和难点在于如何对现实问题进行抽象处理进而构造染色体。在解决钢铁厂生产计划调度问题时，如何构造出符合实际生产的、编码结构简单的染色体显得尤为重要。

遗传算法模拟生物进化的基本过程，并通过选择、交叉、变异等遗传算子来模拟生物的基本进化过程，利用适应度函数来评价染色体所代表问题解质量的优劣程度，通过种群的不断遗传进化使得适应度较好的染色体有更多的机会遗传到下一代。最终使问题解不断向最优解的方向收敛。

遗传算法的应用

遗传算法提供了一种求解复杂系统优化问题的通用框架，它不依赖于问题的具体领域，对问题的种类有很强的鲁棒性，所以广泛应用于很多学科。近年来，遗传算法应用在钢铁生产优化过程的优势也不断凸显，已成为解决复杂钢铁生产调度问题的有效工具，在炼钢-连铸生产作业计划编制（调度排程）、动态调度、板坯出入库优化、煤气调度等方面都得到有效应用。在冶金流程优化方面，一些学者还将启发式规则、模拟退火、禁忌搜索、神经网络、机器学习等融合到遗传算法的各个环节中，有效提高了算法的寻优能力和算法的鲁棒性。

b 蚁群算法

蚁群算法是具有自组织、并行性、正反馈的鲁棒性算法。已由最初的解决 TSP 问题发展成解决 Flow shop、Job shop、柔性 Job shop、动态 Job shop 计划编制问题。由于蚁群算法具有计算效率高、适应性强等优点，在解决组合优化问题方面具有较强的优势，因此，在炼钢生产计划编制问题等研究中得到广泛应用。

蚁群算法是由 M. Dorigo 于 1991 年提出的一种新型的模拟进化算法，其灵感来源于蚂蚁在寻找食物过程中搜索路径的行为。研究发现，蚂蚁种群总能在一段时间后找到蚁穴食物源之间最短的路径。其原因在于，蚂蚁在寻找路径时释放一种特殊的分泌物——信息素来寻找路径，蚂蚁可以感知信息素的浓度，并倾向于信息素浓度高的方向运动。初始阶段，由于路径上没有信息素的存在，蚂蚁随机选择路径，同时释放出与路径长度有关的信息素，蚂蚁走的路径越长，则释放的信息量越小。当其他蚂蚁碰到这条路径时，选择信息量较大路径的概率相对较大，这样就形成了一个正反馈机制。最优路径上的信息量越来越大，而其他路径上信息量却会随着时间的流逝而逐渐消减，最终整个蚁群会找出最优路径。

为了充分利用蚁群寻找最短路径的核心思想，有关研究学者提出人工蚁群算法的基本模型。人工蚁群与真实蚁群相比具备一些特殊的优良特性，人工蚁群系统充分利用了计算机的存储功能以及快速计算的能力，使得人工蚁群被赋予了记忆功能，能够记住已搜索的路径。并且人工蚂蚁路径的选择并不是完全盲目的，而是按照一定的选择算法以一定的概率确定下一个选择路径。通过蚂蚁路径搜索从而实现现实问题的求解。

蚁群算法涉及路径的选择概率和信息素的更新策略。

状态转移概率：

$$p_{ij}^k(t) = \begin{cases} \dfrac{[\tau_{ij}(t)]^\alpha \cdot [\eta_{ij}(t)]^\beta}{\sum\limits_{s \in \text{allowed}(k)} [\tau_{is}(t)]^\alpha \cdot [\eta_{is}(t)]^\beta}, & s \in \text{allowed}(k) \\ 0, & \text{else} \end{cases} \tag{6-46}$$

式中，$p_{ij}^k(t)$ 表示 t 时刻蚂蚁 k 由节点 i 选择节点 j 的概率；$\tau_{ij}(t)$，$\eta_{ij}(t)$ 分别表示 t 时刻路径 (i, j) 的信息素浓度和路径 (i, j) 的启发式信息；α 和 β 分别表示信息素和启发式信息的偏重系数；$\text{allowed}(k)$ 表示当前可选择的路径。当面临路径选择时，蚂蚁根据选择概率选择路径。

信息素更新策略：

$$\tau_{ij}(t + 1) = (1 - \rho) \cdot \tau_{ij}(t) + \Delta\tau_{ij}(t) \tag{6-47}$$

$$\Delta\tau_{ij}(t) = \sum_{k=1}^m \Delta\tau_{ij}^k(t) \tag{6-48}$$

式中，ρ 表示信息素挥发系数，为了防止信息素的无限积累，取值范围为 $[0, 1]$；$\Delta\tau_{ij}(t)$ 表示本次循环路径中路径 (i, j) 上信息素的增量；$\Delta\tau_{ij}^k(t)$ 表示第 k 只蚂蚁留在路径

(i, j) 上的信息量。

以 TSP（旅行商问题）为例介绍蚁群算法的实现步骤：即假设有一个旅行商想要到 n 个城市旅游，要求每个城市只访问一次，而且最后要回到原来出发的城市，希望获得总路径最短的城市访问顺序。设计蚁群算法解决 TSP 问题，其基本实现步骤如下：

Step1：参数初始化，令 $t=0$ 和循环次数 $N=0$，最大循次数为 N_{max}。

将 m 只蚂蚁随机置于 n 个城市上（$m<n$），初始化每条路径上信息素浓度为一定值。

Step2：令 $N=N+1$，蚂蚁的禁忌表 tabu 的引号 $k=1$。

Step3：$k=k+1$。

Step4：所有蚂蚁根据状态转移概率公式计算的概率选择新城市，并将城市 j 加入到该蚂蚁的禁忌表集合中，j 属于未被选择的城市，即非禁忌表中的城市。

Step5：若所有的城市遍历完，即 $k>m$，则跳转到 Step6，否则跳转到 Step3。

Step6：根据信息素更新公式更新每条路径上的信息素浓度。

Step7：若循环次数 $N<N_{max}$，则结束程序并输出计算结果，否则清空禁忌表并跳转到 Step2。

炼钢-连铸调度排程的蚁群算法，是将炉次看作蚂蚁，每只蚂蚁携带着生产作业信息，将蚂蚁在生产工艺流程网络中的运动看作对问题的求解，通过种群中个体间信息的交流，不断引导着蚂蚁朝着优化解的方向运动，当达到终止条件时，对蚂蚁种群进行解码后获得炉次在各个工序上所在的加工设备以及加工时间的信息，完成调度排程。

c　粒子群优化算法

粒子群优化算法是受鸟群觅食行为的启发而提出的一种群智能优化方法。该算法通过利用群体中个体的信息共享实现整个群体的活动由无序到有序的转变，并在目标导向下逐渐趋向于最优的状态。

粒子群优化算法在描述个体时，将其看成是寻优搜索空间内的一个没有质量和体积的粒子。该算法通过在解空间初始化一群随机粒子，每个粒子代表一个问题解，并且都具有自己的速度和位置。粒子在解空间中的位置和速度分别代表解的优化程度和进化方向。粒子通过不断调整飞行速度来更改下一个位置，进而实现在解空间中的不断寻优。在粒子群算法中，粒子位置一般是通过向量组来表示。以钢铁生产调度问题中的连铸机上炉次的排序为例，假设炉次总数量为 N，即可建立一粒子长度为 N 的二维向量。其中，第一维表示炉次，并以自然数 1，2，3，…，N 表示不同的炉次；第二维表示粒子的位置，即炉次在浇次中的排序。粒子的飞行速度是由粒子本身的历史最优解和群体的全局最优解来确定，并且通过目标函数来评价每个粒子的适应度，根据适应度来决定每个粒子的更新状态。随着粒子不断的迭代进化，使得粒子在搜索空间中探索和开发，最终找到全局最优解。

基本步骤：

Step1：初始化 n 个粒子群体、每个粒子的随机位置和速度，设置最大迭代次数 G，令 $t=0$。

Step2：$t=t+1$。

Step3：根据目标函数，评价每个粒子的适应度。

Step4：若粒子的当前适应度高于自身历史最优值，则更新历史最佳位置；否则，不更新。

Step5：若粒子的当前适应度高于全局最优值，则更新全局最优位置；否则，不更新。

Step6：根据所研究问题确定更新公式以更新每个粒子的速度和位置。

Step7：若 $t>G$，则结束程序运算，输出最优解；否则，跳转到 Step2。

目前，粒子群算法已广泛应用于函数求解、数据挖掘、钢铁生产计划调度等领域，根据问题的对象特征设计适宜的求解算法。

6.4　基于仿真的动态系统建模与优化方法

由于钢铁制造流程中物质转化行为不同、能量转换效率不同、时间-时序的安排不同、平面-空间布置的排列不同，必然会引起钢铁制造流程在静态结构与动态结构上的复杂性。同时，现实钢铁制造过程中还存在不可避免的随机因素，如工艺控制水平的波动、机器故障的随机发生等。这些现实问题不仅难以求解，甚至难以建立数学模型，也就无法得到解析解。仿真方法通过反复试验（trail-and-error）进行寻优，具有成本低和效率高等优点，可应用于流程网络动态运行优化、物质流-能量流协同调控、流程网络精准设计等方面。

6.4.1　仿真建模的基本概念

仿真（Simulation）：构造反映现实系统运行行为的物理实体模型及数学模型，并通过仿真载体（如计算机或其他形式的设备）复现现实系统的复杂运行过程。

仿真过程可归结为：三个主要对象，即系统、模型、仿真载体；三个活动，即建模、仿真、评估（如图 6-10 所示）。建模主要处理实际系统与模型之间的关系；仿真主要处理计算机和模型之间的关系；评估主要对仿真结果进行验证或系统性能分析。

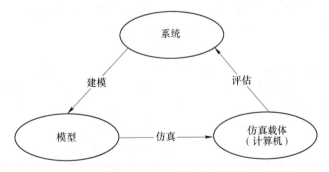

图 6-10　仿真的基本要素与活动

仿真方法的一个突出优点是能够解决用解析方法难以解决的具有时空不确定性的复杂问题。它一方面为多学科耦合的复杂系统提供了理解、认识和设计系统的强有力工具，另一方面为实际应用领域提供了一个可控、可重复的实物、虚拟或半实物的动态试验环境。

根据被研究系统的特性，可将仿真模型分为连续系统仿真模型和离散系统仿真模型；根据参与仿真的模型种类不同，将仿真模型分为物理仿真模型、数学仿真模型、物理-数学仿真模型；按照仿真建模过程中所取的时间标尺与自然时间之间的比例关系，可将仿真模型分为实时仿真模型和非实时仿真模型。

6.4.2 常用仿真模型

在流程系统仿真建模领域，排队论模型和系统动力学模型等方法得到了广泛应用。

6.4.2.1 排队论模型

排队是日常生活和生产中的常见现象，如银行排队系统、钢铁制造流程中的机器加工系统等。此时需服务的任务数超过服务（服务台、服务员）的容量，因而出现了排队现象。排队论就是为解决上述问题而发展的一种建模方法，由顾客、到达模式、排队规则、服务机构和服务时间等要素构成。当其应用于钢铁流程系统研究时，将每个机器看成一个服务台，每个加工任务视为一个客户，从随机统计角度来研究钢铁制造流程优化问题。

A　排队过程的一般表示

图 6-11 就是排队过程的一般模型。各个顾客由顾客源（总体）出发，到达服务机构（服务台、服务员）前排队等候接受服务，服务完成后就离开。排队结构指队列的数目和排列方式，排队规则和服务规则是说明顾客在排队系统中按怎样的规则次序接受服务。

图 6-11　排队系统示意图

B　排队系统组成和排队论模型

一般的排队系统由顾客、到达模式、排队规则、服务机构和服务时间构成。

顾客：指任何一种需要系统对其服务的实体，可以是人、零件加工任务（如炼钢炉次）等。

到达模式：指顾客相继到达的间隔时间的分布规律，可以是确定型的或者是随机型的。典型的到达模型包括泊松到达模式、爱尔郎到达模式、超指数到达模式等。

排队规则：顾客到达时，若所有服务台都正被占用，在这种情形下顾客可以随机离开也可以排队等候。对于排队等待情况，为顾客进行服务的次序即为排队规则。典型的排队规则包括先到先服务规则、后到先服务规则和随机服务规则等。

服务机构：根据服务机构的工作台和队列数量，可以分为单队列单服务台机构、单队列多服务台机构以及多队列多服务台机构等。

服务时间：顾客在服务台中接受服务的时长一般服从某种分布规律，典型的有定长分布、指数分布和正态分布等。

因此，对于任意一个的排队系统，其排队论模型可表示为：

$$X/Y/Z/A/B/C$$

其中，X 为到达过程的类型，包含 M、D、E_k、GI 四种类型：M 表示到达间隔时间相互独立，且服从指数分布；D 表示到达间隔时间相互独立，且是定长；E_k 表示到达间隔时间相互独立，且服从形状参数为 K 的爱尔朗分布；GI 表示到达间隔时间相互独立，且服从其他一般的分布。

Y 为服务时间的类型，包含 M、D、E_k、GI 四种类型，各字母代表时间类型同上。

Z 为并行的服务机构数量。

A 为排队规则：FCFS 为先到先服务规则；LCFS 为后到先服务规则；SIRO 为随机服务规则；GD 为其他一般的规则。

B 为系统最大容量：包括正在队列中等待的顾客和正在接受服务的顾客。

C 为顾客源的数量：一般认为顾客源的数量为无穷个。

例如，排队论模型 M/D/2/FCFS/10/∞ 可以描述 个有两个服务台，顾客到达间隔时间服从指数分布，顾客接受服务时间为定长，先到先服务，最多容纳 10 个顾客的排队系统。

C 排队系统仿真

排队系统仿真指在排队论模型的基础上，借助计算机模拟真实系统运行过程，并基于仿真结果对系统性能进行统计分析，如服务台的利用率、顾客平均等待时间和平均逗留时间、平均等待队列长度等。排队系统仿真流程如图 6-12 所示。

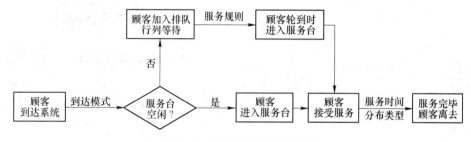

图 6-12 排队系统仿真流程图

6.4.2.2 系统动力学模型

钢铁制造流程中铁素物质流的流动过程包括物质流输入（铁矿石）、物质流加工（炼铁、炼钢、连铸、轧制）、物质流蓄积（钢铁产品库存）和物质流输出（钢铁产品销售）。铁素物质流蓄积引起的库存水平变化不仅影响生产的连续性，同时也增加了库存管理成本。然而，在钢铁生产中库存优化这一类复杂问题中，不仅构成系统的要素繁多，且要素间的联系复杂，难以通过数学模型进行准确描述。因此，基于定性分析和定量计算系统动力学仿真成为有效的研究方法之一。

系统动力学（System Dynamic，SD）是美国麻省理工学院 J. W. Forrester 教授最早提出的一种对社会经济问题进行系统分析的方法论和定性与定量结合的仿真分析方法。目的在于综合控制论、信息论和决策论的成果，以计算机为工具，分析研究信息反馈系统的结构和行为。近年来，SD 正在成为一种基于系统工程方法论的重要的模型方法，在流程系统优化、企业管理等方面被广泛应用。

SD 的一般工作流程如图 6-13 所示。

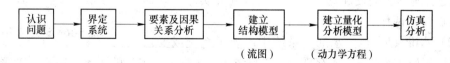

图 6-13 SD 工作流程示意图

A　系统动力学建模原理

SD 的基本工作原理如图 6-14 所示。首先通过对实际系统进行观察，采集有关对象系统状态的信息，随后使用相关信息进行决策。决策的结果是采取行动。行动又作用于实际系统，使系统的状态发生变化。这种变化又为观察者提供新的信息，从而形成系统中的反馈回路。

以包括控制者在内的水流系统（图 6-15）为例：水流由水塔 1 通过阀门 2 流入水箱 3，再通过阀门 4 流出，假设阀门 4 固定为某流量不变，控制者通过控制阀门 2 来调节水箱 3 的水流水准量。其过程是：控制者通过对水箱中液面的观察以获得关于液面状态的信息，并与期望的液面状态比较，然后做出调节阀门 2 的决策，并通过手动付诸实施。行动的结果，使原来液面状态发生变化，状态变化的信息又按上述过程传递给控制者，从而形成了信息传递的反馈回路。

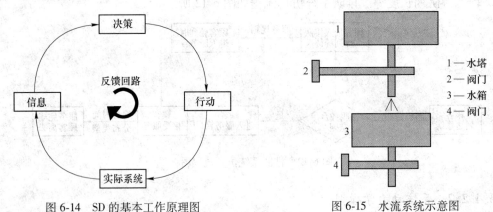

图 6-14　SD 的基本工作原理图　　　　　　图 6-15　水流系统示意图

在图 6-15 中，将水塔 1 称作"源"，阀门 2 称作"速率"，水箱 3 中的液面叫做"水准"。带箭头的实线表示"流"，带箭头的虚线表示信息流。由此可见，在系统动力学中，水准、速率、流和信息是 4 个基本要素，在反馈回路中作为一个整体而发挥作用。

B　系统动力学模型

系统动力学模型包括流程图模型和动力学方程式两部分。

a　流程图模型

流程图是根据因果关系的反馈回路，应用专门设计的描述各类变量的符号绘制而成的图像模型。其基本要素包括流、水准、速率和信息等（如图 6-16 所示）。

（1）流（flow）。流是描述系统的活动或行为。流可以是物流、货币流、人流、信息流等，用带有各种符号的有向边描述。通常为简便起见，只区分实体流（实线）和信息流（虚线）两种。

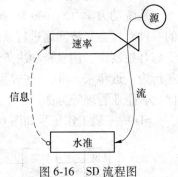

图 6-16　SD 流程图

（2）水准（level）。水准是系统中反映子系统或要素的状态。例如，库存量、库存现金、人口量等。水准是实体流的积累，用矩形框表示。水准的流有流入和流出之分，使水准变量朝着相反方向变化。

（3）速率（rate）。速率是用来描述系统中流随时间而变化的活动状态。例如，仓库的入库率、出库率、人口的出生率、死亡率等。在系统动力学中，速率变量是决策变量。

（4）信息（information）。信息可以取自水准、速率等处，用带箭头的虚线表示。箭尾的小圆表示信息源，而箭头则指向信息的接收端。

b 动力学方程式

流程图虽然可以简明地描述系统各要素之间的因果关系和系统结构，但不能显示系统各变量之间的定量关系。因此，仅仅依据它还不能进行定量描述。而动力学方程式是专门用来进行定量分析的数学模型，它用专门的 DYNAMO 语言建立而成，故一般也称作 DYNAMO 方程。系统动力学方程式主要包括水准方程式和速率方程式等。

（1）水准方程式。计算水准变量的方程式叫做水准方程式，它是基本的 DYNAMO 方程。

【例6-7】 现在时刻 K 的钢铁生产在线金属量 $Y.K$（在流程中尚未完成加工的铁水/半钢、钢液等）是等于过去时刻 J 的在线金属量 $Y.J$，加上由过去时刻 J 到现在时刻 K 的进入金属量 $XIN.JK$ 与输出金属量 $XOUT.JK$ 之差乘以单位时间 DT，用 DYNAMO 语言描述为：

$$L \quad Y.K = Y.J + DT \times (XIN.JK - XOUT.JK) \tag{6-49}$$

式中，L 表示水准方程。

（2）速率方程式。速率方程式是计算速率变量的方程式，它描述水准方程中的流在单位时间 DT 内流入和流出的量，如人口出生率、死亡率、商品入库率、出库率等。

速率变量是一类决策变量，而决策有种种形式表示，因此，速率变量的速率方程也没有固定的形式，而是根据具体情况来决定的。

【例6-8】 设 KL 期间的输出金属量 $XOUT.KL$ 与在时刻 $Y.K$ 的在线金属量成正比，则表示输出情况的速率方程可表示为：

$$R \quad XOUT.KL = \frac{Y.K}{C} \tag{6-50}$$

式中，R 表示速率方程；$\frac{1}{C}$ 为比例常数。

6.4.3 仿真方法应用举例

【例6-9】 炉次在转炉上的加工排队问题。

已知某钢厂单个转炉的生产过程：加工任务（铁水预处理后的铁水）按一定的间隔时间到达该工位；当该转炉处于加工状态时，后续到达的加工任务不能立即安排加工，便进入队列等待加工，从此产生了排队现象；当转炉重新变为空闲状态时，根据排队规则从等待队列中选择相应任务进行加工。假设未来一段时间内其加工任务的到达时间间隔和服务时间均服从指数分布，加工规则为"先到先服务"，则该转炉生产系统可以抽象为一单队列单服务台排队系统：M/M/1/FCFS/∞/∞。现研究：未来 6 个任务完成加工时间内该生产系统的任务平均等待时间和转炉利用率？

解：根据题意，结合排队论系统仿真的相关思想：

根据实际生产情况，假设在一次仿真过程中，任务到达间隔时间和服务时间见表6-2。

表 6-2　任务到达间隔时间与服务时间

任务编号	1	2	3	4	5	6
到达间隔时间/min	0	35	40	27	33	26
服务时间/min	33	36	34	40	29	40

转炉加工状态、等待队列等随时钟的仿真结果见表 6-3 和表 6-4。

表 6-3　任务到达/开始/结束时刻与等待时间

任务编号	1	2	3	4	5	6
到达时刻/min	0	5	75	102	135	161
开始加工时刻间/min	0	35	75	109	149	178
结束加工时刻/min	33	71	109	149	178	218
等待时间/min	0	0	0	7	14	17

表 6-4　转炉状态变化时刻表

仿真时刻/min	0	33	35	71	75	109	149	178	218
转炉状态变化	1-0	0-1	1-0	0-1	1-0	0-1-0	0-1-0	0-1-0	0-1

注：0 代表正在加工；1 代表空闲；1-0 表示由空闲状态转为正在加工。

所以：

$$任务平均等待时间 = \frac{总任务等待时间}{总任务数} = \frac{0+0+0+7+14+17}{6} = 6.33min$$

$$转炉利用率 = \frac{转炉总加工时间}{仿真总时间} = \frac{33+36+34+40+29+40}{218} = 97.25\%$$

基于对该单个转炉生产排队过程的仿真可用于分析评价系统的运行效率、设备利用率等性能，并可作为生产系统改进的依据。但现实的钢铁制造流程是由多工序、多机器和多加工任务构成的复杂多机多任务排队过程，任务的到达模式受外部原料供应水平影响，而任务的排队模式取决于任务的属性、交货期以及生产组织模式等因素。因此，需在充分考虑钢铁制造流程的各类动态随机因素的基础上，才能有效进行生产流程系统的仿真，从而作为钢铁制造流程改造和优化的有效依据。

6.5　流程系统建模与优化方法的应用领域

冶金流程工程学旨在通过对制造流程工序功能集的解析-优化，形成工序关系集的协调-优化，再推进到整个制造流程工序集的重构-优化，从而加速钢铁制造流程与信息技术融合的进程，提升生产过程控制和流程运行控制水平，促进钢铁企业生产的自动化、信息化和智能化水平。钢铁制造流程由于具有多组元、多相态、多层次、多尺度以及开放性、非线性、动态有序性等特征，是一种典型的复杂系统。在建模过程中，需要对现实钢铁制造流程进行合理简化，将其抽象为可描述的系统模型，然后根据模型特点设计相应的优化求解算法，从而获得若干最优或近优的决策参数，以指导钢铁制造流程的运行调控与动态精准设计过程。

6.5.1 钢铁制造流程的运行调控应用

钢铁制造流程的运行调控的主要目的是根据客户订单需求和钢铁制造涉及的工艺/资源约束，对物质流与能量流的运行模式进行合理的规划，从而最大限度的降低生产成本，增强生产效率。它主要包含以下两部分内容：

（1）生产计划编制。根据合同要求的钢种、规格和交货期等属性，考虑计划周期内的生产能力及工艺限制，将以量为单位的产品需求转换为以件次为单位的坯料计划，并根据炼钢、连铸和热轧等主要工序的工艺约束及工序之间的物流平衡，将各种坯料组合成不同生产工序的批量计划（炉次、浇次和轧制单元计划）。这些生产计划编制的数学模型，一般属于组合优化问题，通过合理的计划安排可保证工序/装置协调的前提下，最大化提高生产效率。

（2）生产调度优化。各生产车间在接收到上级部门下达的生产计划，需根据车间的工艺条件、原料到达节奏和设备检/维修情况，编制生产任务在各工序/装置的生产作业计划，也称为生产调度。它一般包含机器指派、任务排序和时间表优化等三个子问题，可描述为混合整数规划问题。通过合理的调度方案，可在保证生产顺行和计划执行率的前提下，降低流程运转时间和生产成本。

针对以上相关现实问题，结合问题特点及约束情况，抽象并建立数学模型，再采用合适的求解方法进行求解，最终转换成现实制造系统所需的计划调度方案。

6.5.2 钢铁制造流程的动态精准设计应用

钢铁制造流程的动态精准设计是建立在动态-有序、协同-连续/准连续地描述物质/能量的合理转换和动态-有序、协同-连续/准连续运行的过程设计理论的基础上，并实现全流程物质/能量的动态-有序、协同-连续/准连续地运行过程中各种信息参量的设计。它主要关注以下三部分的内容：

（1）时间与空间的协调。在设计过程，充分考虑工序/装置节点的功能、容量、数量、位置及其之间的连接路径和距离，对上下游工序/装置的协调、匹配运行的时间因子进行优化设计。

（2）流程网络的构建与优化。在设计过程，依据流程网络的框架，使钢厂工艺平面布置图、总图的静态结构尽可能的紧凑、顺畅化，使其流的行为动态-有序、协同-连续运行，实现运行过程的耗散最小化。

（3）工序/装置之间的衔接与界面技术。动态精准设计不仅要实现工序/装置本体的优化，而且更注重工序/装置之间的衔接、匹配关系和界面技术的开发和应用。例如，炼铁-炼钢之间采取的铁水罐多功能优化技术（一罐到底）。

6.5.3 未来主要发展趋势

如何将系统建模和优化技术应用于钢铁制造流程运行调控和动态精准设计过程中的方法与技术将在第7章与第8章进行详细介绍。由于钢铁制造流程所具有的复杂系统特性，通过某些前提假设所建立的理想系统模型，较难同时描述动态、随机、多目标等系统特性，难以满足运行调控和动态精准设计的高效性、精确性要求。未来发展趋势主要包括如下几个方面：

（1）多模型集成。由于单一模型所适应的条件存在一定的局限性，通过不同类型模型的集成可描述更为复杂的场景。例如，通过智能优化算法与仿真模型结合，可对具有随机特性的炼钢-连铸生产系统的供铁节奏、开浇时间进行优化。

（2）智能化模型。依据协同学的观点，钢铁制造流程中的各要素可通过非线性作用产生协同效应，使整体系统形成一种自组织结果。根据这一特点，充分融合钢铁生产的运行机理及其产生的数据资源，利用神经网络、元胞自动机等方法构造机理-数据融合的智能化模型描述钢铁制造系统的状态和行为，并对其进行优化。

对此部分内容有兴趣的读者可参阅相关书籍和文献。

习 题

1. 某钢铁企业在第 1 年开始购买一台新设备，用了一段时间后进行设备更新。希望找到 4 年内的一种最好的更新策略，使设备购置费和维护费之和最小，费用情况如表 6-5 和表 6-6 所示。

表 6-5   第 1 到第 4 年的购置费

年	1	2	3	4
费用/千元	11	11	12	12

表 6-6   维修费与设备年龄的关系

年龄	0~1	1~2	2~3	3~4
费用/千元	5	6	8	11

（1）建立该设备更新问题的最短路模型；
（2）基于 Dijkstra 最短路算法求最优设备更新策略。

2. 对于某一由任务、转炉等构成的炼钢生产排队系统：$D_1/D_2/2/FCFS/\infty/\infty$，描述该排队系统的构成（顾客、到达模式、排队规则、服务机构、服务时间等）及特征。

3. 针对如下钢厂下料问题建立模型。

设用某型号的圆钢下零件 A_1，A_2，$\cdots$，A_m 的毛坯。在一根圆钢上下料的方式有 B_1，B_2，$\cdots$，B_n 种，每种下料方式可以得到各种零件的毛坯数以及每种零件的需要量，如表 6-7 所示。问怎样安排下料方式，使得既满足需要，所用的原材料又最少？

表 6-7   不同零件毛坯在不同下料方式下的毛坯数和各零件需要量

零件个数 零件名称　下料方式	B_1	B_2	$\cdots$	B_n	各零件需要量
A_1	a_{11}	a_{12}	$\cdots$	a_{1n}	b_1
A_2	a_{21}			a_{2n}	b_2
$\vdots$	$\vdots$			$\vdots$	$\vdots$
A_m	a_{m1}	a_{m2}	$\cdots$	a_{mn}	b_m

参 考 文 献

[1] 殷瑞钰. 关于智能化钢厂的讨论——从物理系统一侧出发讨论钢厂智能化 [J]. 钢铁，2017，52（6）：1~12.

[2] 殷瑞钰. 冶金流程工程学（第 2 版）[M]. 北京：冶金工业出版社，2009.

[3] 殷瑞钰. 冶金流程集成理论与方法 [M]. 北京：冶金工业出版社，2013.

[4] 格隆 G，等. 过程系统工程（上册）[M]. 陆震维，译. 北京：化学工业出版社，1983.

[5] 刁在筠，刘桂真，宿洁，等. 运筹学（第 3 版）[M]. 北京：高等教育出版社，2009.

[6] 朱道立，徐庆，叶耀华. 运筹学 [M]. 北京：高等教育出版社，2006.

[7] FordL R，Fulkerson D R. Flows in Networks [M]. Princeton：Princeton University Press，1962.

[8] 高随祥. 图论与网络流理论 [M]. 北京：高等教育出版社，2009.

[9] 高慧敏，曾建潮. 钢铁生产调度智能优化与应用 [M]. 北京：冶金工业出版社，2006.

[10] 汪应洛. 系统工程（第 2 版）[M]. 北京：机械工业出版社，1995.

[11] 张世斌. 数学建模的思想和方法 [M]. 上海：上海交通大学出版社，2015.

[12] 陈达强. 物流系统建模与仿真 [M]. 杭州：浙江大学出版社，2008.

[13] 黄红选，韩继业. 数学规划 [M]. 北京：清华大学出版社，2006.

[14] 党耀国，朱建军，关叶青. 运筹学 [M]. 北京：科学出版社，2015.

[15] 侯进军. 数学建模方法与应用 [M]. 南京：东南大学出版社，2012.

[16] 谢政，李建平，汤泽滢. 非线性最优化 [M]. 北京：国防科技大学出版社，2003.

[17] Talbi E G. Metaheuristics：From Design to Implementation [M]. John Wiley & Sons，2009.

[18] 汪定伟，等. 智能优化方法 [M]. 北京：高等教育出版社，2007.

[19] 甘应爱，等. 运筹学 [M]. 北京：清华大学出版社，2005.

[20] 王开荣. 最优化方法 [M]. 北京：科学出版社，2015.

[21] 周明，孙树栋. 遗传算法原理及应用 [M]. 北京：国防工业出版社，1999.

[22] 王小平. 遗传算法：理论、应用与软件实现 [M]. 西安：西安交通大学出版社，2002.

钢铁制造流程运行调控技术

本章课件

本章概要和目的: 在阐述钢铁制造流程运行调控内涵的基础上,介绍钢铁企业以计划调度为核心的运行调控技术;并基于前述建模与优化方法浅析面向合同的生产批量计划、面向工序作业计划的静态及动态调度、界面及辅助调度等运行调控手段。通过典型案例分析,使学生了解钢铁制造流程运行调控的基本原理,掌握面向订单和生产的计划调度技术,为冶金流程工程实践奠定理论和方法基础。

生产运行主要任务是基于按钢铁制造流程平面布置设计总图建造形成的确定性静态网络结构,通过产品制造等生产活动的运行程序实现制造系统动态-有序运行和多目标优化,是钢铁制造流程系统生命周期中最重要的阶段之一。运行调控就是引导和控制运行程序在保证制造系统动态-有序运行的前提下朝多目标优化的方向发展。

7.1 钢铁制造流程运行调控概述

7.1.1 钢铁制造流程运行调控的基本内涵

从热力学角度看,钢铁制造流程是一类开放的、不可逆的、远离平衡态的流程系统,最终形成普利高津的耗散结构——"动态有序"的非平衡结构。一般而言,耗散结构的形成需要满足:开放系统、远离平衡态、非线性相互作用和存在涨落四个条件,即要求外界向系统输入较大值的负熵(熵是系统混乱程度的一个度量,熵值越小就越有序)。这是因为系统内部产生的熵总是大于零的,所以必须依赖外界输入的负熵才能使系统朝有序方向发展,而运行调控是向系统输入负熵的主要手段之一。

从物理实体角度看,钢铁企业的生产过程实质上是物质、能量及相关信息在合理的时-空尺度上流动/演变的过程。通过生产计划调度等运行调控手段设定"运行程序",保证物质流(主要是铁素流)在能量流(主要是碳素流)的驱动和作用下沿着特定的流程网络做动态-有序的运行,并实现多目标优化。

从工艺角度看,钢铁制造流程控制一方面是制造单元层面的工艺过程控制,如铁素物质流性质状态、品种与质量、钢材形状尺寸和表面状态等;另一方面则是制造流程层面物质流的协同控制,这种物质流控制不仅是物质流的输送,而且要求实现各主要参数衔接和匹配上的优化,如铁素物质量(重量、流量)、温度和时间的合理衔接匹配,相关工序之间装备能力的匹配,时间节奏的协调与缓冲,物质传输过程途径的工序、方向、距离和方式的优化,物质流途径及其时间的压缩紧凑控制等。

　　从系统整体视角看，流程的协调运行控制以全流程物流运行时间优化和保障生产过程连续、稳定为目标，在设备运行状态动态监控的基础上，重点控制工序设备间加工任务的衔接匹配，实现资源的优化配置和高效利用，进而促使生产过程有序、高效地运行。在订单驱动的钢铁制造模式下，计划调度是钢铁制造流程协调运行控制的主要技术手段，也是促使钢铁企业生产运行有序高效的核心技术。高水平的计划调度策略可沿流程有序组织和协调各单元过程，在保证生产任务完成的基础上促进系统整体运行效率的提升。

　　据此，钢铁制造流程运行调控的基本内涵可描述为：在生产运行过程中，通过动态地设定 3 个基本参量（物质量、温度和时间）的"运行程序"，保障钢铁制造流程有序、高效、连续和稳定地运行，最终形成动态有序的耗散结构。

7.1.2　以计划调度为核心的生产运行调控技术

　　钢铁制造流程运行调控的目标是通过生产任务的资源优化配置，实现过程/流程中的物质量、温度和时间参量的有效控制。其中时间参量对于物质流运行的紧凑-连续性具有决定性的影响，对各工序、装置运行过程的协调运行至关重要（关于钢铁制造流程的时间解析详见第 3 章）。针对钢铁制造全流程或厂级/车间的局部流程而言，动态可控的动态运行 Gantt 图，可表征功能不同、非完全同步的关联工序/装置的动态运行及相互协同过程，是流程系统实现时间运行调控的核心技术工具。

　　以转炉炼钢厂生产流程为例。炼钢生产运行调控的铁素物质流对象单元称为炉次，一般对应炼钢转炉在一个冶炼周期内冶炼产出的钢水。炼钢厂生产运行调控过程常使用动态运行 Gantt 图表示（如图 7-1 所示）。它通常包括 Gantt 图初始化和动态调整两个阶段。初始化阶段的主要任务是在生产优化目标的引导下为各炉次分配设备资源，确定加工时间信息。动态调整阶段的主要任务是在初始 Gantt 图的基础上，根据实时生产信息和作业计划执行状况，动态更新 Gantt 图的设备资源和加工时间信息，以保证炼钢-连铸作业计划的优化性能。

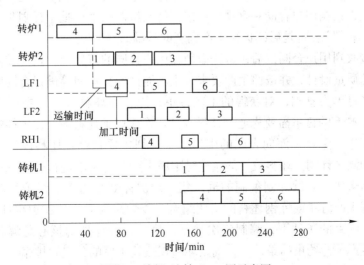

图 7-1　炼钢-连铸 Gantt 图示意图

从钢铁制造铁素物质流运行调控的角度看，炉次（对应某一包钢水）是炼钢厂生产作业计划编制的基本单元，炼钢操作是一种按炉次组织生产的"批处理"加工模式。除此之外，连铸机和热轧机同样属"批处理"加工模式，即连铸机的生产组织基本单元是浇次（连续浇铸的炉次集合），热轧机的生产组织基本单元是热轧单元计划（以板坯为例，使用同一系列轧辊的板坯集合）。钢铁制造的计划调度问题涉及生产运行调控的各个层面，主要包括：生产订单设计（板带材或中厚板还需进行板坯设计）、生产批量计划、生产调度和辅助调度等。其流程如图 7-2 所示。

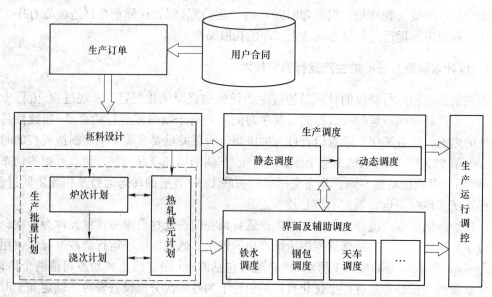

图 7-2　钢铁生产运行调控中的计划调度流程

钢铁企业生产运行接收的用户合同一般是零散无序的，具有多品种、多规格、小批量和交货期差异大等特点，并且随着个性化定制服务和电子商务的发展，这种订单结构特性更加明显。因此，根据用户合同和钢铁生产组织特点编制的生产批量计划是现场生产与用户需求之间的"桥梁"，也是后续进行生产调度的基础。

生产部门接收到用户合同以后，首先必须在用户合同的基础上，按照技术规范、质量标准进行合同的质量设计，并按照生产要求、生产能力、交货期等进行合同归并以得到生产订单。以生产订单为基础，对获得的生产订单，用在库坯料（库存中已完成生产的坯料）进行匹配，剩下的订单需要先通过坯料设计转换成炼钢坯料需求，才能通过炼钢—连铸—热轧等工序进行生产。面向合同的生产批量计划主要包括：坯料设计、热轧单元计划、炉次计划和浇次计划。坯料设计的实质是考虑生产工艺要求进行生产订单的组合优化问题，其优化结果作为后续计划编制的输入集。炉次计划是指满足组炉生产约束的条件下，按炉次进行生产订单或炼钢坯料的优化组合。以炉次为对象，在炉次计划的基础上，在满足组浇生产约束的条件下，编制浇次计划。热轧批量计划的核心是编制热轧单元计划，即在满足生产工艺约束的条件下，确定坯料在热轧工序的分组和排序。

面向工序作业过程的生产调度主要关注炼钢厂生产流程的运行调控。生产管理部门以定期滚动的方式将炉次和浇次计划下达至炼钢厂。炼钢厂的调度员根据接收的批量计划，考虑原料/设备资源、生产能力和冶炼/连铸工艺等限制性条件，编制各工序的作业计划，即安排各炉次在炼钢-连铸工序上的加工顺序、加工设备和加工时间表；然后，将作业计划下达至炼钢厂各工序的过程控制系统以指导各工序设备按计划组织生产，该过程称为静态调度或调度排程。由于炼钢-连铸生产过程中各种随机扰动事件（如铁水短缺、天车堵塞等）时有发生，导致正在执行中的作业计划与初始作业计划产生偏差甚至不能继续执行，必须依据实时生产运行信息对当前作业计划进行动态调整或重新编制，该过程称为动态调度或重调度。

在进行生产调度时，通常认为铁素物质流在加工设备之间能够按照预计的标准运输时间运达。然而，在现实生产环境中，由于同一时间段内运输任务多、运输设备有限、行驶线路受限，因而编制合理高效的物料运输方案（也称辅助调度）为作业计划顺利执行提供保障。钢铁制造流程中的主要运输方式有铁-钢界面之间的火车运输（如铁水罐或鱼雷罐车的运输）、车间作业跨的天车吊运（如钢包、板坯、钢卷的吊运）、台车和辊道运输等。因此，按照运输方式的不同，辅助调度可分为铁-钢界面间的铁水运输调度、作业跨内的天车调度、炼钢-连铸区段的钢包周转调度等。通过辅助调度进一步优化物流运输时间，从而保证作业计划的顺利执行。

本章详细介绍各类钢铁生产计划调度问题及其建模与优化方法。

7.2 合同分解、组合与生产批量计划

随着下游产业市场的不断发展，用户产品需求的多品种、多规格和小批量趋势愈加显著。按用户合同需求组织生产是目前国内钢铁企业生产组织的主要形式，但这与钢铁生产规模化、批量化的低成本生产模式存在冲突。因此，生产组织者首先对用户合同进行质量设计，再兼顾产品需求的多样性与规模化制造的要求，根据工艺要求、生产能力、交货期等因素将合同进行一定程度的分解和合并，形成生产订单，然后对生产订单进一步进行优化组合形成生产批量计划，即针对板坯和中厚板的坯料设计、炼钢的炉次计划和浇次计划以及热轧单元计划等。

7.2.1 坯料设计

在面向合同的生产组织模式下，生产订单执行流程如图 7-3 所示。首先生产订单与成品库存中无委托订单的产品进行匹配；若匹配成功则可直接出库；若匹配不成功则进行半成品坯料的库存匹配。如果坯料匹配成功，则继续加热、热轧等工序；否则进行板坯设计并申请炼钢生产。上述订单处理方式的本质在于建立生产订单与坯料之间的关联关系，区别在于成品、坯料库存匹配是对规格确定的现存成品或半成品进行优化匹配，而坯料设计是依据生产订单需求对尚未生产的虚拟坯料进行匹配。坯料设计构建了客户需求与钢厂实际生产的"纽带"，是生产批量计划编制的基础。本节以板坯为例描述坯料设计的具体过程。

7.2.1.1 坯料设计问题描述

对板带材而言，坯料设计考虑加热、切割等工序的工艺和设备约束，对生产订单进行分解或组合优化。由于分解、组合之后的生产订单与板坯之间存在一对多、多对一或多对多等复杂关系，因此需要对板坯厚度、宽度等规格参数进行设计优化，以得到满足生产订

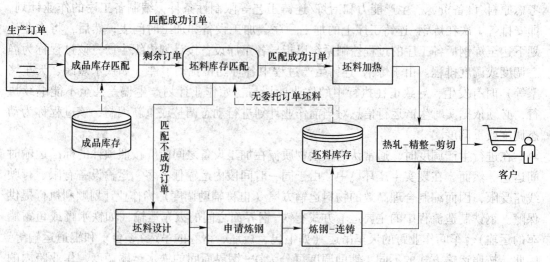

图 7-3　生产订单兑现流程

单需求的坯料集合。根据生产订单的规格要求，坯料设计问题一般可分为一维和二维坯料设计问题（如图 7-4 所示）。一维坯料设计问题只考虑坯料的长度或重量约束，在单一维度进行优化设计。二维坯料设计问题需同时考虑坯料的长度和宽度约束，在二维平面上进行优化设计。

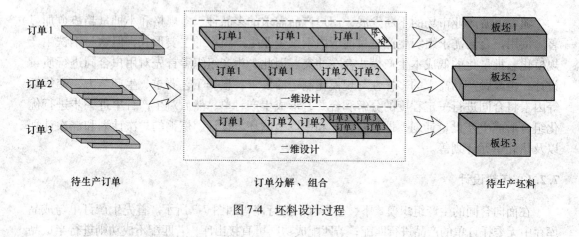

图 7-4　坯料设计过程

A　优化目标

板带材的坯料设计优化目标主要包括：

（1）余材最小化。在坯料设计过程中，需要添加无订单对应的板材以满足板坯的约束条件。这种无订单对应的板材（又称余材），会造成库存浪费，应尽量减少其数量。

（2）设计坯料最大化。由于生产工艺和设备的限制，设计的坯料有一定的尺寸限制。设计尽可能大的坯料，可以完成更多的合同，并减少坯料的整体设计切割能耗和切割损耗。

（3）准时交货。在面向合同的生产组织形式下，交货期的提前会造成库存资源的浪费；而交货期的延迟则可能会影响产品交货。因此，需尽可能地保证准时交货。

B 约束条件

坯料设计必须考虑现实生产中的合同需求限制约束、坯料规格约束等。具体包括：

（1）合同需求限制约束。用户合同对成品的重量和规格有一定要求，这些要求可能是一个确定值，也可能是一个区间范围。例如，客户合同具有最小/最大分配重量需求或总重量需求。

（2）坯料规格约束。不同订单组合在同一坯料上进行生产时，可组合生产订单钢级、厚度、厚度公差、热处理工艺属性必须相同；根据生产工艺和设备的要求，对坯料的最小、最大长度等条件也具有一定限制。

7.2.1.2 问题建模与求解

采用整数规划方法对坯料设计问题建模时，首先将决策变量定义为：某一订单是否分配到某一坯料，为0-1变量；然后使用等式或不等式方程描述需要考虑的约束条件和目标函数。

下面举例说明具体的建模和求解过程。

【例7-1】 在热轧卷板生产过程中，给定10个订单，各订单产品需求钢种、厚度、宽度和重量如表7-1所示，每块坯料的固定重量为 $a = 30t$ ，试进行坯料设计并使完成所有订单的坯料总余材量最小（注：给定坯料满足设备及轧制工艺要求，所给订单交货期相近）。

表 7-1 生产订单数据

订单序号	钢种	厚度/mm	宽度/mm	重量/t
1	Q235	10	2200	10
2	Q235	10	2200	13
3	Q420E	12	2200	13
4	Q235	10	2200	11
5	Q235	10	2200	6
6	Q235	10	2200	14
7	Q235	10	2200	9
8	Q235	10	2200	7
9	Q420E	12	2200	5
10	Q420E	12	2200	12

由表7-1的订单数据可知，单个客户需求重量小于单块固定坯料重量，在客户订单转化为坯料的过程中，客户订单和坯料之间是多对一的关系，多个订单能放入同一坯料的必要条件是该坯料宽度能满足所有这些订单的宽度需求，并且总重不超出相应坯料的重量限制。

（1）定义符号。构建坯料设计数学模型之前，首先需要对该问题涉及的各个要素进行数学符号的定义。坯料设计的实质是在实现最优化目标的前提下，为客户订单安排合适的坯料进行生产，确定订单的重量分配和所需坯料的数量和规格。因此，该问题的基本符号定义分为三类，即订单规格信息、坯料规格信息和决策订单分配情况的符号信息；同时考虑订单重量约束和坯料重量约束，主要包括订单参数信息、坯料参数信息以及决策变量的定义。

1）订单参数信息：I 表示订单集合，$I=\{1,2,\cdots,n\}$；i 表示订单序号，$i \in I$；w_i 表示每个订单 i 的重量。

2）坯料参数信息：J 表示坯料集合，$J=\{1,2,\cdots,m\}$；j 表示坯料序号，$j \in J$，$n \leq m$；假设坯料的数量足够大，足以容纳所有订单；a 表示坯料 j 的重量，$a=30t$。

3）决策变量：x_{ij} 表示订单 i 与坯料 j 的匹配关系。$x_{ij}=1$ 表示订单 i 分配给坯料 j，$x_{ij}=0$ 表示订单 i 没有分配给坯料 j；y_j 表示坯料 j 的是否被占用。$y_j=1$ 表示坯料 j 被订单占用，$y_j=0$ 表示坯料 j 没有被任何订单占用。

（2）建立模型：

1）目标函数：

$$\min Z = a \cdot \sum_{j=1}^{m} y_j - \sum_{j=1}^{n} \sum_{i=1}^{m} w_i x_{ij} \tag{7-1}$$

模型以坯料的总余材量最少为目标，即坯料中没有订单对应的那部分重量。目标函数分为两部分，第一部分表示产生的坯料总重量，第二部分表示订单在各坯料上重量之和。

2）约束条件：

①安排在任意一块坯料上的订单重量总和不能超过坯料固定重量大小。

$$\sum_{i=1}^{n} w_i \cdot x_{ij} \leq a y_j, \forall j \in J \tag{7-2}$$

②任何一个订单只能安排在一块坯料进行生产，订单重量集中到一块坯料生产，有利于生产运输和管理。

$$\sum_{j=1}^{m} x_{ij} = 1, \forall i \in I \tag{7-3}$$

③订单 i 分配到坯料 j 上的决策变量取值范围。

$$x_{ij} \in \{0,1\} \tag{7-4}$$

④坯料 j 被订单 i 占用的决策变量取值范围。

$$y_j \in \{0,1\} \tag{7-5}$$

该模型为经典的 0-1 整数规划模型，可采用基于分支定界思想的算法进行精确求解。标准优化求解软件（如 Cplex、Gurobi 和 Lingo 等）一般内置了该算法，使用者仅需采用软件特定的建模语言进行模型结构和输入数据描述，即可实现该类型问题的求解。

根据表 7-1 的订单信息可知，按钢种、厚度和宽度的不同可将订单分为两类：Q235（1、2、4、5、6、7、8）、Q420E（3、9、10），对两组订单进行优化组合。将模型（7-1）～（7-5）输入优化求解软件中，经计算得到的最终结果如表 7-2 所示，坯料总数 4，坯料最小总余材量为 20t。

表 7-2　坯料设计结果

坯料序号	钢种	坯料厚度/mm	坯料宽度/mm	分配订单
1	Q420E	12	2200	3/9/10
2	Q235	10	2200	1/4/7
3	Q235	10	2200	2/6
4	Q235	10	2200	5/8

7.2.2 炉次计划和浇次计划

在炼钢-连铸生产过程中，铁水通过转炉（或电炉）、精炼炉、连铸机等设备实现了化学成分和物理状态的改变，浇铸形成热轧工序所需的坯料。受限于冶炼设备条件，炼钢工序以炉次为基本单元进行离散化、规模化生产，一个炉次对应转炉或电炉一次冶炼所生产的一炉钢水，可浇铸多块坯料。连铸工序以浇次为基本单元进行连续化、规模化生产，一个浇次对应某一连铸机上连续浇铸的钢水，可包含多个炉次。以炉次、浇次为单位编制的炼钢生产批量计划称为炉次计划和浇次计划。

在以合同订单为导向的生产模式下，炼钢生产批量计划可以坯料设计得到的坯料需求为基础。人工计划方式可以直接考虑以生产订单为对象先进行炉次计划和浇次计划制定，在制定浇次计划时要兼顾热轧工艺设备的要求。在满足炉次生产约束的条件下（如同一炉次内坯料保证钢种、坯型、交货期等参数相同或相近；生产设备生产能力限制等），按炉次进行坯料的优化组合，得到炉次计划；在炉次计划的基础上，在满足浇次生产约束的条件下（如同一浇次内炉次的钢种与坯料宽度不能差异太大；中间包、水口寿命等），编制浇次计划。下面分别介绍炉次计划和浇次计划的编制过程。

7.2.2.1 炉次计划问题描述

炉次是钢厂生产的基本单位。在炼钢-连铸生产阶段，经炼钢、精炼、连铸生产浇铸成的坯料在钢级、规格、物理特性、交货期等诸多因素之间存在一定的差别。根据炼钢工艺的要求，需要将坯料进行合理的组合，形成不同的炉次，使得每一个炉次在炉容要求下，追求炉次数最少、无委托坯料（无订单需求对应的坯料）最少和最小的交货期差异（同一炉次内各坯料交货期之间的差距）等。

组成同一炉次的坯料一般须满足以下条件：

（1）钢级必须相同。某一钢铁产品可通过牌号、品种、规格、状态和执行标准号等准确描述，一个牌号代表具有相同特征的一类产品，同一牌号按冶金质量又划分为多个等级，也可称为钢级，不同钢级在化学成分含量和纯净度等方面要求不同。为保证产品的使用性能，订单给出了产品的钢级需求。由于一炉钢水冶炼结束后仅能对应一个钢级，因此只有钢级要求相同的坯料才可在一个炉次中进行生产。

（2）坯料厚度必须相同。合格的钢水将被运送至连铸工序进行浇铸，浇铸过程钢坯的厚度是由结晶器决定的，且在生产过程中不能改变。因此，在编制炉次计划时，具有相同坯料厚度需求的坯料才能编排在同一炉次中。

（3）宽度相同。连铸机生产钢坯的宽度也是由结晶器决定的，在同一炉次浇铸的过程中一般不调整结晶器宽度。因此，坯料的宽度一般不会改变，计划编制时同一炉次中坯料宽度应相同。

（4）坯料总重量不超过炉容。炉容即单个炉次最多可容纳的钢水重量，分配到单一炉次内的坯料的总重量不能大于炉容限制，当坯料总重量小于炉容时，可在下列三种情况下做出权衡：1）放弃该炉次计划的生产，即放弃该炉次计划内安排坯料的生产；2）扩大预选池坯料量，即向炉次中分配新的坯料以满足炉容要求；3）形成无订单坯料，无订单坯料即生产出来的坯料没有现成的合同相对应，浇铸结束后一般存放在板坯库中，用于满足后续接收到的订单。无订单坯料在库存中堆积不利于物流管理，且会产生库存成本。因此,应尽量减少无订单的坯料产生。

炉次计划编制如图 7-5 所示。

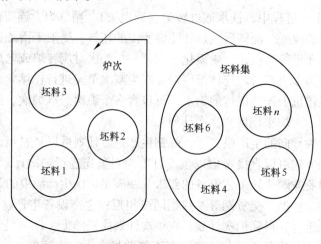

图 7-5　炉次计划编制示意图

7.2.2.2　浇次计划问题描述

在炼钢-连铸生产当中,完成冶炼的钢水需要通过连铸机浇铸实现从液态钢水到固态铸坯的转变。连铸机主要由钢包、中间包、结晶器、结晶器振动装置等组成。钢包又称钢水包、大包等,是装载一炉钢水的浇铸设备。中间包是连铸工艺中,位于钢包和结晶器之间的过渡容器,即钢包中的钢水先注入中间包再通过其水口装置注入结晶器。对于实现多炉连浇而言,中间包内储存的钢水在更换钢包时能起到衔接作用,从而保证了多炉连浇的正常进行,此外它还具有稳流、去渣和分流等作用。结晶器是连铸机非常重要的部件,它是一个强制水冷的无底钢锭模,主要作用是使钢液逐渐凝固成所需规格和形状的坯料。需要注意的是中间包和结晶器都是有使用寿命的,使用一段时间之后必须进行更换,目前结晶器的寿命通常比中间包的寿命长。一般将使用同一中间包浇铸的多个炉次称为一个浇次,同一结晶器可完成多个浇次的浇铸。对于连铸机来说,每开启一次机器需要设备调整时间和调整费用,为了提高生产率和成材率,需要更多的炉次在同一连铸机上进行连续浇铸,以降低总调整费用。但是有以下三点原因不能任意增加每一浇次中的炉次:

(1) 连铸中间包的寿命有一定限制,连续浇铸的炉次数不能超过中间包的寿命。

(2) 不同钢种之间连浇时,如果相邻两个炉次之间的钢级有差异,则会增加炼钢成本。例如,同一钢级序列中的不同钢级之间连浇时产生的交接坯应该判给低质钢,这样会带来附加成本。

(3) 在同一浇次中炉次宽度不能频繁改变而且相邻炉次之间的宽度变化不能太大,因为每调宽一次需要消耗一定的工时,在线调宽过程中也容易导致不合格品,从而产生附加的炼钢成本。

因此,浇次计划问题实质上是追求炼钢的附加费用和总调整费用之和最低的一类最优化问题。如果考虑热送热装,还需要考虑连铸与热轧的衔接问题。

组成同一浇次的炉次之间一般须满足如下条件:

(1) 钢级差异在允许范围之内。例如,表 7-3 表示 4 个钢级不同的炉次之间的关系。

（2）炉次之间的坯料厚度必须一致。

（3）如果不同宽度的炉次组成同一浇次，一般是按宽度非增顺序排序，而且变化不能太大。

（4）一个浇次可浇铸的最大炉次数受中间包寿命的影响。

（5）炉次之间的交货期应相近。

表 7-3 不同炉次之间的钢级差异关系

炉次号	C1	C2	C3	C4
C1	0	1	2	3
C2	1	0	3	2
C3	2	3	0	3
C4	3	2	3	0

注：C_i 代表炉次 i 对应的钢级；0 代表钢级完全相同，可直接连浇；1 代表钢级相近不用隔板，可直接连浇；2 代表用隔板进行质量分离连浇；3 代表不能连浇。

7.2.2.3 问题建模与求解

下面以炉次计划为例介绍模型的构建方法。

【例 7-2】 给定 10 块坯料，其钢级、厚度等信息见表 7-4。编制多个炉次以满足订单的需求，每炉容量为 100t，请问最少需要多少个炉次（给出各炉次计划生产坯料的钢级、厚度、宽度信息）？

表 7-4 坯料信息表

坯料 ID	钢级	板坯厚度/mm	板坯宽度/mm	板坯重量/t
1	1	200	2000	10
2	2	200	2000	25
3	3	200	2000	22
4	1	200	2000	19
5	1	200	2000	18
6	1	200	2000	15
7	1	200	2000	14
8	1	200	2000	27
9	2	200	2500	28
10	1	200	2000	20

解： 根据工艺要求，同一炉次内只能安排具有相同钢级、板坯宽度和厚度的坯料。因此，在编制炉次前，需先对 10 块坯料进行分组，不难发现，2、3、9 三块坯料需各自单独为一组，其余坯料分为一组，共四组。由于炉次容量为 100t，显然仅需设计三个不同炉次即可满足 2、3、9 坯料需求，其他坯料需通过建立数学模型对最少炉次数进行求解。

（1）定义符号：

i 代表坯料编号，$i \in \{1, 2, \cdots, n\}$；$j$ 代表备选炉次编号，$j \in \{1, 2, \cdots, m\}$。

决策变量 x_{ij} 表示坯料与炉次之间的匹配关系。当坯料 i 选择炉次 j 时，$x_{ij} = 1$；否则，为 $x_{ij} = 0$。

决策变量 y_j 表示炉次是否被选择。当炉次 j 被某一坯料选择，$y_j = 1$，否则为 $y_j = 0$。

d_i 代表订单 i 的需求重量，C 为炉容。

（2）建立模型。基于以上参数和决策变量，利用数学规划建模方法构建炉次计划编制模型如下：

1）目标函数：炉次数最少。

$$\min f = \sum_{j=1}^{m} y_j \qquad (7\text{-}6)$$

2）约束条件：

①每块坯料只能被某个炉次所包含：

$$\sum_{j=1}^{m} x_{ij} = 1 \quad \forall i \qquad (7\text{-}7)$$

②若某炉次内有至少一块坯料则该炉次必须被生产：

$$y_j > x_{ij} \quad \forall i \qquad (7\text{-}8)$$

③分配到某炉次的坯料总量小于炉容：

$$\sum_{i=1}^{n} x_{ij} \cdot d_i < C \quad \forall j \qquad (7\text{-}9)$$

④决策变量取值约束：

$$x_{ij}, y_j \in \{0,1\} \qquad (7\text{-}10)$$

模型（7-6）~（7-10）为 0-1 整数规划模型，可采用标准优化求解软件内置的分支定界方法进行精确求解。结果见表 7-5。

表 7-5　炉次计划编制结果

炉次 ID	钢级	板坯厚度/mm	板坯宽度/mm	包含坯料
1	1	200	2000	1/4/5/6
2	1	200	2000	7/8/10
3	2	200	2000	2
4	2	200	2500	9
5	3	200	2000	3

7.2.3　热轧单元计划

在热轧工序，轧机通过轧辊向坯料施加压力，实现坯料物理性能和形状的改变。轧辊在加工的过程中会产生磨损，而由于轧辊磨损生产的产品质量会下降，显然为保证产品质量满足用户需求，需要及时更换轧辊。然而，由于轧辊成本较高且更换轧辊会占用生产时间，为提高生产效率降低成本，应尽量充分利用每对轧辊，尽可能加大轧辊的轧制公里数，减少更换次数。热轧单元计划即是在满足生产工艺约束的条件下，确定坯料在轧制工序的排序，以提高产量、降低能耗。由于生产设备和工艺的差别，针对不同钢材品种的计划编制条件各异，此处以带钢的热轧单元计划为例进行介绍。

7.2.3.1 热轧单元计划问题描述

热轧带钢所用原料主要为连铸坯。对板坯进行表面处理后，用步进式连续加热炉进行加热，用粗轧机进行轧制，由粗轧机轧制出的带钢坯被运送至精轧机进行精轧，轧后冷却、卷取和精整。对于精轧工序，精轧机组一般由6~7个机架组成连轧，每一个机架上包括两对轧辊：工作辊和支撑辊。由于高温高速轧制，轧辊磨损会影响板形，需要及时更换，更换的两个相邻工作辊之间连续加工的所有板坯称为一个热轧单元。

热轧单元计划的编制是指在满足工艺、设备等约束的前提下，对给定的订单集进行排序，使得该热轧单元计划的生产对轧辊造成的磨损最小，从而提高轧辊寿命和产品质量。热轧工序约束较多，一个完整的热轧单元计划在宽度上总体呈"乌龟壳"形状，即由窄渐变宽再变窄，包括两个部分：烫辊材和主体材（图7-6）。其中，烫辊材部分量较少，主要安排一些较易轧制的板坯以预热轧辊，而主体材部分板坯数量多、轧制难度大，是热轧单元计划编制问题的重点和难点（本节仅讨论主体材部分的编制问题）。

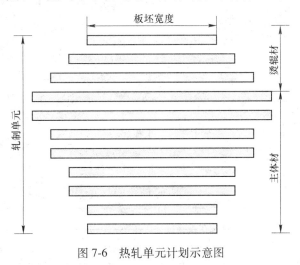

图7-6 热轧单元计划示意图

主体材部分的基本约束为：
（1）硬度变化平稳，渐增或渐减；
（2）厚度变化平稳，最好非减变化；
（3）宽度跳跃：递减变化，跳跃幅度不能过大；
（4）计划轧制总长度公里数限制；
（5）同宽轧制长度公里数限制。

为提高生产效率、降低生产成本，编制热轧单元计划时应尽量减少轧辊的磨损，从而能轧制更多的产品。由于轧辊磨损与产品间的硬度、厚度和宽度跳跃有关，因此热轧单元模型需将这类跳跃惩罚量化处理。惩罚结构见表7-6~表7-8。以此惩罚结构为基础，可对给定的一种排序方案计算其惩罚值，惩罚值越小，则表示以该排序进行生产对轧辊的磨损越小，被认为是更好的排序方案。

表 7-6　宽度跳跃惩罚

宽度向下跳跃/mm	惩罚
0 ~ 30	1
30 ~ 60	2
60 ~ 90	3
90 ~ 120	5
120 ~ 150	10
150 ~ 180	20
180 ~ 210	30
210 ~ 240	50
240 ~ 270	70
270 ~ 300	90
300 ~ 330	120
330 ~ 360	150
360 ~ 540	200
540 ~ 900	500
900 ~ 1500	1000

表 7-7　硬度跳跃惩罚

硬度跳跃	惩罚
1	5
2	15
3	35
4	60
5	90

表 7-8　厚度跳跃惩罚

厚度跳跃/mm	惩罚（向上）	惩罚（向下）
0.010 ~ 0.254	3	6
0.255 ~ 0.508	7	14
0.509 ~ 0.762	12	24
0.763 ~ 1.016	18	36
1.017 ~ 1.270	25	50
1.271 ~ 1.524	33	66
1.525 ~ 1.778	42	84
1.779 ~ 2.032	52	104
2.033 ~ 2.540	66	132
2.541 ~ 3.810	99	198
3.811 ~ 25.397	199	398

7.2.3.2 问题建模与求解

热轧单元计划编制问题可等效视为旅行商问题（traveling salesman problem，TSP）。前者中的订单可以看作 TSP 中的城市，热轧单元可视为 TSP 中旅行推销员。借鉴基本的旅行商建模方法，可建立热轧单元计划编制的数学模型，由于热轧单元的开环与闭环旅行回路不符，此处引入 0 号虚拟订单作为计划的起始和终止板坯，形成闭环结构。

【例 7-3】 现给定 10 个产品订单，见表 7-9。请基于惩罚最小化原则构建热轧单元计划编制的数学规划模型。

表 7-9 订单信息表

订单 ID	硬度	厚度/mm	宽度/mm
1	8	1500	6
2	8	1500	6
3	7	1500	4
4	7	1500	4
5	6	1350	5
6	5	1350	5
7	6	1350	5
8	6	1250	4
9	5	1250	3
10	5	1250	4

解：

（1）定义符号：

$c_{ij} = p_{ij}^h + p_{ij}^{ga} + p_{ij}^w$，$c_{ij}$ 为先后热轧订单 i，j 的总惩罚，包括硬度跳跃惩罚 p_{ij}^h、厚度跳跃惩罚 p_{ij}^{ga}、宽度跳跃惩罚 p_{ij}^w 三个部分，可通过上文给出的惩罚表进行计算；

i，$j \in \{0, 1, \cdots, n\}$ 表示订单编号，其中 0 为虚拟订单，其他为需要轧制的订单；

x_{ij} 为 0-1 变量，在热轧单元中，当轧制板坯 i 后邻接轧制板坯 $j(i \neq j)$ 时取值为 1，否则为 0；

u_i 为整数变量，表示在轧制订单 i 后已轧制的板坯个数。

（2）建立模型：

1）目标函数

$$\min f = \sum_{i \neq j} c_{ij} \cdot x_{ij} \tag{7-11}$$

热轧单元计划目标函数一般为最小化各热轧单元计划的总惩罚，从而减少轧辊磨损，提高产品质量。

2）约束条件：

① 每个订单必须被访问且只能访问一次：

$$\sum_{j=0}^{n} x_{ij} = 1, \quad i = 0, \cdots, n \tag{7-12}$$

$$\sum_{i=0}^{n} x_{ij} = 1, \quad j = 0,\cdots,n \tag{7-13}$$

②剔除可能存在的不包含 0 号虚拟板坯的闭合回路：

$$u_i - u_j + (n-1)x_{ij} \leq n-2, \quad i,j = 1,\cdots,n, i \neq j \tag{7-14}$$

$$1 \leq u_i \leq n, \quad i = 1,\cdots,n \tag{7-15}$$

③决策变量的取值约束：

$$x_{ij} \in \{0,1\}, \quad i,j = 0,\cdots,n, i \neq j \tag{7-16}$$

$$u_i \geq 0, \text{integer}, \quad i = 0,\cdots,n \tag{7-17}$$

模型（7-11）~（7-17）为混合整数线性规划模型，如前所述，通过标准优化求解软件获得的最优排序为：2-1-4-3-7-5-6-8-10-9，惩罚值为 76。

7.3　面向工序作业计划的生产调度

通过编制生产批量计划已经将生产订单转化成钢铁生产的基本单元（板坯、炉次、浇次和热轧单元）。以此为基础，工序作业计划的编制是在满足生产资源、工艺等约束条件的前提下，从系统优化的角度安排一定时间周期内的物料加工设备，以及相应设备上的开始/结束加工时间，用于指导各工序设备的制造过程。在作业计划执行期间，由于不可避免的随机扰动因素的存在，初始作业计划会出现难以继续执行的现象，此时需要依据动态资源和扰动信息进行动态调度，以达到实时运行调控的目的。

7.3.1　静态调度方法

炼钢-连铸生产过程是钢铁制造流程的关键环节。该区段生产工艺约束多、工序工位间关系复杂，是生产调度技术应用的主要对象，在全流程系统中发挥着承上启下的关键作用。本节以炼钢-连铸区段为对象介绍一种典型的静态调度方法（生产作业计划编制或调度排程方法）。

7.3.1.1　炼钢-连铸静态调度问题描述

炼钢-连铸区段主要包括炼钢、精炼和连铸 3 个环节。炼钢与连铸环节各自包含一个并行机组（如转炉机组、连铸机机组），精炼环节可包含一个或多个并行机组（如 LF 精炼炉机组、RH 精炼炉机组），以实现不同的精炼工艺要求。以转炉钢厂为例，钢厂生产物流的铁素物质流在炼钢-连铸区段的生产流程如下：铁水首先兑入转炉冶炼成钢水，倒入钢包内，并通过天车和台车运送至精炼环节；然后根据生产工艺要求依次在不同的精炼设备上对钢水进行二次冶炼；最后，通过天车或台车把钢包运送至连铸平台进行浇铸以形成固态铸坯。

在炼钢-连铸区段的生产调度过程中，炉次是最小的生产单元，对应于同一个转炉内冶炼的钢水。浇次是指在同一连铸机上连续浇铸的炉次集合，是炼钢-连铸生产调度过程中最大的生产单元。炼钢-连铸作业计划编制问题可以描述为：在上层生产批量计划的浇次计划基础上，为每个炉次在其需要加工的工序内合理地分配加工设备，并确定其在设备上的开始加工时间和结束加工时间，形成指导各炉次加工的"甘特图"。

在炼钢-连铸静态调度过程中，通常假设所有的参数均为确定值，然后根据工艺及调度约束和目标构造数学模型并进行求解。

A 优化目标

(1) 炉次的流程完工时间最小。炉次的流程完工时间是指炉次在铸机上浇铸结束的时间。最大完工时间是指所有炉次的完工时间中的最大值。最大完工时间越小通常意味着设备的利用率越高。因此最小化炉次的最大流程完工时间是生产调度最常见的优化目标之一。

(2) 工序间等待时间最小。炼钢-连铸区段的加工设备均有顺序加工特征，即必须完成前一炉的加工之后才能开始后一炉的加工。减少炉次在设备前等待加工的时间能够减少钢水的温降，进而减少能耗。因此，最小化炉次在工序间等待时间的总和也是生产调度常见的优化目标之一。

(3) 交货期提前/延迟惩罚最小。对于炼钢-连铸区段的生产而言，炉次交货期等同于后续热轧任务释放时间。若炉次在铸机上浇铸结束的时间早于其交货期，则会增加板坯库的库存压力。若炉次在铸机上浇铸结束的时间晚于其交货期，则会影响后续热轧的生产节奏。因此，最小化炉次交货期提前/延迟总惩罚也是生产调度常见的优化目标之一。

B 约束条件

炼钢-连铸生产调度问题的约束条件主要包含基本调度约束和工艺约束两个方面。炼钢-连铸生产调度问题通常可视为一类混合流水车间（hybrid flow shop，HFS）调度问题，其基本调度约束与经典的 HFS 调度问题的约束形式基本一致。基本调度约束主要保证炉次在工序上的设备分配和加工时间顺序关系是可行的，如炉次操作加工设备分配约束、炉次操作加工顺序约束、设备最早可用时间约束、设备加工时间不冲突约束等。由于炼钢-连铸生产调度问题具有较强的工业应用背景，因此除了需考虑基本的调度约束，还需考虑特殊的工艺约束。

(1) 基本调度约束：

1) 炉次操作的加工设备分配约束。在炼钢-连铸区域，每个炉次都需要按照既定的顺序执行一系列的操作。通常一个操作只在一个工序内加工，同一炉次不同操作所在的工序是不同的。炉次操作加工设备分配约束是指保证每个炉次的每个操作在相应的工序内必须安排一个加工设备。

2) 炉次操作的加工顺序约束。由于每个炉次都需要按照既定的顺序执行一系列的操作，因此需要保证相邻操作之间加工时间的合理性，即对于炉次任意两个相邻的操作，当且仅当紧前操作完成且炉次运送至紧后操作的加工设备处之后，紧后操作才可以开始加工。

3) 设备最早可用时间约束。连续式生产的特点决定了在编制新的作业计划时各设备的初始状态不应该为空，需要考虑流程中存在的之前计划的生产物流，即各设备存在最早可用时间。设备最早可用时间约束是指在新的作业计划中，炉次在设备上的开始加工时间必须晚于设备的最早可用时间。

4) 设备加工时间不冲突约束。由于冶炼工艺的限制，炼钢-连铸区段的加工设备同一时刻最多加工一个炉次。因此，编制作业计划时需要保证在同一设备上加工的炉次的加工时间不冲突。

(2) 工艺约束：

1）浇次内的炉次连浇约束。连铸机连浇能降低能源消耗、提高金属收得率、提升产品质量等。因此，在编制作业计划时需要保证浇次中的炉次连续浇铸。

2）浇次间准备时间约束。连铸机开始启动一个新的浇次时，需要一系列准备工作，如更换中间包、上引锭杆等。同一连铸机上相邻浇次之间需要保证一定的准备时间。

7.3.1.2 问题建模与求解

炼钢-连铸生产调度问题常用数学规划方法构建模型，可利用第 6 章介绍的精确算法（如分支定界）、启发式方法和智能优化算法（如遗传算法、蚁群算法等）进行求解。有兴趣的读者可以详细查阅附录中的参考文献。

通过例 7-4 和例 7-5 介绍炼钢-连铸生产调度的数学规划模型和求解该模型的遗传算法。

【例 7-4】 某炼钢厂拥有转炉 2 台，LF 炉 2 台，连铸机 2 台。需要冶炼的浇次计划见表 7-10。钢种在工序上的加工时间信息如表 7-11 所示。工序间的运输时间为 10min。假设作业计划编制初始时刻为 0，浇次 1 的预计开浇时刻为 140，浇次 2 的预计开浇时间为 150，请构建作业计划编制的数学规划模型。

表 7-10 浇次计划

浇次号	炉次总数	钢种信息	目标铸机	加工工序路径
1	4	Q235B	铸机 1	转炉—LF—连铸机
2	3	25MnV	铸机 2	转炉—LF—连铸机

表 7-11 钢种在工序上的加工时间 （min）

钢种	转炉	LF 炉	连铸机
Q235B	42	35	45
25MnV	40	30	45

解：

（1）定义符号。构建数学模型之前，首先需要从一般化的角度定义该问题涉及的各个要素的数学符号。作业计划编制的本质是为炉次分配加工设备，并确定炉次在设备上的开始加工时间和结束加工时间。因此，该问题的基本参数主要涉及流程加工设备信息、炉次信息和作业时间信息三个模块的数学符号定义。

1）流程加工设备信息符号定义：

i 表示工序序号，$i \in \{1, 2, 3\}$；

M_i 表示第 i 个工序的设备集合。

2）炉次信息符号定义：

Ω 表示需要编制作业计划的炉次集合，$\Omega = \{1, 2, \cdots, n\}$；

l 表示浇次序号，$l \in \{1, 2, \cdots, N\}$；

Ω_l 表示浇次 l 包含的炉次集合，$\Omega_l = \{z_{l-1} + 1, z_{l-1} + 2, \cdots, z_l\}$，其中 $z_{l-1} + 1, z_{l-1} + 2, \cdots, z_l \in \{1, 2, \cdots, n\}$。因此，$\Omega = \Omega_1 \cup \Omega_2 \cup \cdots \cup \Omega_N$，并且对于任意的浇次集合 Ω_{l_1} 和 Ω_{l_2}，$\Omega_{l_1} \cap \Omega_{l_2} = \varnothing$。

B_k 表示安排在连铸机 k 上的浇次集合，$B_k = \{\Omega_{b_{k-1}+1}, \Omega_{b_{k-1}+2}, \cdots, \Omega_{b_k}\}$，其中 $b_{k-1} + 1, b_{k-1} + 2, \cdots, b_k \in \{1, 2, \cdots, N\}$。

3）作业时间信息符号定义：

j 表示炉次序号，$j \in \{1, 2, \cdots, n\}$；$PT_{i,j}$ 表示炉次 j 在工序 i 上的加工时间，依据表 7-10 和表 7-11 可以对每一个 $PT_{i,j}$ 进行赋值；

$TT_{i,i+1}$ 表示工序 i 至 $i + 1$ 的运输时间；

ST 表示浇次间的准备时间；

PCT_l 表示浇次 l 的预计开浇时间。

以上符号表示作业计划编制问题中的参数信息，属于已知值。为了建模需要，作业计划编制的决策变量定义如下：

$s_{i,j}$ 表示炉次 j 在工序 i 内的开始加工时间；

$x_{i,j,k}$ 为 0~1 决策变量，当且仅当炉次 j 安排在工序 i 内的设备 k 上加工时为 1；

y_{i,j_1,j_2} 表示如果炉次 j_1 在工序 i 内的开始加工时间早于炉次 j_2，则 $y_{i,j_1,j_2} = 1$；如果二者的开始加工时间相同，则 $y_{i,j_1,j_2} = 1/2$，否则，$y_{i,j_1,j_2} = 0$。

（2）建立模型。基于上述参数及决策变量的符号定义，利用数学规划建模方法构建的炼钢-连铸生产调度模型如下：

1）目标函数：

$$\min f = \sum_{l=1}^{N} |PCT_l - s_{3,z_{l-1}+1}| \tag{7-18}$$

其中，$s_{3,z_{l-1}+1}$ 表示浇次 l 的第一个炉次在铸机上的开始加工时间，即浇次 l 的开浇时间。该目标为最小化浇次实际开浇时间与预定开浇时间之间的偏差。

2）基本调度约束：

①炉次操作加工设备分配约束：

$$\sum_{k \in M_i} x_{i,j,k} = 1, \quad \forall j \in \Omega, i \in \{1,2,3\} \tag{7-19}$$

②炉次操作加工顺序约束：

$$s_{i+1,j} - (s_{i,j} + PT_{i,j} + TT_{i,i+1}) \geqslant 0, \quad \forall j \in \Omega, i \in \{1,2\} \tag{7-20}$$

③设备加工时间不冲突约束：

$$s_{i,j_2} - (s_{i,j_1} + PT_{i,j_1}) + U \cdot (3 - y_{i,j_1,j_2} - x_{i,j_1,k} - x_{i,j_2,k}) \geqslant 0$$
$$\forall j_1, j_2 \in \Omega, k \in M_i, i \in \{1,2\} \tag{7-21}$$

④决策变量取值约束：

$$s_{i,j} \geqslant 0, \quad j \in \Omega, i \in \{1,2,3\} \tag{7-22}$$

$$x_{i,j,k} \in \{0,1\}, \quad j \in \Omega, k \in M, i \in \{1,2,3\} \tag{7-23}$$

$$y_{i,j_1 j_2} \in \left\{0, \frac{1}{2}, 1\right\}, \quad j_1, j_2 \in \Omega, i \in \{1,2,3\} \tag{7-24}$$

3）工艺约束：

①浇次内的炉次连浇约束：

$$s_{3,j} + PT_{3,j} = s_{3,j+1}, \quad \forall j, j+1 \in \Omega_l, l \in \{1,2,\cdots,N\} \tag{7-25}$$

②浇次间准备时间约束：

$$s_{3,zl+1} \geqslant s_{3,zl} + PT_{3,zl} + ST \ , \ \forall \Omega_l, \Omega_{l+1} \in B_k \tag{7-26}$$

【例 7-5】 请根据例 7-4 中模型的特点设计一种遗传算法完成模型的求解。

解： 参考第 6 章介绍的遗传算法基本流程可知，染色体编码、解码设计以及遗传进化算子设计是遗传算法的核心要素。因此，下面主要介绍求解例 7-4 模型的遗传算法的核心要素。

（1）染色体编码和解码。炼钢-连铸作业计划编制是为每个炉次在不同工序上的冶金操作安排加工设备，并确定其在设备上的开始加工时间和结束加工时间。由于模型中炉次在设备上的加工时间可以设为定值，因此作业计划编制中炉次在工序内的加工设备和开始加工时间是两个重要的决策对象。然而，由于炼钢-连铸区段的生产作业计划编制时炉次总数较多，为了避免染色体过于冗长一般不选择将所有的决策信息全部编码至染色体中。本例题采用基于炉次编号的表达方法，即利用炉次编号的排列代表炉次在工序内的加工顺序。假设一个染色体编码为 [1,3,2,2,3,1]，其中 1 表示炉次 1，2 表示炉次 2，3 表示炉次 3。编号 i（$i = 1,2,3$）出现的次数 j 代表工件 i 的第 j 个工序。因此，在第 1 个工序内，炉次的加工顺序为 [1,3,2]，在第 2 个工序内，炉次的加工顺序为 [2,3,1]。基于工序内的加工顺序，在解码过程中利用设备分配规则（如加工等待时间最小规则）依次给炉次分配加工设备，然后再利用冲突消除算法避免在设备上产生作业时间冲突，便可得到对应染色体无时间冲突的生产作业计划，即完成调度排程。

（2）遗传进化算子。遗传进化算子包括选择算子、交叉算子和变异算子。选择算子的目的是将优秀的个体选入交配池内，此处选择算子采用锦标赛选择算子。锦标赛选择过程如下：1）无放回地从种群中随机选择 2 个个体，将优秀的个体加入进化交配池；2）重复步骤 1），直至所有个体均被选择出来，此时进化交配池的大小为种群大小的一半；3）将所有个体全部放回种群，然后再重复执行步骤 1）和 2），最终获得与种群大小相同的进化交配池。

从交配池内选择两个个体作为父代，然后以一定概率（交叉概率 CP）通过交叉算子交换部分基因信息后产生两个子代进入下一代种群。交叉操作可以将父代优良的基因传给后代，同时又产生新的个体。由于模型中每个炉次在每个工序内均需要进行调度，因此染色体中每个工序内每个炉次的编号必须出现且只能出现一次。传统的单点交叉算子和双点交叉算子无法保证子代染色体的可行性。为此，此处采用相似基因顺序交叉（SB2OX）算子产生下一代种群。如图 7-7 所示，SB2OX 的交叉过程如下：1）将父代连续两个及以上的基因直接交叉复制到下一代；2）将父代两个交叉点之间的基因交叉遗传至下一代；3）顺序遗传剩下基因以保证染色体的可行性。需要注意的是 SB2OX 算子需要在每个工序内独立进行。

对经过交叉操作产生的子代个体以一定概率（变异概率 MP）执行变异操作。变异操作可以增加种群的多样性。但是，变异操作也要保证染色体的可行性，即同工序内炉次编号必须出现且只能出现一次。鉴于此，此处采用平移变异（SHIFT）算子。如图 7-8 所示，SHIFT 的变异过程如下：1）随机选择一个基因插入至另一个位置；2）两个基因位之间的基因相应平移。需要注意的是 SHIFT 算子也需要在每个工序内独立进行。

（3）算法整体流程。基于以上的分析讨论，求解炼钢-连铸作业计划编制的遗传算法

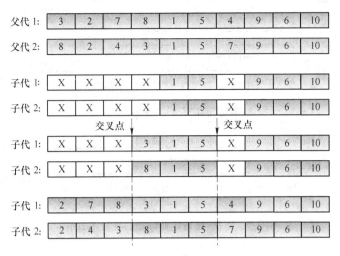

图 7-7 SB2OX 交叉算子示意图

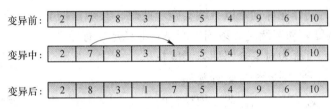

图 7-8 SHIFT 变异算子示意图

整体流程如下：

Step1：参数设置。令种群大小 PS = 100，交叉概率 CP = 0.8，变异概率 MP = 0.2。

Step2：种群初始化。利用上述的编码方法随机构造 PS 条染色体加入初始种群 P。

Step3：染色体解码及评价。利用上述解码方法获得种群 P 中每一条染色体对应的完整的作业计划，然后计算该作业计划的最大完工时间。

Step4：如果达到算法终止条件，则输出 P 中最大完工时间最小的作业计划，否则，执行 Step5。

Step5：选择操作。利用锦标赛选择算子从当代种群 P 中选择 PS 条染色体加入进化交配池。

Step6：交叉操作。删除种群 P 中所有的个体，从交配池内随机选择父代，然后以一定概率 CP 执行 SB2OX 交叉操作并产生 PS 个新的个体加入种群 P。

Step7：变异操作。对种群 P 中所有的个体以一定概率 MP 执行 SHIFT 变异操作。

Step8：转 Step3 进入下一代进化流程。

利用上述遗传算法求解例 7-4 中的模型，获得的作业计划甘特图如图 7-9 所示。从图中可以看出，浇次 1 和浇次 2 实现了准时开浇，并且生产作业计划满足所有的调度约束和工艺约束。

7.3.2 动态调度方法

上节所述的静态调度过程是在一定理想环境下的确定性生产调度，即假设所有任务、

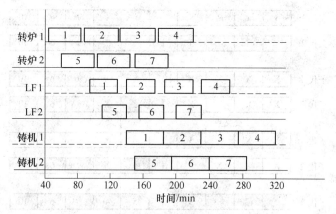

图 7-9 炼钢-连铸作业计划的甘特图表示

资源和工艺等信息在调度之前均已知，并且假设在调度周期内不会发生改变。然而，在实际生产过程中常常会出现各种不确定性扰动事件（如设备故障、时间偏差、紧急任务等等），使得正在执行的作业计划难以继续实施。此时，必须依据实时扰动信息以及其他生产信息进行动态调度。动态调度关系到生产是否能稳定、有序地进行。本节仍然以转炉炼钢-连铸区段的生产过程为对象介绍动态调度技术。

7.3.2.1 炼钢-连铸动态调度问题描述

炼钢-连铸生产过程中影响作业计划执行的不确定性因素众多。按照炼钢-连铸生产调度的特点可将影响作业计划执行的生产扰动分为四类：炉次计划扰动、加工路径扰动、设备扰动和时间扰动，见表 7-12。

表 7-12 炼钢-连铸生产扰动分类

扰动类型	诱发因素	产生的影响
炉次计划扰动	计划插入	炉次数量增加
	计划取消	炉次数量减少
加工路径扰动	钢水返送	炉次增加逆流程加工工序路径
	钢种改判	炉次后续加工工序路径变化
设备扰动	设备故障	可用设备量减少
	设备修复	可用设备量增加
时间扰动	运输时间偏差	炉次在设备上的开始作业时间偏差
	加工时间偏差	炉次在设备上的结束作业时间偏差

按照处理扰动方式的不同，炼钢-连铸生产过程的动态调度策略一般可分为三类：反应式调度、鲁棒调度和预测-反应式调度。反应式调度是指依据生产任务、生产设备的实时属性，直接利用调度规则完成生产任务（炉次）与设备的动态匹配。反应式调度因无需预先编制作业计划，属于即时状态的反应式调度，具有响应速度快、实现简单等优势，目前企业生产现场的人工调度大多如此。然而由于调度策略通常只能考虑短程局域作用，一般情况下难以保证整个生产调度过程的全局最优性。鲁棒调度是指编制一个预测性作业计划，即预先考虑生产过程中可能出现的不确定因素，以减少作业计划执行过程中的频繁修

复或重调度，从而一定程度上保证了作业计划的鲁棒性。预测-反应式调度是反应式调度与鲁棒调度的结合体，是最科学的动态调度方法。它预先编制一个预测性作业计划，若在执行过程中出现扰动事件对初始作业计划的可行性或目标性能产生影响，则及时进行修复或重调度。

在炼钢-连铸作业计划的执行过程中，如何针对不同的扰动进行快速合理的重调度是实现动态调度的关键。炼钢-连铸重调度问题与 7.3.1 节介绍的静态生产调度问题有类似之处，其中的不同点主要体现在以下几个方面：

（1）按浇铸工艺，制定炼钢-连铸作业计划时浇次内炉次连续浇铸是硬性约束。然而，当生产扰动导致浇次连浇约束无法满足时，连铸机可能出现非计划断浇。图 7-10 展示了一种由时间扰动而引起的铸机非计划断浇的案例。因此，扰动环境下的重调度的计划调整或重计划编制通常将浇次的连浇作为目标。

（2）对于扰动环境下出现的非计划断浇情况，需要在同一铸机不连浇的相邻炉次之间，设置一个重新开浇的准备时间。

（3）炉次在连铸工序的加工设备和加工次序的调整原则。在炉次加工设备和顺序已确定的基础上，若是非故障连铸机上的炉次，则不更改其目标铸机和浇铸次序；若是故障连铸机上的炉次，则需要根据连铸机故障重调度策略确定炉次的浇铸铸机和浇铸次序。

（4）炉次加工路径的调整原则。在预先确定的炉次加工路径基础上，若扰动不影响预先设定的加工路径，则不更改其加工路径及选定的设备；若扰动影响到加工路径和选定的加工设备，则优先考虑炉座更换降低扰动的影响，并且更新其后的加工路径。

（5）在重调度过程中，由于计划期内某些炉次的所有工艺操作或部分操作已完成加工，这部分炉次操作的作业计划不允许更改。

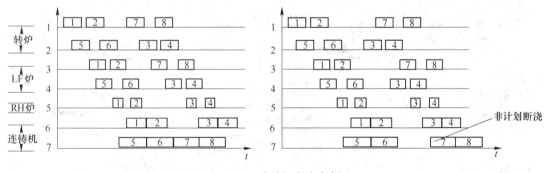

图 7-10　非计划断浇案例

7.3.2.2　问题建模与求解

炼钢-连铸重调度问题也是一个优化决策问题，因此同样可利用第 6 章介绍的建模方法构建炼钢-连铸重调度模型，然后设计相应的优化算法完成模型求解。由于动态调度通常需要在线完成，在求解模型时需要同时考虑算法的鲁棒性和实时性。

7.4　界面及辅助调度

随着钢铁冶炼工艺和冶炼过程控制水平的不断提高，对炼铁-炼钢、连铸-热轧界面物流调度的高效化、精准化要求也不断提高；为保证各工序作业计划的有效执行，还需根据钢铁制造流程的时空、资源和工艺约束，为各种各生产区段的辅助设备（如钢包、行车等）进行任务指派，实现物流时间、生产成本等指标的进一步优化。本节将介绍不同界面间调度和辅助调度问题及其建模与优化的基本方法。

7.4.1　界面调度概述

7.4.1.1　炼铁-炼钢界面的铁水运输调度

炼铁-炼钢界面的辅助调度可有效促进炼铁与炼钢工序间的铁水物流平衡，为炼钢-连铸调度的合理有效提供保障，提高钢铁企业的生产运行效率及节能降耗水平。

钢铁企业中的铁水调度主要任务是将高炉产出的铁水按时、按量送达炼钢厂，以满足炼钢生产需求。以鱼雷罐车（torpedo car，TPC）作为运输工具为例，铁水运输调度可描述为：TPC 在高炉受铁结束后，承载着铁水由火车机车牵引至铁水预处理站，在铁水预处理站铁水经历前扒渣、脱硫（脱磷）、后扒渣等预处理工序，之后 TPC 由机车拉至倒罐站，将铁水倒入铁水包中，至此铁水完成在 TPC 中的运载过程；然后，由铁水包承载着铁水运往炼钢厂等铁水需求点，并将空的 TPC 经过倒渣、清理罐口等操作后拉回高炉处等候接收新的铁水。铁水调度过程可描述为：在炼钢-连铸作业计划的基础上，以 TPC 罐次为调度单位，在满足各种工艺约束及设备能力约束的前提下，为 TPC 罐次确定在何时、何设备上进行加工的过程。

以某钢厂炼铁-炼钢界面的铁水物流过程为例描述其运输流程，如图 7-11 所示。

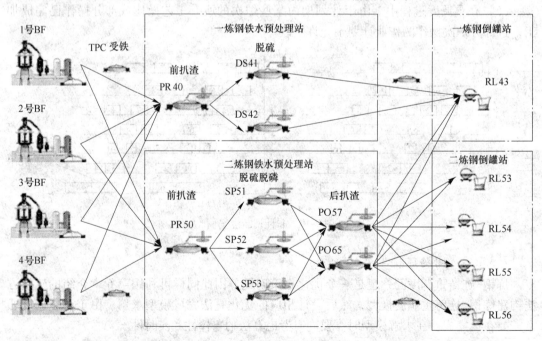

图 7-11　铁水运输工艺流程图

铁水运输调度要做好炼铁-炼钢界面间物流的衔接与平衡，具体是指高炉出铁的铁水在时间、重量、成分、温度等指标上，满足炼钢生产对于铁水的需求。铁水调度主要从以下四个指标进行铁钢对应，完成铁水运输调度的目标：（1）要求承载铁水的 TPC 的倒罐时间与炼钢转炉的冶炼时间形成对应；（2）TPC 铁水的重量与炼钢入炉重量形成对应；（3）经过预处理后的 TPC 铁水成分指标符合炼钢炉次对于铁水的成分要求；（4）铁水倒罐后，运送到转炉的铁水温度符合炼钢炉次的入炉铁水温度要求。

目前，国内钢铁企业的铁水调度主要依靠人工调度的方式。人工调度方式难以保证全局优化，科学性和可控性受限，也难以保证生产的稳定性。随着钢铁制造技术的革新及发展，客户对产品的需求逐渐向类型多、质量优、批量小、交货期短发展，人工调度方式将越来越难以适应铁-钢界面辅助调度的要求，亟待构建更科学、更有效的优化调度方法。

铁水调度问题可以归结为一类带有时间窗约束的并行机调度问题。这一类问题已经被证明是 NP 难问题，其建模方法主要包括整数规划、多目标线性规划等。

在铁水运输调度模型中，常用的优化目标有：最小化各高炉到各炼钢厂的铁水运输费用、最小化总预处理完成时间等；决策变量为 TPC 罐次在高炉受铁、脱硫、扒渣、倒罐等工序的开始加工时间。

铁水运输调度模型常涉及的工艺约束包括：

（1）高炉的产能约束：在进行铁水物流平衡时，计划周期内每个子周期各高炉生产并运送出的铁水量不能超过高炉在子周期内的最大生产能力；

（2）炼钢厂的产能约束：在进行铁水物流平衡时，计划周期内每个子周期各炼钢厂所接收到的铁水量，不能超过炼钢厂在子周期内的最大生产能力；

（3）在线铁水的最大和最小安全库存量约束：在线 TPC 的铁水总重量不能超过规定的最大安全库存量，也不能低于规定的最小安全库存量；

（4）运送铁水量的取值约束：每个子周期内某个高炉送往某个炼钢厂的铁水量不能超过该高炉的最大生产能力。

对于较小规模的铁水运输调度问题，常运用分支定界、拉格朗日松弛以及列生成等最优化方法。对于大规模或动态随机的铁水运输调度问题，常运用基于调度规则的仿真方法获得满意解。

7.4.1.2　连铸-热轧界面的加热炉调度

目前，我国的热轧生产线中，依然存在着加热炉能耗高、热轧生产率低等情况，这与热轧单元计划编制不合理、坯料在加热炉区间的生产调度不合理导致加热炉-热轧区段生产衔接不够紧密等因素有关。在钢铁工业中，加热炉的作用是把来自连铸的板坯加热到适合热轧机进行轧制的温度，其消耗的能源在钢铁工业耗能中占了相当大的比重，约为25%。因此，在世界能源短缺的今天，对加热炉-热轧区段生产运行过程进行优化，有利于降低钢铁企业能源消耗。

A　问题描述

加热炉-热轧区段生产调度是在保证连续轧制的前提下，根据生产订单的钢种、规格、交货期等条件将坯料进行组批后，以轧制单元为最小计划单位，在追求某一评价函数（如合同提前/拖期费用、最小完工时间或最小等待时间）为最优的一类多坯料、多工序、多机器的混合 Flow Shop 调度问题。加热炉是现代冶金企业热轧生产工序中重要的加热设备，其上游工序是连铸工序，下游工序是热轧工序。根据连铸机供给热轧机铸坯的供应方式和温度的不同，连铸工序和热轧工序间存在四种工艺路径：冷装（CCR）、热装（HCR）、直接热装（DHCR）、直接热轧（HDR）。其中，只有直接热轧（HDR）不需经过加热炉，但 HDR 要求特殊的生产线配置。前三种工艺路径 CCR、HCR 和 DHCR 都需要经过加热炉加热后才能进入热轧工序生产，如图 7-12 所示。由此可见，加热炉是热轧前的一道必要工序，也是钢铁生产中高能耗设备。如何在满足生产工艺的情况下，优化加热炉的生产调度，减少板坯在加热炉中的停留时间、控制氧化烧损是亟待解决的问题。

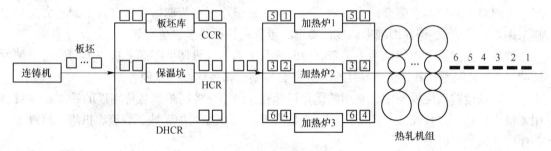

图 7-12 连铸与热轧的连接方式

在加热炉下游工序，热轧机组要求板坯按照热轧单元计划指定的板坯顺序出炉。一般情况下，热轧单元计划是根据工艺规程和合同交货期编制的，每个轧制单元轧制位需要的板坯对应多个相同规格和钢级的候选板坯，构成了该轧制位的候选板坯集合。对于加热炉，其需要加热的板坯可能来源于板坯库、保温坑或连铸机，板坯来源不同，其装炉温度不同，再加上板坯规格不同，导致板坯的标准加热时间不同，这些因素都增加了加热炉调度问题的复杂度。

B 建模与求解方法

加热炉调度的研究方法主要是建立数学模型并用智能算法和启发式算法进行求解。从现有的研究来看，加热炉-热轧区段生产计划与调度建模方法可归结为四种类型：基于图与网络进行建模、基于控制论进行建模、基于数学规划进行建模和基于仿真方法进行建模。其中，建立数学规划的模型方法应用较多，通过建立数学规划模型明确了模型目标和约束条件，具体的建模方法主要包括：多目标规划建模、混合整数规划建模、动态规划建模等。

在建立加热炉调度数学模型过程中，常用的优化目标有：最小化所有被选中的板坯总的驻炉时间、最小化所有待加热板坯达到轧制温度后在加热炉内停留的总时间、最小化所有板坯的实际加热时间、最小化热轧机等待加热板坯的时间等。

加热炉调度数学模型中涉及的工艺约束有：

（1）加热炉向热轧机提供板坯的顺序必须严格符合热轧单元计划规定的顺序；

（2）一台加热炉可同时加热多块板坯；

（3）加热板坯的时间因板坯的温度（冷坯、热坯）、重量等不同而不同，每块板坯都有一个确定的额定加热时间，板坯在炉内停留时间达到额定加热时间即可认为已经达到要求的热轧温度；

（4）板坯加热完成后，在等待轧制过程中不能在加热炉外停留，只能在加热炉内保温等待；

（5）加热炉的板坯出坯顺序是先进先出，由于加热炉的容量有限，装满板坯的加热炉只有在板坯出炉的情况下才能装入新的板坯；

（6）由于热轧机生产能力较大，停机所造成的损失也大，所以在加热炉调度时要求轧机停机等待板坯出炉的时间不能过长，有一定限制。

在模型求解算法上以智能算法和启发式算法为主，如蚁群算法、遗传算法、差分进化等。这些方法均需结合问题特点使用。

7.4.2　辅助调度概述

为了保证算法求解效率，炼钢-连铸生产调度相关问题模型中通常忽略了辅助运输设备等对生产运行的影响，即假设钢水的承载设备（钢包）及其运输设备（天车）数量充足且供应及时。然而，钢包周转和天车调度是现实炼钢-连铸生产组织的重要组成部分，其合理性对作业计划的有效执行及其生产运行效果有着直接影响。

7.4.2.1　炼钢-连铸区段的钢包调度

钢包作为炼钢-连铸生产过程中钢水的承载、运输和二次冶金的设备贯穿于出钢、炉外精炼以及浇铸的全过程。钢包调度是从出钢开始，经精炼至连铸浇铸完后，再经空包处理后回到转炉出钢位的循环过程，如图 7-13 所示。

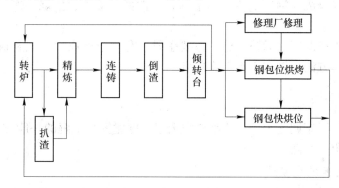

图 7-13　钢包调度流程图

在给定出钢计划的条件下，从在线周转包或离线烘烤包中选择合适的钢包投入周转；钢包到转炉接受钢水后，根据钢种的要求，选择扒渣或精炼处理；经一重或多重精炼处理后的钢包到达连铸工序，将包内钢水由大包回转台处倒入中间包进行浇铸；浇铸结束后，钢包到相应的倒渣工位倒渣；倒渣结束后，将空钢包运送到倾转台上对钢包的吹 Ar 孔、水口、滑板等进行检查处理。检查处理后的空钢包有几个去处：（1）如果钢包使用状态良好，则可直接到转炉区等待接收新的钢水；（2）如果转炉钢水还未冶炼到规定要求，则将空包运载至快烘位保温等待接收钢水；（3）如果钢包内壁温度较低，则可以到烘烤位加热内壁至一定温度后再去转炉接收钢水；（4）如果包龄达到了修理时限，则空包退出流程运行至修理厂进行相应修理，修理完毕后重新进入生产流程。修理好的钢包若要接受钢水，需先进入供烤位烘烤，然后根据出钢时间的要求直接到转炉接受钢水或到快烘位等待接受钢水。其中从转炉出钢到倒渣为重包行走路径，从倒渣工位到接下一炉钢水之前为空包的行走路径。

　　钢包调度过程可描述为：在生产批量计划（浇次计划和炉次计划）的基础上，以钢包为最小调度单位，在满足连铸机连浇等工艺约束、设备能力约束以及物料约束的前提下，合理分配生产过程中的各种设备资源和设备上的加工时间，以达到钢包在工位设备前的等待时间和在线钢包运转个数最小的目标。

　　因钢包调度过程中涉及离散与连续的多阶段工序生产，且存在冶炼设备多、工艺路线交错和生产任务批次多、批量小等特点，所以利用数学规划建立的精确模型难以完全反映实际调度问题的复杂性。对于钢包调度问题的建模和求解以仿真方法为主。它将钢包转运纳入炼钢-连铸生产调度过程，将钢包抽象为与加工任务进行匹配的有限资源，建立带有钢包资源约束的炼钢-连铸调度仿真模型，并在模型中设计钢包周转的调度规则。通过运行仿真模型，可编制出考虑钢包转运约束的炼钢-连铸作业计划。

　　目前，钢包调度问题的研究相对独立、缺乏系统性，有待进一步深入研究。主要表现在对钢包运转的全过程运行规律尚不完全明晰，与炼钢-连铸生产调度的协同考虑不足。

7.4.2.2　炼钢-连铸区段的天车调度

　　天车作为钢厂最重要的运输工具之一，是一种横架于车间、仓库和料场上空进行物料吊运的起重设备，又称为起重机。钢厂物流运输系统包含以铁路运输、汽车运输为主的厂外运输和以皮带、辊道、台车、天车为主的车间、工序间运输。天车由于承重量大、不占地面空间等众多优势成为钢厂的主要运输形式，常见于炼钢、精炼、连铸车间以及板坯、钢卷仓库等区域。

　　天车调度是生产调度中运输实施的重要手段，有利于保证生产顺利执行和平稳运行。详细的建模与求解方法，将在 7.4.3 节介绍。

7.4.3　天车调度实例

　　本节以炼钢厂天车调度为例，详细介绍天车调度建模与求解的一般方法，为认识和解决天车调度问题提供思路。

7.4.3.1　天车调度概述

　　在炼钢-连铸车间内，天车调度包含吊运任务、天车、工位三类模型要素（如图 7-14 所示）。吊运任务主要以重钢包为主，还包括少量的空钢包，以及一些用于生产过程添加的辅助材料。每个吊运任务都有相应的起吊时间、卸载时间、起吊工位和卸载工位。重钢包盛载液态钢水，其起止时间和起止工位都可依据作业计划推知，其中最早起吊时间为相应任务的前工序的结束时间，最晚卸载时间为相应任务后工序的开始加工时间，起吊工位和卸载工位则对应于前后工序的加工工位。空钢包是重钢包在连铸机上完成浇铸后形成的吊运任务，以连铸机为起吊工位的空钢包具有最早起吊时间、最晚起吊时间一致的特点。重钢包调运任务可以按生产作业计划确定其起止工位和时间，空钢包和辅助任务的起止工位和起止时间都需要依据现场实际情况动态确定。

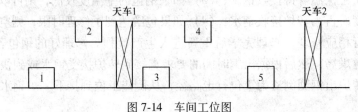

图 7-14　车间工位图

7.4.3.2 问题建模与求解算法

炼钢-连铸区段的天车调度问题的建模和求解存在以下难点：

（1）多机多任务：生产车间的一个作业跨内存在多台天车，同一时间段内可以有多个任务发生，涉及多个任务和多台天车之间的指派问题；

（2）多目标性：天车调度的目标有很多，如天车冲突最少、总运输时间最短、一定时间段内天车可完成的吊运任务数最多等；

（3）多约束性：如时间约束，天车必须要在既定的运输时间范围内完成吊运任务的运输；空间约束，同一车间中所有天车的相对位置固定，不能相互跨越，相邻两台天车的间距不小于最小安全距离；

（4）建模与计算复杂性：天车在运输吊运任务过程中，其位置不断地发生变化，且各天车之间也存在相互影响。一般的优化模型难以描述天车运行的动态性及天车之间冲突，且随着问题规模的加大，计算量会急剧增加。

元胞自动机因在复杂系统建模方面具有描述能力强、数学模型依赖性弱、灵活开放等优点，可有效应用于天车调度过程仿真建模（详见参考文献［16，17］）。它首先将吊运任务的起吊工位、卸载工位视为模型网络的固定节点，天车视为移动节点，吊运任务视为运动粒子；按调度规则设计仿真调度模型的演化规则，指导天车与任务之间的匹配，实现运动粒子在演化规则指导下在固定节点工位之间的迁移，改变各节点的状态，以此模拟天车的运行过程。

7.4.3.3 案例分析

【例7-6】 假设某炼钢厂的浇铸跨拥有如图7-15所示的钢包转运转盘2个、LF炉2台、RH炉1台、连铸机2台和天车2台。假设初始时刻2台天车均处于空载状态，初始位置分别为5m、25m，各转炉出来的钢包依次进入转盘1、2，假设转炉到转盘运输时间为10min，各天车运行速率均为1m/s，请依此编制08：00~10：00的天车调度方案。

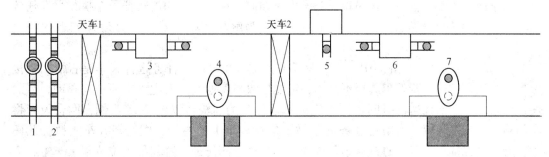

图 7-15　浇铸跨工位布局图

1—转盘1，10m；2—转盘2，12m；3—LF1，25m；4—连铸机1，45m；
5—RH，55m；6—LF2，75m；7—连铸机2，85m

（1）仿真模型构建。天车仿真模型可模拟天车执行吊运任务的过程，确定其运输调度方案，包含每个任务的天车选择以及天车运行路线。天车调度仿真模型包含仿真输入、仿真运行、仿真输出三个模块，如图7-16所示。

1）仿真输入：在仿真模型中，仿真输入包含车间内天车信息，例如天车数量、天车位置、天车状态；车间内工位信息，如工位位置；还包括吊运任务序列、仿真时钟以及其

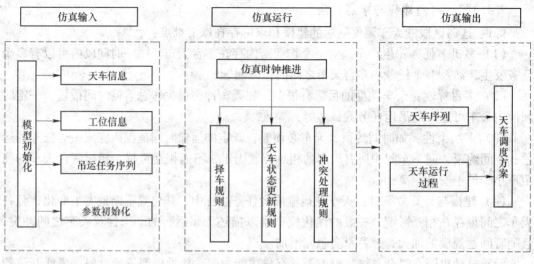

图 7-16　天车调度仿真模型

他参数的初始信息。

2）仿真运行：仿真时钟按照等时间步长法推进，当吊运任务未指派天车时，需要通过择车规则选择天车，再按照天车状态选择适宜的演化规则，按演化规则更新每台天车的状态；若存在天车调运任务执行冲突，则按照冲突处理规则消解冲突。当所有吊运任务都执行完成后输出仿真结果，仿真结束。

3）仿真输出：仿真输出结果包含了天车序列执行天车吊运任务的所有运行过程。天车序列是与吊运任务相对应的，是由天车编号组成的序列。吊运任务序列中每个吊运任务选择的天车即为天车序列中相同位置的天车。天车运行过程是天车执行吊运任务的过程，用以确定每个吊运任务的实际起吊时间和实际卸载时间。

天车仿真的难点包括：在吊运任务发生时如何选择天车；如何表征天车执行吊运任务的过程；若相邻天车发生了冲突该如何消解。为解决这三个难点，可设计如下的演化规则：

1）择车规则。择车规则用于为吊运任务分配天车。吊运任务选择天车是否恰当直接影响后续执行过程，若天车选择不恰当，可能导致与其他天车发生冲突而被动移动，从而使得天车不能在预计运输时间范围内完成吊运任务的运输。以图 7-15 为例，两台天车将车间划分为三个区域，若吊运任务的起吊工位在天车 1 的左侧，则选择天车 1 执行此任务；若起吊工位在天车 2 的右侧，则选择天车 2 执行此任务；若起吊工位位于天车 1 和天车 2 的中间，则可随机选择任意一台天车。

2）天车状态更新规则。在每个仿真时刻，需要更新所有天车的状态，以表征吊运任务的执行过程。天车状态包含所处位置、所处阶段、目标位置。

①所处位置：天车当前时刻在车间内的位置。在更新所处位置时，假设天车都是匀速行驶，按照天车当前时刻位置与天车当前目标位置的关系，更新天车位置。例如天车目标位置为当前位置，那么天车位置不变；目标位置大于当前位置，天车要向目标位置移动，则下一时刻位置增加；目标位置小于当前位置，则下一时刻位置减小。

②所处阶段：天车不执行吊运任务时，为空载阶段。当天车执行吊运任务时，其过程

划分为4个阶段：空载起吊移动阶段，即天车从空载位置向起吊工位移动的过程；起吊阶段，即天车在起吊工位上吊起任务的过程；负载移动阶段，即天车从起吊工位向卸载工位移动的过程；卸载阶段，即天车在卸载工位上卸载任务的过程。

③目标位置：天车在当前时刻所要移动的终点位置。若天车空载，则目标位置为当前位置，代表天车暂停在当前位置。若天车执行吊运任务，空载起吊移动阶段中天车目标位置为吊运任务的起吊工位位置，表示天车要向起吊工位移动；起吊阶段中天车目标位置为起吊位置，表示天车暂时停留在起吊工位进行起吊；负载移动阶段中天车目标位置为吊运任务的卸载工位位置，表示天车在此阶段要向卸载工位移动；卸载阶段中天车目标位置为卸载工位位置，表示天车暂时停留在卸载工位进行卸载。当天车被动行驶时，天车的目标位置与执行高优先级吊运任务的目标位置之间的距离为δ。

3）冲突消解规则。车间作业跨内所有天车只能在同一轨道上运行，当相邻天车彼此间距缩小为安全距离δ时就会发生空间冲突，如图7-17所示。

图7-17中天车$j-1$执行吊运任务1，天车j执行吊运任务2，二者在执行吊运任务过程中相向而行发生冲突。依据天车执行的吊运任务的优先级进行冲突消解。对于重钢包来说，最晚卸载时间较小的需要天车尽快吊运，因此最晚卸载时间较小的优先级较大，对于空钢包，最早起吊时间较小的优先级较大，但所有重钢包的优先级都高于空钢包，辅助任务的优先级依据实际生产情况确定。冲突消解的规则为：发生冲突后，比较两台天车执行的吊运任务的优先级，吊运任务优先级低的天车改变移动方向和目标位置，跟随另一台天车被动移动，直到其到达目标位置后才恢复原方向和原目标位置。

如图7-18所示，当相邻天车间距为最小安全距离时，发生冲突，t_0为冲突发生时刻。若天车j执行的吊运任务的优先级高于天车$j-1$，则天车$j-1$改变行驶方向跟随天车j被动移动。当天车j完成卸载后，为空载状态，低于天车$j-1$的任务优先级。因此天车$j-1$恢复原来的行驶方向，天车j被动移动，直到天车$j-1$到达卸载位置，完成卸载。

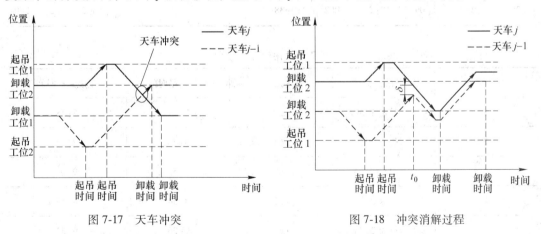

图7-17 天车冲突　　　　　　　图7-18 冲突消解过程

（2）仿真流程。天车仿真的具体流程为：

Step1：生成吊运任务序列。吊运任务序列是按照作业计划推出的需要天车运输的一系列吊运任务，包含重钢包任务的最早起吊时间、最晚卸载时间，空钢包的最早起吊时间、最晚起吊时间、最晚卸载时间。将所有吊运任务按照最早起吊时间先后顺序依次排列形成吊运任务序列，同时确定各任务的优先级。

Step2：参数初始化。初始化天车数、各天车在车间内的位置，将仿真时钟置于吊运任务序列中第一个任务的最早起吊时间。

Step3：通过任务循环，逐一判断当前时刻是否有任务发生，若发生，则依据择车规则选择天车，并更新所选天车的各个状态。

Step4：通过天车循环，逐一更新每台天车的状态。在更新天车状态之前，判断是否有冲突发生，若发生则依据冲突消解规则消解冲突。

Step5：仿真时钟推进。若到达仿真的结束时刻，则输出仿真结果，否则按时间等步长法推进仿真时钟，并转至 Step3。

（3）仿真实例。首先，根据给定的某一段时间内炼钢-连铸作业计划（见表7-13）推出天车吊运任务集；然后，将所有吊运任务按照最早起吊时间的先后顺序依次排序生成吊运任务序列（见表7-14）。

表7-13　炼钢-连铸作业计划

炉次 ID	转炉	转炉作业时间	LF	LF 作业时间	RH	RH 作业时间	连铸机	浇铸时间
129583	转炉 1	07：20~08：01	LF2	08：18~08：52			铸机 2	09：02~09：47
129584	转炉 1	07：52~08：33	LF1	08：52~09：33	RH	09：37~10：19	铸机 1	10：25~11：00
130825	转炉 2	08：01~08：44	LF2	08：59~09：41			铸机 2	09：49~10：36
129909	转炉 2	08：35~09：16	LF1	09：32~10：11			铸机 2	10：38~11：19
129584	转炉 1	09：15~09：58	LF1	10：12~10：54			铸机 1	11：03~11：47
129910	转炉 2	09：38~10：23	LF2	10：38~11：15			铸机 2	11：22~12：04

表7-14　吊运任务序列

任务编号	起吊工位	卸载工位	最早起吊时间	最晚卸载时间
1	转盘 1	LF2	8：11	8：18
2	转盘 1	LF1	8：43	8：52
3	LF2	铸机 2	8：52	9：02
4	转盘 2	LF2	8：54	8：59
5	转盘 2	LF1	9：26	9：32
6	LF1	RH	9：33	9：37
7	LF2	铸机 2	9：41	9：49

表7-14 中共有 7 项吊运任务，运行仿真程序，得到天车调度方案见表7-15。

表 7-15 天车调度方案

任务编号	起吊工位	卸载工位	最早起吊时间	最晚卸载时间	天车	实际起吊时间	实际卸载时间
1	转盘 1	LF2	8:11:00	8:18:00	2	8:11:15	8:14:20
2	转盘 1	LF1	8:43:00	8:52:00	1	8:43:05	8:45:20
3	LF2	铸机 2	8:52:00	9:02:00	2	8:52:00	8:54:10
4	转盘 2	LF2	8:54:00	8:59:00	1	8:54:13	8:57:16
5	转盘 2	LF1	9:26:00	9:32:00	1	9:27:03	9:29:16
6	LF1	RH	9:33:00	9:37:00	1	9:33:00	9:35:30
7	LF2	铸机 2	9:41:00	9:49:00	1	9:41:20	9:43:30

方案中给出了每个吊运任务选择的天车，以及天车实际起吊任务的时间、实际卸载任务的时间。在天车调度方案中，对于每个吊运任务，天车可在预计起止时间内完成吊运任务的运输；当天车冲突发生后能及时消解；若不存在两个重钢包冲突的情况，则此方案可以满足现实天车调度需求，为可行的天车调度方案。算例方案中各重钢包都能在最早起吊时间至最晚卸载时间范围内完成运输，各空钢包的实际起吊时间均不小于最早起吊时间，不超过最晚起吊时间，说明该方案可满足吊运任务的时间约束。各天车的运行过程如图 7-19 所示。

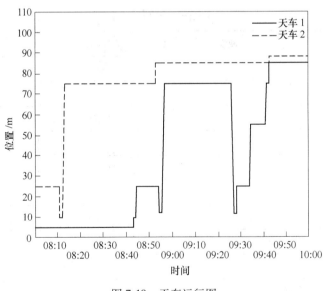

图 7-19 天车运行图

从图 7-19 中可以看出天车 1、天车 2 的轨迹无交叉并且相邻天车的间距均不小于安全距离，满足空间约束，且在发生冲突时能使其中一台天车被动移动避免碰撞，且不存在执行两个重钢包任务的天车冲突情况，满足安全约束，说明此天车调度方案是合理可行的。

习 题

1. 给定 10 块坯料的钢级、厚度等信息见表 7-16。编制多个炉次满足客户需求，每炉容量为 150t，请编制合理的炉次计划（给出各炉次计划生产产品的钢级和坯料厚度、宽度、重量）。

表 7-16 坯料信息表

订单 ID	钢级	坯料厚度/mm	坯料宽度/mm	坯料重量/t
1	A	300	2000	38
2	B	300	2000	30
3	C	300	2500	42
4	B	300	2000	55
5	C	300	2500	68
6	B	300	2000	56
7	B	300	2000	44
8	A	300	2000	67
9	B	300	2000	48
10	A	300	2000	35

2. 求解十个订单编制单个热轧单元的问题，各订单信息见表 7-17。请计算订单间的惩罚并对订单进行排序，使得总的惩罚最小。

表 7-17 订单信息表

订单 ID	硬度	宽度/mm	厚度/mm
1	8	1450	6
2	8	1450	6
3	5	1450	7
4	5	1450	7
5	6	1350	5
6	7	1350	5
7	6	1350	3
8	5	1150	4
9	5	1150	5
10	6	1150	4

3. 假设某炼钢厂拥有转炉 2 台，LF 炉 2 台，连铸机 2 台。计划期内需要冶炼的浇次计划任务见表 7-18，钢种在工序上的加工时间信息见表 7-19。工序间的运输时间均为 10min。假设调度计划编制初始时刻为 0 时刻，浇次 1 的预计开浇时刻为 140，浇次 2 的预计开浇时间为 150，请编制计划期内的炼钢-连铸作业计划。

表 7-18 浇次计划

浇次号	炉次总数	钢种信息	目标铸机	加工工序路径
1	4	Q235B	铸机 1	转炉—LF—连铸机
2	3	25MnV	铸机 2	转炉—LF—连铸机

表 7-19 钢种在工序上的加工时间   （min）

钢种	转炉	LF 炉	连铸机
Q235B	42	35	45
25MnV	40	30	45

4. 若将炼钢-连铸作业计划编制的目标函数设置为最小化所有炉次的流程加工时间总和，请基于例 7-4 构建新的数学规划模型。

5. 以图 7-15 为例，现有生产作业计划（见表 7-20），假设初始时刻 3 台天车均处于空载状态，初始位置分别为 15m、30m、65m，请完成以下问题。

表 7-20 生产作业计划

炉次 ID	转炉	转炉作业时间	LF	LF 作业时间	连铸机	浇铸时间
158522	转炉 2	5：55～6：40	LF1	7：09～7：36	铸机 1	7：45～8：28
158523	转炉 2	6：40～7：25	LF1	7：55～8：22	铸机 1	8：31～9：14
158570	转炉 2	7：26～8：07	LF1	8：41～9：08	铸机 1	9：17～9：47
158557	转炉 1	7：58～8：43	LF2	9：14～9：41	铸机 2	9：50～11：07
158573	转炉 1	9：06～9：51	LF1	10：20～10：47	铸机 1	10：56～11：26
158558	转炉 2	9：18～10：03	LF2	10：34～11：01	铸机 2	11：10～12：27

（1）请依据作业计划生成吊运任务序列。

（2）请尝试编制天车调度方案。

参 考 文 献

［1］郑忠，龙建宇，高小强，等 . 钢铁企业以计划调度为核心的生产运行控制技术现状与展望［J］. 计算机集成制造系统，2014（11）：2660～2674.

［2］唐立新，杨自厚，王梦光 . 炼钢-连铸最优炉次计划模型与算法［J］. 东北大学学报，1996（4）：440～445.

［3］唐立新，杨自厚，王梦光 . 炼钢-连铸最优浇次（CAST）计划［J］. 东北大学学报，1996（5）：96～100.

［4］Kosiba E D, Wright J R, Cobbs A E. Discrete event sequencing as a traveling salesman problem［J］. Computers in Industry, 1992, 19（3）：317～327.

［5］李鑫 . 面向铁钢对应的铁水动态调度系统的研究与开发［D］. 沈阳：东北大学，2009.

［6］史永涛 . 钢铁生产新流程中的车间铁水转运调度仿真研究［D］. 重庆：重庆大学，2011.

［7］邱剑，汪红兵，田乃媛，徐安军，陆志新，孙国伟，吴珊 . 宝钢铁水供应管理系统的二次开发［J］. 武汉科技大学学报（自然科学版），2003（2）：114～116.

［8］崔建江，胡琨元，徐心和 . 铁水运输系统的建模与仿真研究［J］. 信息与控制，2007（4）：493～500.

［9］肖茂元，王崇．钢包周转的优化研究［J］．连铸，2016（4）：18~22.

［10］张涛．涉及钢包周转的炼钢-连铸生产作业计划优化方法研究［D］．重庆：重庆大学，2009.

［11］谭园园，宋健海，刘士新．加热炉优化调度模型及算法研究［J］．控制理论与应用，2011，28
（11）：1549~1557.

［12］宁树实，王伟，刘全利．钢铁生产中的加热炉优化调度算法研究［J］．控制与决策，2006，21
（10）：1138~1142.

［13］胡邦国．加热炉-热轧区间生产计划与调度方法研究［D］．马鞍山：安徽工业大学，2014.

［14］刘健，刘青，王彬，王宝，邹草云．加热炉工序的配置与调度优化研究［J］．中国冶金，2014（11）：
53~57.

［15］刘青，田乃媛，王英群，等．天车调度在优化钢厂物流管制中的重要作用［J］．北京科技大学学报，
1998（1）：36~40.

［16］Wolfram Stephen. Cellular automata as models of complexity［J］. Nature，1984，311：419~424.

［17］郑忠，徐乐，高小强．基于元胞自动机的车间天车调度仿真模型［J］．系统工程理论与实践，2008，
28（2）：137~142.

8 钢铁制造流程动态精准设计方法

本章概要和目的：通过分析传统静态设计方法及其主要存在的问题，提出了动态-精准设计方法的主要内涵；通过对钢铁制造流程传统设计方法与动态精准设计方法的比较，提出了设计过程应该开发动态-有序、协同-连续/准连续的一系列技术模块；进而，提出了动态精准设计方法的核心思想、物理模型、主要设计步骤；结合典型钢铁制造流程，给出了动态-精准的设计实例。

以传统的静态分割钢铁制造流程设计方法为基础，以钢铁制造全流程优化为目标，运用钢铁制造流程动态精准设计方法，实现钢铁制造流程工序功能集的解析优化、工序之间关系集的协调优化、流程工序集的重构优化。

8.1 传统静态设计方法与动态精准设计方法

8.1.1 传统静态设计方法概述

钢铁制造流程设计是以钢铁制造流程为研究对象，运用与冶金工程相关的基础科学、技术科学、工程科学的研究成果进行集成与应用，并实现工程化的一门综合性学科分支。

我国钢铁制造流程设计理论在 20 世纪 50 年代由苏联引入，长期以来基本沿用苏联"定型"设计方法，属于典型的"静态-分割"经验型设计方法。20 世纪 80 年代以后，随着宝钢工程的设计建设，我国钢铁制造流程设计又相继引入了日本和欧美的设计方法，但仍属传统的"静态-分割"设计方法，即静态的"半经验-半理论"的设计方法。

（1）经验型设计方法。20 世纪 50~70 年代，钢铁制造流程设计方法基本上是照搬苏联的经验型"定型设计"方法，生产能力、工艺装置和设备配置都是规格化、系列化、模数化的。例如高炉容积就设定有 $1033m^3$、$1513m^3$、$1719m^3$、$2000m^3$、$2700m^3$、$3200m^3$ 等若干个固定的容积系列，其工艺装置的配置也是固定的，基本不考虑原燃料条件和生产操作条件，而是模型化、系列化简单僵化的套用或比拟放大，缺乏因地制宜的变革和设计理论基础，是一种典型的经验型设计方法。

（2）半理论-半经验型设计方法。20 世纪 80~90 年代，我国改革开放以后，以宝钢工程设计建设为代表，全面引进了日本和欧美等国外先进技术和设备，在冶金技术装备水平提高的同时，在钢铁制造流程设计方法方面也开始接受日本和欧美的设计理念和理论，由纯经验型逐渐转化为半理论-半经验型。半理论-半经验型设计方法的特点是：在单元工序的设计上，突破了传统的经验型设计体系，不再简单地照搬照抄和僵化生硬地套用，开始注重理论计算和工艺设备配置的合理性和适宜性。例如高炉容积不再简单追求系列化、定型化，而是结合实际条件，逐渐形成了 $1260m^3$、$1350m^3$、$1800m^3$、$2500m^3$、$3200m^3$、$4000m^3$、$4350m^3$ 等几个主要高炉容积级别，工艺配置和技术装备也根据具体的生产条件因地制宜合理选择，而不是简单地照搬和套用。这一时期，随着计算机技术的快速发展，单元工序的数学模型或专家系统研究开发成功并得到工程应用，促进了计算机信息技术与钢铁工业的融合和技术进步。

同时，基于传输理论的数学模型、仿真计算以及运筹学等理论和方法的应用，使单元设计优化成为现实，仿真设计技术开始在单元设计中应用，使工程设计不再拘泥于原有传统经验的照搬照抄和比拟放大，不再是简单的堆砌和拼凑，逐渐形成了具有理论基础和计算优化的设计方法。但是，这一时期设计方法依然没有完全摆脱对经验型设计方法的依赖，即重视单元工序的设计及其优化，忽视钢铁制造流程上下游工序的协调匹配，不同工序间的产能、工艺配置和设备选型依然是相互独立的、割裂的，还主要是依靠数学衡算和经验推演而确定，缺乏全局性、系统性的设计理论，更没有充分认识到工序之间界面技术的重要性。

传统钢铁制造流程设计方法主要存在问题如下：

（1）工程理念。在不同历史时期形成了"听天由命""征服自然"和"天人和谐"的不同时代的工程理念。"听天由命"的工程理念低估了人的主观能动性，而"征服自然"的工程理念高估了人的主观能动性。传统钢铁制造流程设计方法基本上是在"征服自然"工程理念主导下，对资源和能源供给能力、生态环境承受能力和市场接受能力重视不足，是以粗放型、简单扩张型发展为主导的工程理念。

（2）工程思维。长期以来，传统钢铁制造流程设计方法的工程思维基本上是以"还原论"的思维模式处理问题，也就是将钢铁制造流程分割为若干工序、装置，再将工序、装置解析的某种化学反应过程或是传质、传热和动量传输的过程，以工序之间简单拼接、叠加而形成了制造流程，其时间/空间问题涉及较少，动态运行过程中的相互作用关系和协同连接的边界技术往往被忽视。

（3）工程系统观与系统分析方法。传统钢铁制造流程设计方法基本上没有形成现代工程系统观及工程系统分析方法，或者说是以模糊整体论与机械还原论为基础的分析方法，反映在钢铁制造流程运行的状态上：不同工序/装置各自运行，相互等待，再随机连接、组合，构成了不协同、不稳定、连续化程度不高的生产流程。不太注重制造流程系统动态运行过程物理本质的研究，整个生产过程经常处于混沌状态之中。产生的结果是造成钢铁制造流程的生产效率低、消耗高，过程排放多，而且产品质量不稳定，经济效益差、环境负荷大。从工程哲学角度分析，传统钢铁制造流程工程设计过程和生产运行过程，集中注意的是局部性的"实"（或者说是注重单元工艺/装置技术的研究与应用），而往往忽视贯通全局性的"流"（或者说是忽视全流程的系统优化和工序间的衔接、匹配、优化问题）。

（4）传统钢铁制造流程设计方法的缺失。传统钢铁制造流程设计方法局限在基础科学（解决原子、分子尺度上的问题）和技术科学（解决工序、装置、场域尺度上的问题）的思维方式来解决工程科学问题（解决制造流程整体尺度、层次和流程中工序、装置之间关系的衔接、匹配、优化问题），使得建设项目在工程设计的思维方式上存在着先天不足。

传统钢铁制造流程设计方法拘泥于经验模型，大多属于简单的"比拟放大"或设计参数的调整，缺乏深入的理论研究和系统性、全局性的分析研究。20 世纪 80 年代以后，随着冶金技术装备的引进和欧美、日本等工业发达国家设计方法的引入，开始关注单元装置/设备的功能研究和设计优化，由传统的"经验型"设计方法演化为"半经验-半理论"的产品型设计方法，但仍然是注重针对钢铁制造流程单元工艺/装置技术设计方法的研究，而忽略了对钢铁制造全流程设计方法的研究。

8.1.2 动态精准设计方法的概念

钢铁制造流程的特征为：由各种原料（物质）组成的物质流在输入能量（包括燃料、动力等）的驱动和作用下，按照特定设计的工艺流程，经过设定的工序、装置进行传热、传质、动量传递并发生物理、化学转化等加工过程，使物质发生状态、形状、性质等方面的变化，改变了原料中原有物质的性质、形状等参数，而形成期望的产品输出流。流程制造业的制造工艺流程中，各工序（装置）的功能是异质的，其加工、作业的形式是多样化的，其功能包括了化学变化、物理转换等，其作业方式包括了连续作业（例如高炉等）、准连续作业（例如连铸机、连轧机等）和间歇作业（例如炼钢炉、精炼炉等）等形式。

钢铁制造流程，从表面上看是一系列工序简单串联/并联的形式，然而这是一种静态的机械存在形式。从实质上看，无论是流程还是工序/装置，它们的存在都是为了动态-有序的生产运行，而它们以及它们之间的运行过程都是不可逆过程，即不是为了达到静止的平衡目的。因此，流程必定意味着动态运行，制造流程的价值体现也在于动态-有序、协同-连续地运行。从钢铁制造流程的动态运行看：由一系列工序/装置构成的流程，不是一系列工序简单相加，而是不同工序之间的功能的集成，并使不同工序/装置之间形成"交集"（如物质通量、温度/能量参数、时序/时间等参数的"交集"），这些"交集"体现了流程内相关工序之间相互关联、相互影响、相互作用等函数关系，也就是形成动态运行的"结构"。其中，就蕴含着"流程网络"结构和工序之间的"界面技术"。当然，流程的动态运行还受到流程系统环境（外界的影响，例如市场、价格、资源供给等）的影响。

传统钢铁制造流程设计的理念是：

$$F = I + II + III + \cdots + N \tag{8-1}$$

式中　　　　　　F——生产流程；

$I, II, III, \cdots, N$——生产工序编号。

而且，在不少情况下各工序的实际动态容量（能力）不等，即：

$$I \neq II \neq III \neq \cdots \neq N$$

在设计过程中，各工序的容量（能力），以往都是孤立地从各工序自身出发，估算其静态能力并加上一定富余能力（作业系数等）来确定的。由于各工序（装置）分别由不同专业人员来设计，静态能力估算和富余能力也有不同，如此，则钢铁制造流程内各工序的静态容量（能力）不仅不可能充分发挥，而且还必然导致各工序之间很难实现动态-有序地协同运行，从而导致物质、能量消耗高，过程时间长，占用空间大，信息难以贯通，生产运行效率低，当然投资效率也低，还会引起环境负荷的增加。究其根源，实际上是设计方法立足于各工序/装置的静态估算和不同富余系数的假定。

因此，钢铁制造流程设计的理论应建立在符合其动态运行过程物理本质的基础上，即生产流程的动态-有序运行中的运行动力学理论基础上，这不仅符合流程动态运行的客观规律，而且有利于提高各项技术-经济指标，有利于节省投资金额、提高投资效益和环境效益。

钢铁制造流程动态精准设计，从以流程内各工序的静态能力（容量）的估算和简单叠加推进到以流程整体动态-有序、协同-连续运行的集成理论上，其理念是：

从 $F = Ⅰ + Ⅱ + Ⅲ + \cdots + N$ 转变为：

$$F = Ⅰ \overset{\cup}{\underset{\cap}{\frown}} Ⅱ \overset{\cup}{\underset{\cap}{\frown}} Ⅲ \overset{\cup}{\underset{\cap}{\frown}} Ⅳ \cdots N{-}1 \overset{\cup}{\underset{\cap}{\frown}} N \tag{8-2}$$

其中，各工序动态运行的容量：

$$Ⅰ = Ⅱ = Ⅲ = \cdots = N{-}1 = N$$

式中　　　　　　F——生产流程；

$Ⅰ$，$Ⅱ$，$Ⅲ$，$\cdots$，N——生产工序编号；

$\cup$——工序间功能的并集；

$\cap$——工序间功能的交集。

因此，以流程整体动态-有序、协同-连续运行的集成理论为指导的钢铁制造流程设计的核心理念是：在上、下游工序动态运行容量匹配的基础上，考虑工序功能集（包括单元工序功能集）的解析优化，工序之间关系集的协调-优化（而且这种工序之间关系集的协同-优化不仅包括相邻工序关系，也包括长程的工序关系集）和整个流程中所包括的工序集的重构优化（即淘汰落后的工序装置、有效"嵌入"先进的工序/装置等）。

再从生产流程运行的物理本质上抽象地观察，由性质不同的诸多工序组成的钢铁制造流程的本质是：一类开放的、远离平衡的、不可逆的、由不同结构-功能的单元工序过程经过非线性相互作用，嵌套构建而成的流程系统。在这一流程系统中，铁素流（包括铁矿石、废钢、铁水、钢水、铸坯、钢材等）在能量流（包括煤、焦、电、汽等）的驱动和作用下，按照一定的"程序"（包括功能序、时间序、空间序、时-空序和信息流调控程序等）在特定设计的复杂网络结构（例如生产车间平面布置图、总平面布置图等）中的流动运行现象。这类流程的运行过程包含着实现运行要素的优化集成和运行结果的多目标优化。

从钢铁制造流程特点分析：钢铁制造流程蕴含着三个层次的科学问题，即：基础科学问题（主要是研究原子/分子尺度上的科学问题）、技术科学问题（主要是研究场域/装置尺度上的科学问题）、工程科学问题（主要是研究流程/工序之间动态运行的科学问题）。在钢铁制造流程运行过程中，这三个层次上的问题是相互交织、耦合-集成在一起的。因此，钢铁制造流程设计的理论问题是一个从"原子"到"流程"这样存在着巨大时-空差别的问题，都要在工程设计中得到合理选择与确定，并解决好钢铁制造流程动态-有序、协同-连续/准连续运行的工程科学命题，如图8-1所示。

所谓在原子层次的合理选择与确定，这涉及单元操作与工序安排、装置设计，都要使之优化，即：将分子、原子尺度的反应合理地嵌入到工序/装置中去。例如，脱硫反应在烧结、高炉、铁水预处理、炼钢炉、二次冶金等不同工序的合理选择与分配，在主要考虑脱硫效率、成本和稳定性而不以硫化物夹杂物形态控制的条件下，采用铁水脱硫预处理是合理的。又如，炼钢过程中脱硫反应与脱磷反应的矛盾、脱碳反应与脱磷反应的矛盾，这些矛盾在冶金反应热力学层次上看，即从原子、分子层次（基础科学层次上）看是固有的，但是从流程层次看，通过铁水"三脱"预处理的工艺流程进行解析-集成就可以得到

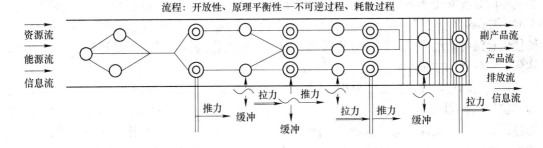

流程：开放性、原理平衡性——不可逆过程、耗散过程

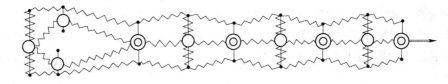

工序："涨落"性——非线性耦合——动态 - 有序运行过程

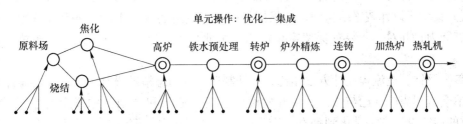

单元操作：优化——集成

图 8-1 制造流程-单元工序-单元操作之间集成-解析关系

合理的解决。也就是说，对于冶金过程若仅考虑原子、分子层次的问题，单独孤立地追求单一反应强化，例如强调分配系数，则将导致流程层次上的时间节奏和温度出现不协调、不合理；而从流程层次上考虑，则是多个反应的协调优化，即时间、温度、成分和流量四个参数的匹配，本质上是追求不同工序功能的解析与优化。

所谓工序/装置层次上的合理选择与确定，则涉及各工序/装置动态运行过程的不稳定性（涨落性），以及由此引起的工序运行之间的非线性耦合问题。例如，炼钢炉、精炼炉、连铸机三个单元装置运行的优化以及它们之间为了实现多炉连浇的需要，必须有相互之间的非线性耦合（匹配与协调）。又如，在连续热轧及其层流冷却过程中相变与形变参数的耦合和相变过程中温度-时间窗口的合理确定等。再如，随着流程动态运行过程中非线性耦合的需要，出现了某些装置被淘汰（如连铸多炉连浇的动态运行导致平炉淘汰）或某些功能（装置）被重新安排而出现新的工序装置等（如铁水预处理工序和二次精炼工序的新增等）。

所谓"流程"层次上的选择与确定，首先涉及功能序的合理选择与确定。例如，在铁水"三脱"预处理过程中，是选择先脱硅，再脱硫，后脱磷；还是先脱硫，再脱硅、脱磷；又如，转炉-高速连铸之间的精炼装置，在生产低碳铝镇静钢时是选择 RH 精炼还是 LF 精炼等。功能序的选择与确定，必然联系到空间序的合理选择与确定（例如总平面布置图，车间立面图等）。然而，从"流程"整体动态-有序运行的要求来看，只有功能序、空间序的合理安排还不够，必须要有时间序，时间节奏等时间因素的合理选择与确定，甚至时-空序的合理选择与确定，才能实现整个流程系统的动态-有序、协同-连续运行，才能使信息流有效地贯通并调控好物质流、能量流的优化运行，以实现准连续化、紧凑化，达到过程耗散的"最小化"。

从钢铁制造流程运行要素分析，钢铁制造流程的运行实际上存在着三个基本"要素"：即"流""流程网络"和"运行程序"。其中："流"是泛指在开放的流程系统中运行着的各种形式的"资源"（包括物质、能源等）或"事件"（例如氧化、还原反应，传热、传质、传动量，形变、相变等）；"流程网络"实际上是为了适应将开放系统中的"资源流"通过"节点"（工序、装置等）和"连接器"（包括输送器具、输送方式和输送路径等）整合在一起的物质-能量-时间-空间结构。这个"流程网络"要能够适应"流"的运行规律，特别是要适应生产过程中物质流动态-有序、连续-紧凑的运行规则。"运行程序"则可看成是各种形式的"序"和规则、策略、途径等的集合，实际上也体现了优化的信息流程序。

长期以来，传统钢铁制造流程设计方法是按照单元工序专业分工，分别设计不同的工序/装置，集中于设计装置结构图，并根据经验分别设定装置的生产效率和作业率，估算其年生产能力，并对一些装置保留富余能力，由此可见，这是一种分割的、粗放的设计方法。

与传统钢铁制造流程设计方法相比，钢铁制造流程动态精准设计方法基于冶金流程工程学、冶金流程集成理论与方法，从开始设计就以"流"和"动"的概念为指导，将分割-粗放的传统设计方法进化到动态精准设计方法，它建立在钢铁制造流程动态运行物理本质基础上，特别是钢铁制造流程动态-有序运行中的运行动力学理论基础上。以先进的概念研究和顶层设计为指导，运用动态甘特图，研究高效匹配的界面技术、实现动态-有序、协同-连续的物质流设计、高效转换并及时回收利用的能量流设计、以节能减排为中心的开放系统设计，从而在更高层次上体现钢铁制造流程的三大功能。动态精准设计方法是建设项目工程设计顶层设计阶段的进一步深化，是宏观尺度下钢铁制造流程设计的具体方式和方法。

8.1.3　钢铁制造流程传统设计方法与动态精准设计方法比较

动态-精准设计与传统的分割-静态设计的区别：设计时就考虑到动态和实际生产运行，不能与生产运行脱节，如图 8-2 所示。这区别于人们认为的"设计就是为了建设安装设备、厂房"的认识，动态精准设计既是为了建设、安置设备和厂房，更是为这些设备、厂房能在生产过程中动态-有序、协同-高效地生产运行而服务的。动态精准设计的目标体现在工程投产、运行过程中多目标的优化。

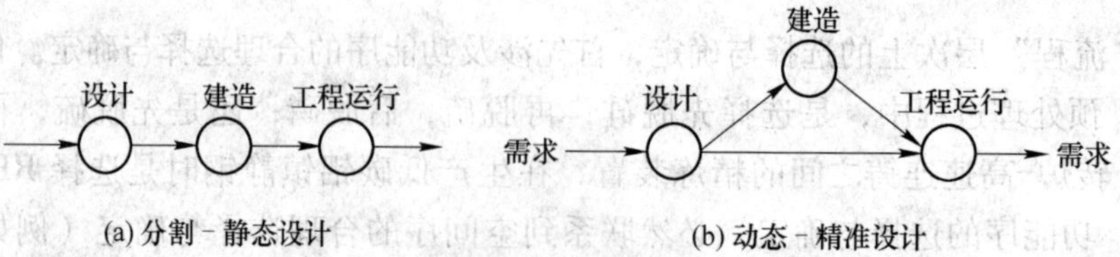

图 8-2　动态-精准设计与传统的分割-静态设计在概念、目标上的区别

钢铁制造流程设计，不仅是为工程建造提供方案和图纸，供工程建设所用，而且要为工程建成后的日常生产运行，提供合理的运行路线、运行规则和程序，使制造流程能够动态-有序、协同-连续地运行，发挥其卓越的功能和效率，达到多目标优化的效果。

因此，在设计过程中就应该开发动态-有序、协同-连续/准连续的一系列技术模块，其方法和过程主要包括：

（1）三类动态时间管理图：

1）以制订并优化高炉连续运行为核心的炼铁系统动态运行甘特图，并以此扩展为全局性的能量流网络的基础。

2）以制订并优化连铸多炉连浇为核心的炼钢系统动态运行甘特图，并以此扩展为高效率、低成本洁净钢制造平台。

3）以制订并优化热轧机换辊周期为核心的轧钢系统动态运行甘特图，并以此与连铸连浇周期配合，构建铸坯直接热装炉、热送热装的动态运行管理图。

（2）三类界面技术的开发：

1）高炉出铁与铁水运输、铁水预处理直到转炉之间的快捷-高效系统；包括铁水罐输送距离、运输方式、铁水罐的合理数量、高炉铁水出准率、尾罐率和铁水罐周转速度的调控。

2）高温铸坯与不同加热炉之间动态运行系统，包括不同状态下每流连铸机出坯与不同加热炉之间的输送距离、输送方式、储存"缓冲"的位置安排等动态衔接过程，以及热轧机每分钟产出率与加热炉钢坯输出节奏的协调关系（包括棒材切分轧制等）。

3）热轧过程及轧制以后轧件的温度-时间控制，形成合理、高效的控轧-控冷动态控制系统。

（3）钢铁制造流程物质流、能量流、信息流网络的构建。构建串联-并联相结合的、简捷-高效的流程网络（物质流网络、能量流网络、信息流网络），其中物质流网络简捷-顺畅-高效的"最小有向树"概念是基础，同时必须高度重视能量流网络的设计研发。在物质流网络、能量流网络简捷-高效的基础上，信息流网络、信息化程序将易于设计，并能有效地、稳定地进行调控。

8.2 动态精准设计方法体系

8.2.1 动态精准设计方法核心思想和物理模型

动态精准设计方法是建立在动态-有序、协同-连续/准连续地描述物质/能量的合理转换和动态-有序、协同-连续运行的过程设计理论的基础上，并实现全流程物质/能量的动态-有序、协同-连续地运行过程中各种信息参量的设计，甚至进一步推进到计算机虚拟现实。

8.2.1.1 动态精准设计方法主要核心思想

动态精准设计方法的建立植根于设计的理念的变化，要注重以下核心思想：坚持时间的连续性和不可逆性的原则下，强调时间的点-位性、区段性、节律性和周期性，从中体现出了时间动态管理的重要性。

（1）建立时间-空间的协调关系。对于动态精准设计体系，时间是个重要的参数，它反映的是流程的连续性、工序的协调性、工序装置之间工艺因子在时间轴上的动态耦合性，以及运输过程、等待过程中因温度降低而产生的能量耗散等。当工艺主体装备选型、装置数量、工艺平面图、总图布置确定以后，就表明钢铁厂的静态空间结构已经"固化"，钢铁厂的"时-空边界"已经被设定。因此，要确立"流""流程网络"和"运行程序"的基本概念，在工艺平面布置图、总图设计中要充分考虑并优化工序/装置的"节点数目""节点位置"和"节点"之间线/弧连接距离和连接路径，仔细计算上下游工序/装置之间协调、匹配运行的时间过程和时间因子的各类表现方式。

（2）注重"流程网络"的构建。从"流"的动态运行概念出发，构建"流程网络"是从传统的静态能力设计转向动态-有序精准设计的根本区别。"流程网络"是时空协同概念的载体之一，是时空协同的框架。从钢铁制造流程的动态精准设计、动态运行和信息化调控的角度分析，必须建立起"流程网络"的概念，必须从工艺平面布置图、总图等向简捷化、紧凑化、顺畅化方向发展，以此为物理框架，对"流"的行为进行动态-有序、连续-紧凑地规范运行，以实现运行过程中的物质、能量耗散的"最小化"。需要指出的是："流程网络"首先体现在铁素物质流的"流程网络"，同时，还要重视能量流网络和信息流网络的研究和开发。

（3）钢铁制造流程设计是以工序/装置为基础的多专业协同创新行为和过程，实质是解决设计中的多目标优化问题。每个工程设计项目都会因地点、资源、环境、气象、地形、运输条件和产品市场的千差万别而不同，同时设计者又会根据相关技术的进步，在设计中适当的引入新技术，这样新技术和已有先进技术的结合（或称有效"嵌入"）就体现为集成创新。集成创新是自主创新的一个重要内容、重要方式。它不仅要求对单元技术进行优化创新，而且要求把各个优化的单元技术有机、有序地组合起来，凸显为流程整体层次上顶层设计的集成优化，形成动态-有序、协同、连续、高效的顶层设计指导思想。同时，个别探索中的"前沿"技术属于局部性试探（有可能不成熟），并不一定要体现在顶层设计中，必须分析研究其成熟程度及是否能有序、有效地"嵌入"到流程网络中来，才能决定其取舍。流程集成创新绝不意味着将各种个别的"前沿"探索性技术简单地凑在一起。

（4）注重工序装置之间的衔接匹配关系和界面技术开发与应用。动态精准设计方法重要的思想之一，就是不仅要注重各相关工序装置本体的优化，而且更要工序装置之间的衔接、匹配关系和界面技术开发和应用。例如炼铁厂-炼钢厂之间的多功能铁水罐技术，就是采用动态甘特图等先进的设计工具，对钢铁制造流程中工序装置及其动态运行进行预先周密的设计。

（5）注重流程整体动态运行的稳定性、可靠性和高效性。动态精准设计方法要确定动态-有序、协同-连续/准连续运行的规则和程序，不仅要注重工序自身的动态运行，更要重视流程整体通过衔接匹配、非线性耦合而动态运行的效果，注重动态运行的稳定性、可靠性和高效性，这是动态精准设计方法追求的目标。

8.2.1.2　动态精准设计方法物理模型

模型是知识的"沉淀"，但在另一方面也应注意到，如果没有不断更新的专业知识，没有建立在可靠物理机制上的精准数字仿真，所谓"模型"就会变成数字游戏，或是

"仿而不真"。为了深入理解某些新技术及其新的"环境"条件，就需要通过过程理论分析和实验验证新结构的物理模型的合理性、可靠性，从而获得新的知识。

在钢铁制造流程动态运行中，物质流运行是根本，因此，动态精准设计应以物质流设计为基础，从模型角度上看，物质流动态运行的工程设计的方法是有层次性的，可以将不同类型的设计方法做如下比较：

（1）以工序、装置的静态结构和静态能力估算为特征的分割设计方法（分割的静态实体设计方法），如图 8-3 所示。

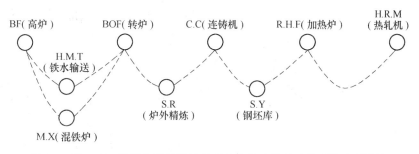

图 8-3 以工序、装置的结构设计及其静态能力估计为特征的流程设计

这种分割设计方法只注意各工序、装置的结构设计图及其静态能力的估算，既没有工序装置之间协同运行方式的设计，又缺乏工序、装置自身信息调控的设计。其中上、下游工序连接方式，基本上就是靠相互等待，随机组合。属于简单粗放的分割设计方法。

（2）以单元工序、装置的静态结构和结构内部半动态为特征的设计方法（单元工序、装置附加专家系统的分割设计方法），如图 8-4 所示。

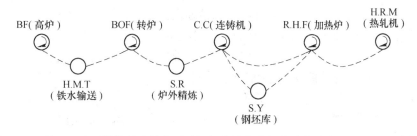

图 8-4 以单元工序、装置静态结构设计和部分结构内部半受控为特征的分割设计方法

这种设计方法实际上还是分割设计方法，只是在工序、装置静态结构设计的基础上，对某些装置附以一些基础自动化措施或简单的专家系统进行单元工序层次上的半自动调控但没有工序间关系动态-有序的协同调控。工序之间的连接方式依然靠相互等待、随机组合来解决。

（3）以单元工序、装置内部半动态和部分工序间动态-有序运行为特征的设计方法，如图 8-5 所示。

这种设计方法注意到了局部动态-有序的实体（硬件）-虚体（软件）设计方法，即其中某些工序之间出现动态、协同的设计概念和方法。例如动态-有序运行的全连铸炼钢厂等。

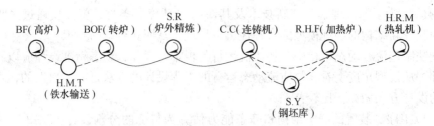

图 8-5　以单元工序、装置局部半动态调控和部分工序间协同调控的设计方法

（4）以全流程动态-有序-协同-连续运行为目标的动态、精准设计方法，如图 8-6 所示。

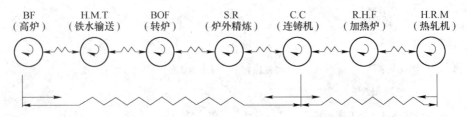

图 8-6　以全流程动态-有序-协同-连续运行为目标的动态、精准设计流程模型

这是属于动态-有序、协同-连续/准连续运行系统的实体（硬件）-虚体（软件）集成，即在信息化他组织调控下的适时-自适应的动态-精准设计方法。

通过对以上不同层次的设计方法分析，现有钢铁制造流程设计方法大体上处在图 8-3、图 8-4 所示层次上，要达到图 8-5，特别是要达到图 8-6 所示设计方法的水平，必须要有新的设计理论和设计方法来指导。即要从传统的静态结构及其能力估算的分割设计方法发展到动态-有序、协同-连续/准连续运行的动态精准设计方法。

以新的流程解析、集成优化及其运行动力学理论为基础，并在信息化技术的支撑下，建立起装置和流程级别上动态-有序、协同-连续/准连续运行的模型。包括：

（1）工序装置/流程功能序、空间序的科学安排；

（2）工序装置/流程时间序的程序化协调；

（3）工序装置/流程时-空序的连续、紧凑、"层流式"运行及其信息化集成。

为了解决上述问题进一步涉及钢铁制造流程三个层次的问题：

（1）工序功能集合的解析-优化；

（2）工序间关系集合的协调-优化；

（3）流程中工序集合的重构-优化。

因此，在概念设计时，要特别强调流程系统动态-有序、协同-连续运行的集成优化，在步骤上应该先研究、确定功能序与工序（装置）功能集的解析-优化；继而研究、确定不同单元工序（装置）的所有优化功能在流程运行过程的空间上、时间上有效耦合，并研究、确定以平面图为主的时-空序（体现其流程网络），使"流"在规定的时-空"网络"边界内运行，以保证物质流、能量流动态-有序地"连续""层流式"运行。以此为基础，开发钢厂设计的计算机虚拟现实，即建立起有可靠物理机制的精准数字仿真系统及其软件（工具）。从而，使钢厂设计方法得到升级更新，信息化技术更加有效地与物理模型融合，并使用户钢厂获得新的核心竞争力。

钢铁制造流程动态精准设计不仅是对流程中工艺参数、单个装置（设备）、厂房、能源介质参数的精确优化计算，更是对为了实现整个流程动态-有序、协同-连续/准连续运行、物质/能量的合理转换等参数及派生参数的精确设计。物流量或物质流率、时间、温度是钢铁制造流程的基本参数，衔接好流程中各工序以及工序间的这些参数，使流程中每个区段、各个工序之间物质流量按分钟级（对连轧而言甚至需要秒级、毫秒级）的匹配，实现流程的高效-连续，是动态精准设计理论的出发点。物质流通量的大小会影响到工序单元装备能力、个数、装备间距离和连接方式、运行时间等。

式（8-3）从各工序分钟物流量（或物质流率）的匹配、生产过程中设计的连续化程度、吨钢综合能耗方面表达了动态精准设计应遵循的设计原则：

$$
\left.
\begin{aligned}
&(1) \quad Q_{PF} = Q_{FN}, Q_F = Q_{IN}, Q_1 = Q_{cc} = Q_{rh} = Q_{ro} \\
&(2) \quad \Sigma t_1^{设} + \Sigma t_2^{设} + \Sigma t_3^{设} + \Sigma t_4^{设} + \Sigma t_5^{设} \to \min \\
&(3) \quad \Sigma E \to \min
\end{aligned}
\right\}
\tag{8-3}
$$

式中　　Q_{PF}——铁前系统平均每分钟原料供应量，t/min；

　　　　Q_{FN}——炼铁系统平均每分钟原料需求量，t/min；

　　　　Q_F——炼铁系统平均每分钟出铁量，t/min；

　　　　Q_{IN}——炼钢系统平均每分钟需铁量，t/min；

　　　　Q_1——炼钢系统平均每分钟供钢水量，t/min；

　　　　Q_{cc}——连铸机平均每分钟铸坯输出量，t/min；

　　　　Q_{rh}——加（均）热炉平均每分钟铸坯输出量，t/min；

　　　　Q_{ro}——轧机运行时每分钟平均轧制量，t/min；

　　　　$\Sigma t_1^{设}$——生产物质流在流程各工序，装置中通过所消耗的实际运行时间的总和；

　　　　$\Sigma t_2^{设}$——生产物质流在流程网络中运行所消耗的各种实际运输（输送）时间的总和；

　　　　$\Sigma t_3^{设}$——生产物质流在流程网络中运行所消耗的各种实际等待（缓冲）时间总和；

　　　　$\Sigma t_4^{设}$——影响流程整体运行的各类检修时间总和；

　　　　$\Sigma t_5^{设}$——生产物质流在流程网络中运行时间出现的影响流程整体运行的各类故障时间总和；

　　　　ΣE——吨钢综合能耗，kgce/t 钢。

式（8-3）是联立的方程式，不能单一地、分别地理解与应用，仅遵循其中某一个原则的设计并不是动态-精准设计，即三个联立在一起的方程式才体现连续性、紧凑性和动态-有序性。其中：

式（8-3）（1）主要体现动态协同、匹配原则，是物流或物质流在长时间范围内动态、稳定、均衡的匹配相等。

式（8-3）（2）主要体现紧凑性和动态-有序性原则，即流程运行的时间最小化是在紧凑化、有序化、流程网络合理化前提下的最小化，并不意味着趋向于0，也不是局部工序、区段的过程时间越短越好。而且需要特别说明的是，紧凑化主要是空间的概念，时间短不是单纯地靠局部强化或局部快，而是靠流程网络的紧凑、协调，物质流层流运行等一系列措施，其中也意味着检修、维修的协同合理安排和保证质量，从而流程整体运行时间最小化。

式（8-3）（3）体现动态-有序化的目标——减少耗散而使流程能源消耗"最小化"，这是流程连续化、紧凑化和动态-有序化运行的重要标志。

8.2.2　动态精准设计方法主要设计步骤

在产品大纲和生产规模已论证、确定的条件下，钢铁制造流程设计遵循以下几个步骤：

（1）概念设计、顶层设计。概念设计、顶层设计阶段要树立起动态-精准的观念，要有集成动态运行的工程设计观。确立制造流程中"流"的动态概念，强调以动态-有序、协同-连续作为流程运行的基本概念。并且在顶层设计中突出整体性、层次性、动态性、关联性和环境适应性，强调以要素选择、结构优化、功能拓展和效率卓越为顶层设计的原则；在方法上强调从顶层决定底层，从上层观察下层的思维逻辑。在概念设计、顶层设计时，要特别强调流程系统的集成优化，具体步骤：

1）先研究、确定功能序与工序（装置）功能集的解析-优化；

2）继而研究、确定不同工序（装置）的所有优化功能在流程运行过程的时间上有效耦合；

3）研究、确定以总平面图为主的时-空序，使"流"固定在合理的"网络"时-空边界内，以保证物质流、能量流动态-有序地"连续""层流式"运行。

（2）构建产品制造流程的静态结构。根据已确定的产品大纲和生产规模，结合各工序的金属收得率，利用物质流率匹配倒推法，初步计算轧线、连铸、转炉（电炉）、高炉、铁前系统工序（装置）的能力、装置数量及合理位置，完成钢厂总体流程设计的框架性任务。

（3）利用工序（装置）功能集合的解析-优化，确立制造流程的合理功能定位和工序选择。动态有序是钢铁制造流程中工序（装置）功能划分的前提，对于工序中的多个装置而言，工序功能划分是指各装置的工作任务划分，例如采用两套轧机时，要综合考虑两套轧机的产品品种、规格、市场划分。对于上、下游工序（装置）的功能划分，是指为实现某一或某些功能，在流程中进行合理空间序和时间过程安排，例如连铸机板坯调宽和热轧机调宽功能的合理选择和安排，铁水预处理脱硫、脱硅-脱磷工序的选择和合理安排等。

（4）利用工序间关系集合的协调-优化，体现工序之间的协同、互补；并设计流程中的"界面技术"。从工程科学的角度看，在钢铁制造流程中"界面技术"主要在实现生产过程物质流、生产过程能量流、生产过程温度、生产过程时间等基本参数的衔接、匹配、协调、稳定等方面，因此动态精准设计必须解决好"界面技术"。这些"界面技术"包括焦化、烧结（球团）至炼铁、炼铁至铁水预处理、铁水预处理至炼钢炉、炼钢炉至炉外精炼、炉外精炼至连铸、连铸至加热炉、热轧等方面。设计出好的界面技术是实现流程动态运行稳定性、连续性、紧凑性必不可少的重要环节。

（5）利用流程中工序集合的重构-优化，构建"流程网络"和"运行程序"。本步骤的主要任务是完成铁素资源流程网络图、能量流网络图、信息流网络图的构建，解决好资源、能源的合理转换/转变、高效利用和二次能源的回收再利用，并使信息流有效地贯通在整个铁素资源流网络、能源流网络之中，调控好物质流、能量流的动态优化运行。

（6）进行产量、设备作业率的核算。核算单元工序、装置的产能，是技术文件和图纸中时间问题的集中体现。解决这一问题，需根据产品大纲、设备工艺参数、工艺平面布置图、总图等完成原料-铁水动态产出图、铁水运输时序图、炼钢车间的生产计划甘特图、轧钢车间的轧钢计划生成图和轧制计划表等。单元工序/装置产量、设备作业率核算都是在流程整体动态-有序、协同-连续/准连续运行条件下得到的，还需根据典型生产组织模式验证整个产品制造流程分钟级的匹配情况。

（7）流程动态运行效率的评估。动态精准的工程设计方法就是要从动态-协同运行的总体目标出发，对先进的技术单元进行判断、权衡、选择，再进行动态整合，研究其衔接、匹配的关系，形成动态-有序、协同-连续的工程整体集成效应，以此来评估流程动态运行过程中的物质流效率、能量流效率和信息流的控制效率等。

钢铁冶金工程设计程序化框图如图 8-7 所示。

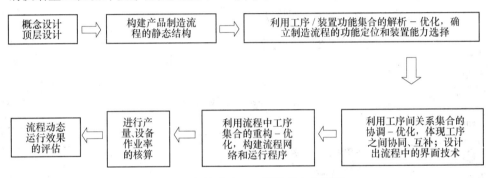

图 8-7　钢铁冶金工程设计程序化框图

8.3　典型钢铁制造流程动态精准设计实例

8.3.1　首钢京唐钢铁厂概念设计

（1）确立了基于系统分析研究钢铁制造流程物理本质和动态运行特征的现代工程思维模式，采用解析与集成的方法，从整体上研究钢铁制造流程动态运行的规律和设计、运行的规则。

（2）根据市场需求和资源供给能力，选择现代钢铁制造流程更为成熟、可靠、稳定的基本流程：以铁矿石、煤炭等天然资源为源头的高炉—转炉—精炼—连铸—热轧—深加工流程。

（3）根据市场分析、技术分析、产品分析、用户分析，确定产品结构为汽车、机电、石油、家电、建筑及结构、机械制造等行业提供热轧、冷轧、热镀锌、彩涂等高端精品板材产品，生产规模为 870 万~920 万吨/年。

（4）以确定的精品板产品结构为基础，基于钢铁制造流程工序功能集合解析-优化、工序之间关系集合协调-优化、流程工序集合重构-优化的技术思想，确定京唐钢铁厂结构优化的钢铁制造流程。

（5）基于钢铁制造流程动态运行过程物理本质的认识，确定京唐钢铁厂钢铁制造流程具有三个功能：1）铁素物质流运行的功能——高效率、低成本、洁净化钢铁产品制造功能；2）能量流运行的功能——能源合理、高效转换功能以及利用过程剩余能源进行相关的废弃物消纳—处理功能；3）铁素流-能量流相互作用过程的功能——实现过程工艺目标以及与此相应的废弃物消纳-处理-再资源化功能。

8.3.2　首钢京唐钢铁厂顶层设计

以先进的概念设计为指导，运用动态精准设计方法，确定京唐钢铁厂的顶层设计内容：

（1）如图 8-8 所示，首钢京唐钢铁厂构建了以 2 座巨型高炉+1 个全"三脱"冶炼的炼钢厂+2 条热连轧机组的"2-1-2"高效流程结构，构建了以连铸为中心，生产规模为900 万吨/年左右的具有三大功能的新一代可循环钢铁制造流程，成为具有 21 世纪国际先进水平、沿海临港建设的现代化示范钢铁厂。

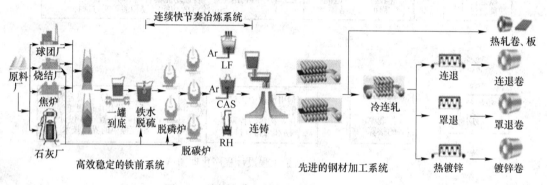

图 8-8　首钢京唐钢铁厂钢铁制造工艺流程

（2）如图 8-9 和图 8-10 所示，首钢京唐钢铁厂以"流"（物质流、能源流、信息流）为核心，构建最优化的"物质流、能源流、信息流"动态耦合的生产布局，实现物质-能量-时间-空间的相互协同，促进钢铁生产整体运行高效、稳定、协同，实现高效化、集约化、连续化。

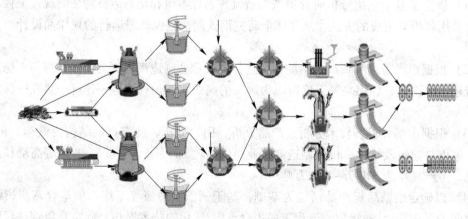

图 8-9　首钢京唐钢铁厂物质流（铁素流）运行网络与轨迹

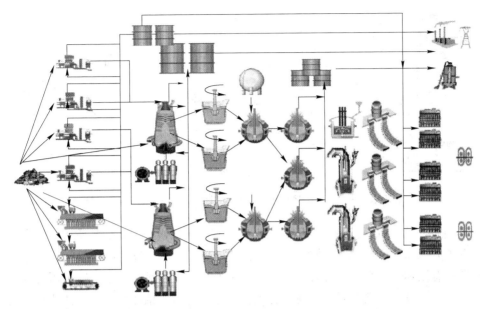

图 8-10 首钢京唐钢铁厂能量流（碳素流）运行网络与轨迹

总图布置最大限度实现紧凑、高效、集约、美观，物质流、能源流和信息流实现"三流合一"，实现工序间物料运输无折返、无迂回、不落地和不重复。

原料场和成品库紧靠码头布置，实现了原料和成品最短距离的接卸和发运；高炉到炼钢的运输距离只有 900m；连铸到热轧实现了工艺"零距离"衔接；1580mm 热轧成品库紧靠 1700mm 冷轧原料库，实现了流程的紧凑型布局；钢铁厂吨钢占地为 0.9m²，达到国际先进水平。

（3）首钢京唐钢铁厂将炼铁、炼钢和轧钢三大单元工序有机的集成为一个整体，整体进行生产调度安排。为保证流程的连续性，采用"连续-紧凑"较刚性的连接减少系统缓冲环节，避免缓冲造成过多的时间延误和温度损失。在炼铁厂-炼钢厂界面采用多功能化"一罐到底"铁水直接运输工艺（见图 8-11），采用铁水罐直接由高炉向炼钢厂运送铁水，取代了传统的鱼雷罐运输工艺，从而减少铁水倒罐过程、减少铁水温降和降低环境污染。以全铁水"三脱"预处理冶炼工艺和高拉速、恒拉速连铸工艺为特色，建立起快速-高效-协调-稳定运行的洁净钢生产平台，实现了高效低成本洁净钢的稳定生产。在连铸-热轧界面采用连铸坯在线"热装热送"工艺，提高连铸坯热装温度，提高生产效率，实现节能减排。

（4）首钢京唐钢铁厂采用 4 座 7.63m 焦炉和 2 套 260t/h 大型高温高压干熄焦装置（CDQ），1 条 400 万吨/年带式焙烧机球团生产线，2 台 550m² 烧结机，2 座 5500m³ 高炉，4 套 KR 脱水脱硫装置，2 座脱硅-脱磷预处理转炉和 3 座高效脱碳转炉，配置 CAS、LF 和 RH 炉外精炼装置，形成高效率-低成本洁净钢生产工艺平台，2150mm/1650mm 双流板坯连铸机，2250mm/1580mm 热连轧机组，以及 2230mm、1700mm、1420mm 冷连轧机组等国内外先进的大型冶金技术装备，使全流程的生产效率比传统工艺流程总体上提高约 20%，生产运行成本降低约 20%，为新一代钢铁厂工艺技术装备大型化、高效化积累了宝贵经验。

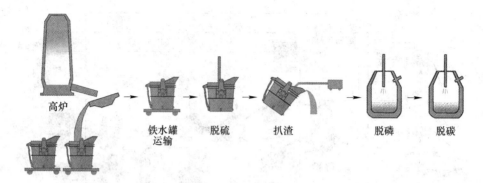

图 8-11   首钢京唐钢铁厂炼铁-炼钢界面"一罐到底"工艺流程

（5）首钢京唐钢铁厂开发了利用劣质煤生产高品质焦炭技术和低品质矿的综合利用技术；开发了大型高效、节能环保的烧结工艺技术，显著提高了烧结矿质量和生产效率；自主设计了具有国际先进水平的特大型高炉，掌握了实现特大型高炉冶炼稳定顺行的综合技术；设计开发了基于"全三脱"冶炼工艺的高效率、低成本洁净钢生产工艺流程和技术装备，实现了转炉炼钢高效化生产与无缺陷连铸坯高效连铸生产的耦合匹配；开发了高效、低成本的精准轧制技术，设计并应用了新一代高性能、高质量钢铁产品制造工艺；开发并应用了沿海钢铁厂大型海水淡化工艺技术，在我国钢铁行业首次形成 5 万吨/天海水淡化能力；开发并应用了高效能源转换技术，利用冶金二次能源使钢铁厂自给发电率达到 96% 以上；按照循环经济理念，建立了冶金资源、能源循环和绿色制造技术体系。

（6）实现了企业内外部物质、能量的循环。钢铁厂内部，充分利用生产过程中的余热、余压、余气、废水、含铁物质和固体废弃物等，基本实现废水、固废零排放，铁元素资源 100% 回收利用，各项技术经济指标均达到国际先进水平。钢铁厂外部，每年可提供 1800 万吨浓盐水用于制盐，330 万吨高炉水渣进行细磨深加工作为水泥掺合料，转炉钢渣、粉煤灰等用于建筑原料；同时焦化工序设计了回收处理消化废塑料等社会废弃物的功能。

（7）图 8-12 解析了首钢京唐钢铁厂内部各种余气、余压、余热的循环利用情况，钢铁厂通过实施循环经济，回收二次能源总计折合 322 万吨标煤，约占自耗能源总量的 50%。

8.3.3   首钢京唐钢铁厂铁水罐多功能化动态-精准设计案例

目前，生铁水的运输方式多采用鱼雷罐车。鱼雷罐车运输是目前成熟的铁水运输方式，它具有机动灵活、保温性能好、稳定性好等优点。但在流程中增加倒罐环节，增加了能耗和污染，偏离现代冶金工艺所追求的高效益、低能耗、环境友好的目标。常规鱼雷罐车运输存在着投资大、环境污染严重、倒罐过程温降大、不适合在其中进行铁水预处理和扒渣操作等问题。

高炉-转炉界面采用"一罐到底"技术，是指取消传统鱼雷罐车运输铁水的方式，直接采用铁水罐运输铁水，将高炉铁水承接、运输、缓冲贮存、铁水预处理、转炉兑铁、容器快速周转及铁水保温等功能集为一体。采用"一罐到底"技术，可实现：（1）及时、可靠地承接高炉铁水的功能；（2）稳定、可靠、快捷地运输铁水的功能；（3）在一定时

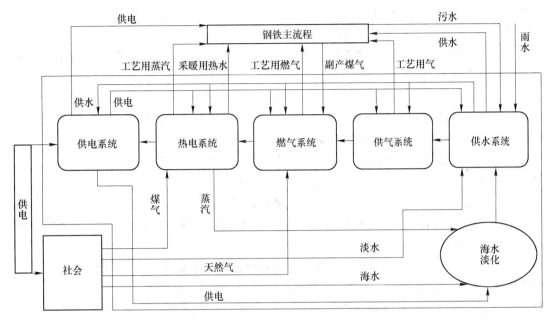

图 8-12 首钢京唐钢铁厂能源循环利用情况

间内铁水缓冲的功能；（4）具有良好的扒渣和铁水脱硫功能；（5）具有良好的保温功能；（6）具有准确、可靠的铁水称量功能；（7）具有铁水罐位置精确定位和空罐快速周转的功能。

首钢京唐钢铁厂拥有 2 座 5576m³ 大型高炉，采用全量铁水脱硫-脱硅/脱磷的铁水预处理工艺。高炉-转炉之间完全以多功能化铁水罐和 1435mm 轨距的铁路输送系统进行动态-有序的运行。

为了构建 2 座 5576m³ 高炉与 4 座 KR 铁水脱硫站的集成运行系统（实际上是 8 个出铁口与 4 座 KR 脱硫站、2 座脱硅/脱磷预处理转炉组成的动态运行系统），采用 300t 铁水罐作为铁水承接、输送、缓冲、保温和铁水脱硫/扒渣直至向转炉准确、及时兑铁等功能的多功能装置，其中包括了以往混铁炉、鱼雷罐运铁车的功能并进行了改进。

在研发过程中，首先要对铁水罐结构进行优化设计，包括了铁水罐容量、形状、高度特别是重心计算；其高度必须要适应高炉出铁槽的标高；其容量必须与转炉的兑铁量一致，并能准确称重，确保一次称准；其重心位置必须考虑在输送过程的稳定性和安全性，特别是在有曲率的铁轨上运行的安全性；同时也应考虑铁水罐的保温措施，特别是空罐状态下保温措施。进而，应将铁水罐及其运输车进行铁路（或公路、轨道）动态运行检验，以测试其有关参数、稳定性、安全性。

为了适应 300t 铁水罐能在 1435mm 标准轨距的铁路上安全、稳定运行，专门研发了 16 轴的铁水运输车，配置了铁水罐全程跟踪定位系统，开发了高精度的铁水称量系统和铁水液位检测系统，要求 300t 铁水罐的装入量可以控制在 ±1t 的精度范围内。

为了建立起 2 座高炉 8 个出铁口与 4 台 KR 脱硫装置之间的协调-紧凑的时-空关系，设计好这一区域的铁路网络系统是特别重要的。为此设计了紧凑-简捷化的铁水罐输送网络系统，使铁水罐的运距处在 1270~1840m 之间，输送时间约在 20min 以内，这样为提高铁水罐的周转次数，提高铁水到达 KR 处理站的温度，铁水脱硫温度可以稳定在 1380℃以上，进而为提高铁水脱硫效率创造前提条件。

铁水罐多功能化及其输送网络的设计和运行，在首钢京唐的生产实际中达到了明显的效果。具体表现为：

（1）铁水罐周转速度不断提高。铁水罐从高炉接受铁水开始，经过输送过程到达 KR 脱硫预处理站，进行扒渣-脱硫预处理-扒渣过程，再由吊车吊运，将铁水兑入脱磷预处理转炉，清理后，经编组站编组返回高炉出铁槽下，等待受铁。这一过程的合理组织安排，对罐内铁水的温度和脱硫预处理影响很大。首钢京唐经过不断的改进，铁水罐周转周期达到平均 360min，即每个铁水罐平均一天周转 4 次左右。

（2）铁水罐出准率高。铁水罐内铁水重量可以实现 288t±1t 精准控制，这将对下游工序的精准、稳定运行创造有利条件。同时，由于在炼钢厂不存在半罐铁水罐，也有利于铁水罐的管理，加速铁水罐周转。

（3）铁水罐运转过程温降控制准确。铁水罐快速周转可减少高炉出铁至 KR 脱硫站之间的铁水温降（减少温降 30~50℃）。目前京唐钢铁厂钢水包的周转率由于多种原因，只有 4 次/（天·个），尚有改进余地；即使如此，其达到 KR 脱硫站的铁水温度可达到 1380℃以上，经计算与使用鱼雷罐运铁车相比约可使铁水的过程温降减少 30~50℃左右。

（4）KR 脱硫效果稳定，脱硫剂消耗低。KR 脱硫站的脱硫处理周期缩短、脱硫效率提高，并易于扒渣。铁水脱硫预处理时间周期与铁水温度存在一定关系，铁水温度高、脱硫效果好、脱硫剂消耗低，相应的铁水搅拌时间和扒渣时间缩短。在通常情况下，京唐钢铁厂 KR 装置的脱硫周期在 30~35min 之间，从高炉出铁到 KR 铁水脱硫结束这一过程中铁水总温降约为 110℃左右，KR 铁水脱硫过程温降为 25~30℃。

由于"一罐到底" KR 铁水预处理温度一般在 1380℃以上，同时由于先脱硫、后脱硅的程序，铁水 [S] 活度高，因此 KR 脱硫后有 50%~60%的 [S]≤5ppm（1ppm = 10^{-6}）。采用"一罐到底"的技术措施后，由于高温、高活度的影响，明显地提高了 KR 铁水预处理装置的脱硫效率及其稳定性。

（5）铁水罐多功能化的投资效益显著。采用铁水罐多功能化（"一罐到底"）技术，由于省去了鱼雷罐、倒罐吊车、倒罐坑，节约了除尘系统等方面的工艺环节，在首钢京唐钢铁厂的条件下，经计算采用"一罐到底"技术可以降低投资 4158 万元，减少粉尘排放量 3.71 万吨/年，节约电耗 1139 万千瓦·时/年。

8.3.4 首钢京唐钢铁厂全"三脱"预处理炼钢厂动态-精准设计案例

2009 年投产的首钢京唐钢铁厂是以 2 座 5576m³ 高炉—1 座全"三脱"炼钢厂—2 条热轧宽带轧机为核心的"2-1-2"结构。

其中，炼钢厂的设计、运行有如下特点：

（1）从高炉铁水进入铁水罐开始直至连铸高温输出，均属炼钢厂的范畴，并且从设计开始就以动态-有序、协同-连续运行作为基本概念——设计、运行的指导思想。

（2）高炉-转炉之间的工艺过程采用先在 KR 装置中进行铁水脱硫预处理，再经脱磷预处理转炉进行铁水脱硅/脱磷预处理，然后在脱碳转炉中进行高速脱碳和升温（选择了先在铁水罐内进行铁水脱硫，后在专用转炉内进行铁水脱硅/脱磷预处理，再在脱碳转炉进行高速脱碳-升温。即对传统转炉的冶金功能进行动态-有序的解析-优化)。

（3）高炉铁水采用铁水罐承接，并以机车通过 1435mm 标准轨距的铁路输送，高炉到铁水脱硫站的最短距离约 800m。铁水罐可以在 20min 内运至脱硫站（4 座 KR），并在铁水罐内进行前扒渣—脱硫预处理—后扒渣等工艺过程（过程时间约为 30～35min）后，再将脱硫预处理后的铁水，快速兑入脱磷预处理转炉。在这里铁水罐取代了鱼雷罐、混铁炉等功能，实现了铁水罐多功能化；通过铁水罐将高炉出铁-铁水脱硫装置-脱磷预处理转炉连接起来，实现铁水运输过程节能、环保，铁水快速周转，并准确称量。

（4）采用 2 座脱磷预处理转炉，对来自 KR 脱硫站的铁水进行脱硅/脱磷预处理，并将脱硅、脱磷处理后的半钢动态-有序地兑入脱碳转炉进行脱碳、升温、回收煤气和进一步适度脱磷。2 座脱磷预处理转炉（BOFDe-Si/P）和 3 座脱碳转炉（BOFDe-C）分别布置相邻两跨内，呈异跨布置，相互干扰少。

（5）由于脱磷预处理转炉的半钢成分、温度可控、可知，兑入量等输入因子稳定、准确已知，而且脱碳转炉不加废钢，其石灰加入量为 10～15kg/t（钢），脱碳转炉渣量不大于 30kg/t（钢），因此可以提高脱碳转炉终点含 [C] 量和温度的命中率，有利于脱碳转炉直接出钢（不需等待成分分析）。这样，减少了二次、三次吹炼过程中的钢水增 [N]，而且终点钢水 [O] 含量相对低，也有利于脱碳转炉快节奏运行。

（6）经"三脱"预处理和脱碳转炉直接出钢的高洁净钢水，分别经 CAS、RH、LF 等炉外精炼装置，再与不同宽度的 230mm 厚度高拉速板坯连铸机连接起来，并尽可能保持铸机-精炼装置-脱碳转炉处于匹配对应的"层流式"运行状态，以此实现炼钢流程动态-有序、协同-连续的高效运行。

在上述设计、运行理念的指导下，进行了工艺/装置等要素选择，并以总平面图、炼钢厂平面图（如图 8-13 所示），以及生产运行程序合理安排为基础，实现流程全局性的结构优化和功能拓展。

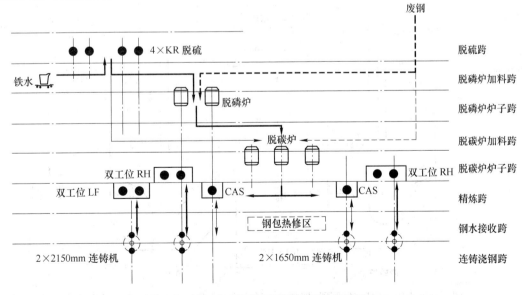

图 8-13 京唐钢铁厂炼钢厂平面布置图

经过生产实践，首钢京唐钢铁厂高效率、低成本洁净钢生产"平台"技术，取得了良好的进展，特别是：

（1）以铁水罐多功能化（"一罐到底"技术）为特征的高炉-转炉之间的界面技术的优势得到了实践的验证。首钢京唐钢铁厂摒弃了混铁炉、鱼雷罐运铁车，直接以300t铁水罐通过1435mm标准轨距铁路将铁水从高炉运到炼钢厂KR脱硫站，运输过程时间在20min以内，并且建立了铁水重量的准确称量系统，如图8-14所示，其铁水称量精度可达288t±0.5%（高炉铁水的出准率可达95%），为下游KR脱硫、脱磷预处理转炉、脱碳转炉的精准、稳定运行创造了有利条件。同时，由于在炼钢厂和运输过程中不存在半罐铁水罐，有利于铁水罐的管理和快速周转。

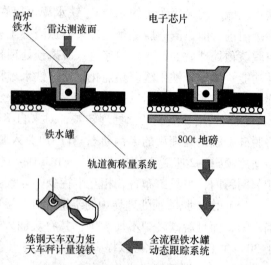

图 8-14　京唐钢铁厂高炉出铁过程的铁水称量系统

由于采用铁水罐多功能化技术，到达KR脱硫站的铁水温度一般在1380℃以上，甚至可达1440℃以上。同时，由于采用先脱硫、后脱硅的程序，KR脱硫站的铁水在高温、高活度状态下脱硫，脱硫效率很高。KR预处理后铁水［S］含量多在0.0025%以下，其中50%~60%不高于5ppm。

（2）300t脱磷预处理转炉。经KR脱硫预处理后，铁水以1350~1360℃的温度直接兑入脱磷预处理转炉，加入14kg/t（钢）石灰和12kg/t（钢）脱碳转炉返回渣后进行吹炼，如图8-15所示。

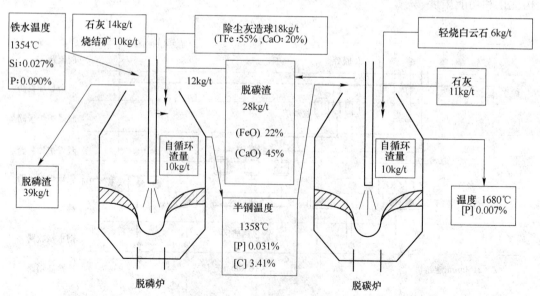

图 8-15　京唐钢铁厂脱磷预处理转炉、脱碳转炉之间造渣剂和炉渣之间的关系

通过优化造渣工艺、提高顶吹供氧强度，加强底吹供氧系统的维护等措施，脱磷预处理转炉的炉渣碱度一般控制在 1.8~2.0 之间，FeO 降到 12% 左右，需指出该厂脱磷预处理转炉底吹搅拌强度设计值较低，只有 0.3m³/(t·min)，而实际运行过程中还低于设计值，这一因素，将影响脱磷预处理转炉的脱磷效率。

（3）300t 脱碳转炉少渣冶炼。采用 KR 高温、高活度脱硫预处理和脱磷预处理转炉预处理后，大大地减轻了脱碳转炉的冶金任务，可以少加石灰，进行少渣、高速脱碳吹炼，现在脱碳转炉的石灰加入量已降低到 10~11kg/t 钢。脱碳转炉终点钢水的［C］和温度的命中率都在 94% 以上，［C］-T 双命中率在 90% 以上。

铁水"全三脱"的理论意义如下：

（1）体现了工序功能集的解析-优化、工序之间关系集的协同-优化和流程工序集的重构-优化；

（2）为构造高效率、低成本并稳定运行的洁净钢生产平台奠定基础；

（3）有利于动态-有序、连续-紧凑运行的计算机建模和控制。

铁水"全三脱"的实用价值如下：

（1）建立起稳定、高效的洁净钢生产平台，特别是适应高拉速超低碳高档薄板生产，有利于提高产品实物质量；

（2）提高生产效率，使脱碳炉生产一炉钢缩短 8~10min；相应可以降低转炉吨位、吊车吨位和炼钢厂厂房负荷，减少相关的投资成本；

（3）降低生产成本：减少钢铁料及石灰等辅料消耗（还可利用较高含磷量的铁矿；在脱碳转炉中利用锰矿，少用或不加 Fe-Mn 合金等）；

（4）稳定高档商品的实物性能，包括加工性能、使用性能；

（5）促进多炉连浇；

（6）促进信息化管理；

（7）有利于钢铁厂清洁生产和炼钢炉渣的有效利用；

（8）有利于与热带轧机衔接运行，促进铸坯热装热送；

（9）可以适度利用高磷铁矿资源。

8.3.5 唐钢第二钢轧厂小方坯连铸机-棒材轧机界面技术优化设计案例

唐钢第二钢轧厂（简称唐钢二钢轧）是始建于 1958 年的侧吹转炉老车间，几经技术改造，现在已经改建为由铁水预处理—55t 复吹转炉—吹氩装置—165mm×165mm 小方坯连铸的炼钢车间，并在 1996 年、2003 年分别建立了第 1 棒材和第 2 棒材轧钢生产线。第 1 棒材生产线全部采用切分轧制技术生产 φ12~18mm 螺纹钢（一座加热炉+18 架棒材轧机机组）；第 2 棒材生产线全部生产 φ20mm 以上的螺纹钢。

在技术改造过程中，唐钢高度重视炼钢车间与第 1、第 2 棒材生产线之间的平面布置关系（流程网络优化），特别是 6 号连铸机和第 1 棒材生产线之间紧凑-畅通的铸坯输送路线，方坯运行距离为 241.1m；5 号连铸机和第 2 棒材生产线之间为更加紧凑-顺畅的铸坯输送路线，铸坯的走行距离为 81.5m。现在两个棒材生产线分别由 5 号、6 号连铸机固定供坯生产，实际钢材产量已达 220 万吨/年。其中连铸机-加热炉之间铸坯的高温直接入炉技术、连铸机定重供坯技术以及与此相关的切分轧制等生产工艺改进，起到了非常重要的作用。

8.3.5.1　铸坯高温直接入炉的基础技术

铸坯高温直接入炉技术的实施是建立在一系列生产工艺改进的基础上的。

首先，要有紧凑-顺畅的平面布置图（合理的流程网络），能够以最短的输送距离、最快的输送速度和较为稳定的温度范围内将铸坯装入加热炉，唐钢第二钢轧厂的平面布置图，如图 8-16 所示。

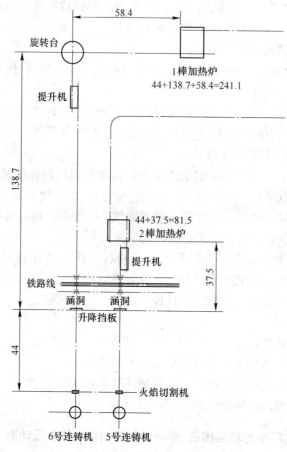

图 8-16　唐钢第二钢轧厂的平面布置图

其次，必须重视连铸机拉坯速度（拉速）的提高和稳定，并提高剪切后的铸坯温度；现在 165mm ×165mm 小方坯铸机的拉速稳定在 2.15m/min。

第三，为了提高并稳定连铸机拉速，必须重视转炉出钢温度稳定且温度较低。经过几年的努力和采取多种措施，包括减少钢包个数、加快钢包周转速度和钢包全程加盖等，唐钢第二钢轧厂 55t 转炉出钢温度稳定在 1640℃ 左右。

第四，重视剪切后铸坯温度，5 号、6 号连铸机剪切后铸坯温度由 920℃ 左右稳定提高到 970~980℃。

第五，保持小方坯连铸机与棒材轧机之间的物流通量平衡与连续化，并使铸坯入炉温度稳定在较窄的温度区间内，有利于加热炉节能。为此，对于生产 φ18mm 及以下小规格螺纹钢，全部采用切分轧制是必要的，并且全部集中在第 1 棒材生产线进行，其年产量已达 100 万吨；第 2 棒材生产线则集中生产 φ20mm 以上的产品，其年产已达 120 万吨以上。

唐钢二钢轧在上述诸多方面开展了细致的研究、技术开发和生产信息管理工作，取得了明显的技术进步和节能、减排效果。

8.3.5.2 6 号小方坯连铸机-第 1 棒材生产线之间铸坯高温直接入炉技术的实绩

6 号连铸机为 6×165mm×165mm 小方坯连铸机，其中间包容量为 25t，冶金长度为 15m，与 1 号转炉（55t）对应生产。经过技术攻关，6 号连铸机的拉速从 1.8m/min 提高到 2.1m/min 以上，相应的剪切后铸坯温度从 940℃提高到 975℃以上。铸坯直接热装炉率达到了 84%~90%，铸坯长度为 11.5~12.0m，单根坯重在 2.4t 以上。铸坯经过辊道热送到第 1 棒材生产线的加热炉，输送距离约为 241m，输送时间为 10~17min，并按炉逐根按序进入加热炉，铸坯入炉温度由原来的 690℃左右，提高到 730℃以上。加热炉煤气单耗平均降低 26m³/t 材。不同月份技术效果和节能效果如表 8-1、表 8-2 和图 8-17 所示。

表 8-1　6 号小方坯连铸机-第 1 棒材生产线之间铸坯高温直接装炉的情况

项目	日期	拉速 /m·min⁻¹	月均剪切后铸坯温度 /℃	月均铸坯装炉温度/℃	月煤气总耗 /km³[①]	煤气单耗 /m³·t⁻¹材[①]	铸坯月产出根数 /支	铸坯直接装炉率/%
实施铸坯直接装炉前	2011 年 7 月	1.83	913.8	671.5	10573	113		
	2011 年 8 月	1.85	922.2	676.3	10253	105		
	2011 年 9 月	1.88	930.1	682.4	7713	128		
	2011 年 10 月	1.92	938.0	698.8	11328	115		
	2011 年 11 月	1.98	951.0	705.7	9745	107		
实施铸坯直接装炉后	2011 年 12 月	2.12	965.7	724.3	8608	90	36909	88.38
	2012 年 1 月	2.11	966.7	731.0	7869	85	36455	80.82
	2012 年 2 月	2.14	971.2	732.1	7426	81	38045	91.81
	2012 年 3 月	2.15	974.3	730.9	8217	91	37283	84.61
	2012 年 4 月	2.13	978.3	735.9	7447	90	32513	83.47

① 煤气热值约为 7112.8kJ/Nm³。

表 8-2　6 号小方坯连铸机-第 1 棒材生产线铸坯高温直接装炉温度的分布情况

日期	2012 年 1 月		2012 年 2 月		2012 年 3 月		2012 年 4 月	
均温范围 /℃	根数	百分比 /%	根数	百分比 /%	根数	百分比 /%	根数	百分比 /%
<660	7973	20.14	0	0.00	0	0.00	0	0.00
660~690	7973	20.14	8638	23.19	4070	10.70	1016	3.17
690~730	8606	21.74	9752	26.18	10130	26.63	9153	28.57
730~760	14342	36.23	17935	48.15	21736	57.14	21866	68.25
760~780	689	1.74	1296	3.48	1248	3.28	641	2.00
>810	0	0.00	0	0.00	0	0.00	0	0.00

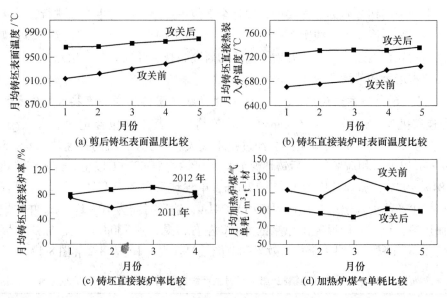

图 8-17   6 号小方坯连铸机–第 1 棒材生产线之间铸坯
高温直接装炉有关技术参数的逐项对比

8.3.5.3   5 号小方坯连铸机–第 2 棒材生产线之间铸坯高温直接入炉技术的实绩

唐钢二钢轧 5 号连铸机也是 6×165mm×165mm 小方坯连铸机，中间包容量为 25t，冶金长度为 15m，与 4 号转炉（55t）匹配对应生产。连铸机拉坯速度稳定在 2.14~2.15m/min，剪切后铸坯温度稳定在 970~980℃。连铸坯直接装炉率为 100%（每月约有 1500~3000 多支铸坯，调到第 1 棒材生产线编入冷装批次中）。

铸坯长度为 11.5~12.0m，铸坯单重在 2.4t 以上。连铸坯经过辊道热送到第 2 棒材生产线的加热炉，输送距离约为 81.5m，输送时间为 3.4~4.4min，并按炉逐根按序进入加热炉。由于连铸坯在连铸机–加热炉之间的输送距离仅为 81.5m，因此连铸坯进入加热炉的温度可以较好地稳定在 830~850℃之间，吨材煤气单耗已降低到 70m³/t 材以下（表8-4）。第 2 棒材生产线全部生产 ϕ20mm 以上螺纹钢，一般不采用切分轧制。不同月份技术参数与节能效果如表 8-3、表 8-4 所示。

表 8-3   5 号连铸机–第 2 棒材生产线之间铸坯高温直接装炉的情况

项目	日期	拉速 /m·min⁻¹	月均剪后铸坯温度/℃	月均铸坯直接装入炉温度/℃	煤气总耗 /m³·t⁻¹	煤气单耗 /m³·t⁻¹材	铸坯月产出 /支	铸坯月直接热装数/支
2011 年 7 月至 2012 年 4 月直供	2011 年 7 月	2.13	966.3	835.5	6931	67		
	2011 年 8 月	2.14	967.5	841.2	6356	65		
	2011 年 9 月	2.14	970.1	846.6	6055	66		
	2011 年 10 月	2.15	975.7	838.4	6697	67		
	2011 年 11 月	2.14	981.6	842.3	7666	77		
	2011 年 12 月	2.13	966.3	840.2	5044	65	34969	32267

项目	日期	拉速 /m·min⁻¹	月均剪后铸坯温度/℃	月均铸坯直接装入炉温度/℃	煤气总耗 /m³·t⁻¹	煤气单耗 /m³·t⁻¹材	铸坯月产出 /支	铸坯月直接热装数/支
2011年7月至2012年4月直供	2012年1月	2.14	967.5	844.3	7310	71	46063	42962
	2012年2月	2.14	970.1	831.1	3175	70	21259	18987
	2012年3月	2.15	975.7	828.1	6452	66	44030	40439
	2012年4月	2.14	981.6	850.9	1608	62	39676	37544

表 8-4　5 号连铸机-第 2 棒材生产线之间铸坯高温直接装炉的情况

日期	2012年1月		2012年2月		2012年3月		2012年4月	
月铸坯表面温度/℃	根数	百分比/%	根数	百分比/%	根数	百分比/%	根数	百分比/%
<810	0	0.00	2628	13.84	8407	20.79	11639	31.00
810~830	20652	48.07	8453	44.52	7449	18.42	2433	6.48
830~850	18843	43.86	6431	33.87	21283	52.63	21963	58.50
850~870	3467	8.07	1475	7.77	3300	8.16	1509	4.02
870~890	0	0.00	0	0.00	0	0.00	0	0.00
>890	0	0.00	0	0.00	0	0.00	0	0.00

如表 8-3、表 8-4 中数据所示，5 号连铸机-第 2 棒材生产线之间实现了铸坯 100%逐根直接装炉的高温热连接，相互之间除了调到第 1 棒材生产线编入冷装批次的铸坯外（每月约有 1500~3000 多支），全部实现了铸坯高温直接装炉，没有经停连铸坯中间库，且其直接装炉温度集中的分布在 810~850℃之间（分布概率已达 92%~96%，见表 8-4）连铸坯入炉表面温度的高度集中，特别有利于加热炉加热质量的提高并进一步促进加热炉能耗的降低。可见，不仅要重视提高连铸坯装炉温度，而且也要重视装炉温度范围的稳定和集中。

8.3.5.4　关于定重供坯的进展

连铸机向轧机供坯一般都是按长度供坯的，属于定尺供坯。定重供坯是相对定尺供坯而言的。定尺供坯在轧制不同尺寸规格的钢材时，会出现定尺率、成材率等方面的矛盾，为了解决这个问题，唐钢第二钢轧厂根据轧制不同断面规格、不同切分轧制要求，进行了定重供坯的技术开发，提高了轧制成材率。

定重供坯的含义是在保证不同断面规格钢材的定尺率合理、负公差率合理并统筹兼顾成材率（小于 6m 的切尾最小化）和降低通尺率（即钢材长度为 6~12 之间的比例和数量）的条件下，对轧制不同断面钢材的连铸坯规定合理的不同重量，并进行精确计控。例如轧制 ϕ12mm 螺纹钢时，12m 钢材的理论重量为 10.656kg/m，负公差率为-3%；在一坯 8 倍尺（每倍尺材重量为 340.992kg）的情况下，单根铸坯重量应在 2441kg；因此，铸坯应该按此重量进行精确剪切。轧制不同尺寸规格的螺纹钢、圆钢，应该分别"定重供坯"，而不是定尺供坯。这样，有利于提高钢材的定尺率、负公差率，有利于提高成材率和降低通尺率（量）。达到节能减排、降低成本、降低劳动强度的效果。

唐钢二钢轧的 6 号连铸机-第 1 棒材厂自 2011 年 9 月以来，开展了铸机定重供坯的技术开发，取得了明显的成效。其结果列于表 8-5、图 8-18。

表 8-5　6 号连铸机-第 1 棒材生产线定重供坯实绩

日期	铸坯定重率 /%	钢材定尺率 /%	每月通尺钢材产生量/t	钢材成材率 /%	钢坯月产出根数/支
2011 年 9 月	43.53	99.22	478.51	96.83	
2011 年 10 月	47.83	99.31	689.46	96.98	
2011 年 11 月	45.94	99.30	643.66	96.80	
2011 年 12 月	47.63	99.41	558.25	96.90	36909
2012 年 1 月	49.53	99.47	488.39	97.00	36455
2012 年 2 月	48.74	99.51	437.59	97.11	38045
2012 年 3 月	47.93	99.47	489.43	97.22	37283

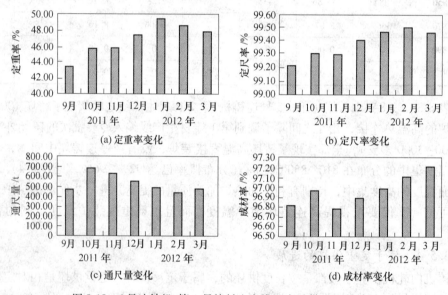

图 8-18　6 号连铸机-第 1 号棒材生产线 "定重供坯" 的效果

由于第 1 棒材生产线要生产 $\phi 12mm$、$\phi 14mm$、$\phi 16mm$、$\phi 18mm$ 的螺纹钢，要分别进行 4 切分、3 切分和 2 切分的不同轧制工艺，因此对定重供坯提出了一系列复杂、苛刻的要求，应有相应的计算机模型与之适应，并应有高精确计量传感器（称重计量采用 1/3000 的 C3 级高精度传感器）。同时，由于连铸机铸坯断面形状、断面面积随多炉连浇和结晶器使用周期而有所变化，必须实时监控、计算并反馈调控等。这些都有相当的技术难度和生产组织难度，值得进一步研究开发。

经过攻关，6 号连铸机-第 1 棒材生产线之间的 "定重供坯" 率已达 48%~50%；钢材的定尺率达 99.45%；钢材成材率达 97.22%（6m 以下钢材按切尾计）；每月 6~12m 的通尺钢材产生量降低到 490t 以下（每月钢材产量约为 9.5 万吨左右）。技术进步效果明显，仍有进一步提高的潜力。

5 号连铸机-第 2 棒材生产线定重供坯实行较早，由于第 2 棒材厂的加热炉实行 100% 直接装炉运行（不能直接装炉的坯子调到第 1 棒材生产线，进入冷装编组），且一般不进行切分轧制，其定重供坯达 67%~70%，相应地钢材定尺率高达 99.64%，钢材成材率可达 97.4%~97.5%。而 6~12m 的通尺钢材产生量则降低到 321t/月（每月钢材产量约为 10 万吨左右）。5 号连铸机-第 2 棒材生产线定重供坯的生产运行实绩如表 8-6 所示。

表 8-6　5 号连铸机-第 2 棒材生产线定重供坯的生产运行实绩

日期	铸坯定重率 /%	钢材定尺率 /%	每月通尺钢材 产生量/t	钢材成材率 /%	钢坯月产出 根数/支
2011 年 9 月	68.79	99.52	428.15	97.28	
2011 年 10 月	65.49	99.56	443.35	97.27	
2011 年 11 月	62.43	99.60	396.22	97.31	
2011 年 12 月	65.73	99.56	339.05	97.25	34969
2012 年 1 月	67.58	99.63	341.42	97.40	46063
2012 年 2 月	69.32	99.63	173.29	97.39	21259
2012 年 3 月	67.35	99.64	321.46	97.52	44030

综上所述，对于小方坯/方坯连铸机与棒材连轧车间之间，连铸坯定重供坯是一个新命题，在今后实践中需要将诸多技术集成在一起并形成一个专用技术包。例如，包括连铸坯精准称量技术，连铸坯长度精确切割技术，连铸坯断面尺寸稳定技术（即防"脱方"技术），成品钢材定长精确剪切技术，成品钢材断面尺寸精确控制技术，稳定的切分轧制技术，轧机-连铸机之间工艺参数的信息反馈技术等。

8.3.5.5　讨论

钢铁生产过程一般是经历了固态-液态-固态的过程，在这些状态转变的过程中，都伴随着能量的输入/输出，吸热或放热的过程。其中在固-液相变过程能耗最大（高炉冶炼），而液-固相变过程却存在着大量的余热，如何利用好这些凝固后连铸坯的余热，也是节能、减排的重要课题。

从钢液进入凝固工序（连铸机）开始，钢液从 1540~1550℃ 的高温状态冷却凝固成铸坯，继而以不同的温度进入轧钢加热炉，经加热后进行轧制。其中，有不同形式的生产工艺，例如连铸坯直接轧制、连铸坯直接热装入炉、连铸坯热送、连铸坯冷装等。这些生产工艺过程对应着不同的能源消耗，存在着不同的节能、减排机会。当然也标志着不同的技术水平。

连铸坯按炉、逐根、按序直接装炉技术，是技术难度高、经济效益明显的技术集成，是由多项技术动态集成的技术体系。其实质是要建立起炼钢车间与热轧车间之间动态运行的界面技术，特别是连铸机和相对应的轧钢加热炉之间动态运行的界面技术。这些技术包括：

（1）连铸机-轧钢加热炉之间合理空间-时间关系，包括了平面布置图的合理化、紧凑化；铸坯在铸机-加热炉之间行走距离的"最小化"，铸坯输送过程时间的"最小化"和准连续化。

（2）连铸机产能与轧钢机产能的匹配对应性，两者的产能应该尽可能整数对应。为此，对于棒材轧机而言，在轧制小尺寸规格的棒材采用 2 切分、3 切分、4 切分等切分轧制技术是十分必要的。这有利于高温物流量的稳定，有利于铸坯热装温度的稳定，有利于加热炉节能减排和提高轧机产能。

（3）连铸坯高温直接装炉需要一系列基础技术的支撑，包括：

1）连铸机的恒拉速、高拉速工艺技术（165mm×165mm 连铸坯 2.15m/min 的拉速大体相当于 150mm×150mm 连铸坯 2.60m/min 的拉速）；

2）转炉低温出钢技术和稳定出钢温度技术包（唐钢二钢轧 55t 转炉出钢温度可以稳定在 1640℃的水平上）；

3）提高剪切后铸坯温度的技术（唐钢小方坯连铸机剪切后连铸坯表面温度稳定在 970～980℃）；

4）高温无缺陷连铸坯的技术等。

（4）将定尺供坯改进为定重供坯对于提高钢材定尺率、钢材成材率有明显效果，有利于降低非定尺钢材的产生量，具有提高质量、提高经济效益的效果，应该深入研究开发，其中包括：

1）切分轧制技术；

2）铸坯形状、尺寸监控、精确称重和信息反馈调控技术；

3）不同断面规格钢材轧制时的铸坯单重的合理设定与剪切调控技术。

（5）连铸机-热轧之间的界面技术不仅存在于小方坯连铸机与棒/线材轧制之间，同样也存在于板坯连铸机与薄板轧机或中板轧机之间，圆坯连铸机与无缝钢管轧制之间。连铸机-轧机之间的界面技术应该强调在更紧凑、更连续、更高温度的状态下定量地、稳定地连接起来，其中有着诸多技术创新点。

思　考　题

1. 动态精准设计方法的基本内涵。
2. 动态-精准设计与传统的分割-静态设计的主要区别。
3. 动态精准设计方法核心思想。
4. 动态精准设计方法主要设计步骤。

习　题

1. 选择不同类型的大型钢铁联合企业，运用动态精准设计方法设计钢铁厂的主要结构模式。
2. 选择不同类型的大型钢铁联合企业，运用动态精准设计方法设计炼铁-炼钢"一罐到底"界面技术。
3. 选择不同类型的大型钢铁联合企业，运用动态精准设计方法设计连铸-轧钢"热送热装"界面技术。

参 考 文 献

［1］殷瑞钰. 冶金流程工程学（第 2 版）［M］. 北京：冶金工业出版社，2009.

［2］殷瑞钰，汪应洛，李伯聪，等. 工程哲学（第 2 版）［M］. 北京：高等教育出版社，2013.

［3］殷瑞钰. 冶金流程集成理论及方法［M］. 北京：冶金工业出版社，2013.

冶金流程工程学实验

实验 1 使用遗传算法求解炼钢-连铸生产作业计划编制问题

实验 1

1 实验目的

（1）通过研究炼钢-连铸生产作业计划编制问题来强化对冶金流程生产中基本参量——时间的理解；

（2）通过研究炼钢-连铸生产作业计划编制问题来体会冶金生产流程中物质流衔接、匹配的重要性；

（3）学会使用求解复杂优化问题的遗传算法。

2 问题阐述

时间是冶金流程生产过程中的基本参量之一。在钢铁制造流程中，各工序、装置运行过程在时间因素上的协调是至关重要的。计划调度是时间运行调控的核心技术手段。本实验以炼钢-连铸生产流程为对象，介绍如何编制炼钢-连铸区间的作业计划，以实现该区间物质流运行的紧凑-连续性。

炼钢-连铸生产流程是一个复杂的多阶段、多产品生产过程。钢水从炼钢经精炼到连铸，不同钢种的产品需要不同的精炼处理形成了不同的工艺路径。在炼钢-连铸区间的作业计划编制过程中，炉次是指同一个转炉内冶炼的钢水。由于一个炉次的钢水被装入一个钢包中，所以从炼钢到连铸前被调度的工件均为同一炉次，炉次是作业计划编制中最小的生产单元。浇次是指在同一连铸机上连续浇铸的炉次集合，是炼钢-连铸作业计划编制中最大的生产单元。炼钢-连铸作业计划编制问题可以描述为：在上层浇次计划的基础上，为每个炉次在其需要加工的工序内合理地分配加工设备，并确定其在设备上的开始加工时间和结束加工时间，形成指导各炉次加工的"火车时刻表"。

炼钢-连铸生产作业计划编制可归属为柔性工件车间调度问题（Flexible Job Shop Scheduling Problem，FJSP）。所谓 FJSP，就是研究将 n 个工件在 m 台机器上加工的组合排序问题，每个工件包含一系列必须按照指定顺序加工的工序，而每道工序的加工又必须在指定的机器上进行，要求在满足某些约束条件下确定各个工序的开始和结束时间，并使得加工性能指标达到最优。

这里，工件可以理解为盛满钢水的钢包，即炉次。性能指标可以是成本相关、也可以是时间相关。常见的目标是最小完工时间（makespan），即完成一批工件加工任务的第一个机器的开始时间和最后一个机器的结束时间。对于炼钢-连铸生产作业计划编制问题，完工时间指的是最先生产的转炉的开始时间到最后生产的铸机的结束时间。因此设 C_i 为生产计划中炉次 i 的完工时间，$i=1, 2, \cdots, n$，则炼钢-连铸生产作业计划编制的优化目标可表示为：$T=\min\{\max(C_i)\}$。

然而，与 FJSP 不同的是，炼钢-连铸生产作业计划除了具有保证炉次在工序上的设备分配和加工时间顺序关系可行性的基本调度约束之外，还包含特殊的工艺约束。炼钢-连铸生产作业计划编制过程中需要满足的约束条件如下：

（1）基本调度约束：

1）目标钢种不同的炉次在精炼环节需要经过的工序可能不同，即炉次拥有不同的加工工序路径。在编制生产作业计划时，需要保证每个炉次按照预定的加工工序依次经过每一个工序。

2）每个炉次在其需要经过的工序内必须安排一个加工设备进行加工。

3）安排在同一设备上加工的炉次的作业时间区间不能出现冲突。

4）工序间存在运输时间，因此对于一个炉次任意两个相邻的加工操作来说，当且仅当紧前操作完成且炉次运送至紧后操作的加工设备处之后，紧后操作才可以开始加工。

5）每个设备具有各自独立的最早可用时间，因此安排在设备上的炉次的开始加工时间。

（2）工艺约束：

1）在上层浇次计划编制过程中确定了浇次内炉次的浇铸顺序，因此在生产作业计划编制过程中浇次内的炉次需要按照该预定的顺序进行浇铸，并且浇次内的炉次必须连续浇铸。

2）同一铸机上可能会安排多个浇次任务，由于铸机重新开浇需要进行一系列的准备工作，因此浇次与浇次之间需要有等待时间。

3   问题求解

3.1   遗传算法

遗传算法（Genetic Algorithm，GA）是一类借鉴生物界自然选择和自然遗传机制的高度并行、随机和自适应搜索算法。该算法是一种模仿自然界生物进化过程中"物竞天择，适者生存"的原理而进行的一种多参数、多群体同时优化方法，其主要特点是群体搜索策略和群体中个体之间的信息交换，搜索不依赖于梯度信息，尤其适用于处理传统搜索方法难以解决的复杂和非线性问题。炼钢-连铸生产作业计划编制问题是一种典型的复杂、非线性问题。

3.2   遗传算法设计

遗传算法的求解流程，如图 E1-1 所示，包括染色体编码与解码以及选择、交叉和变异的循环迭代过程。

3.2.1   染色体编码与解码

遗传算法中，编码是完成问题的状态空间到遗传算法的码空间的映射，解码是完成遗传算法的码空间到问题的状态空间的映射。编码在一定程度上决定了各种算子的设计实现，是影响算法性能与效率的重要因素。

生成初始种群指的是生成多个炼钢-连铸生产作业计划方案，而生成作业计划方案的

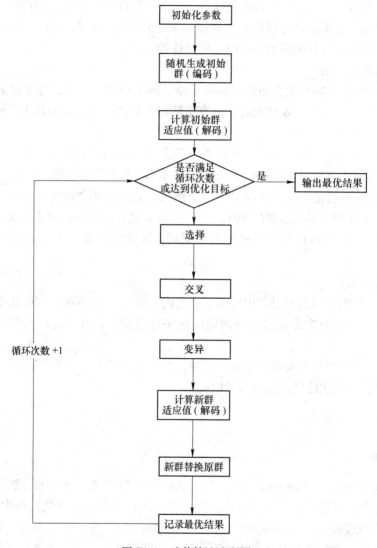

图 E1-1　遗传算法流程图

过程实际就是编码。炼钢-连铸作业计划编制是为每个炉次的每个操作确定加工设备，并决策其在设备上的开始加工时间和结束加工时间。然而，为了避免染色体过于冗长一般不选择将所有的决策信息全部编码至染色体中。这里采用基于炉次编号的表达方法，即利用炉次编号的排列代表炉次在工序内的加工顺序。假设一个染色体编码为 [1, 3, 2, 2, 3, 1, 3, 2, 1]，其中 1 表示炉次 1，2 表示炉次 2，3 表示炉次 3。该数码 $i=1$, 2, 3 出现的次数 j 代表炉次 i 的第 j 道工序。例如，第一个 1 表示炉次 1 的第 1 道工序，最后一个 1 表示炉次 1 的第 3 道工序。使用 O_{ij} 表示第 i 个炉次的第 j 道工序，则上述染色体解码为 O_{11}, O_{31}, O_{21}, O_{22}, O_{32}, O_{12}, O_{33}, O_{23}, O_{13}。再结合每个操作所对应的具体加工机器，即可以计算该染色体的所对应的完工时间，就完成染色体的解码过程。

　　需要注意的是，染色体中决定的是炉次在工序内的加工顺序。基于染色体中包含的局部决策信息，解码过程中需要保证作业计划满足以上所述的基本调度约束和工艺约束，从而保证解的可行性。

3.2.2　选择算子

选择算子的目的是将优秀的个体选入交配池内，此处采用基于排序的适应度分配法，其计算公式如下：

$$Fitness(Pos) = 2-SP+2*(SP-1)*(Pos-1)/(Nind-1)$$

这里，Nind 为种群中个体数目，Pos 为个体在种群中的排序位置，SP 为选择压力，一般取 [1.0，2.0]，这里取 2.0。例如，种群的适应度列向量为 [2；1；4；3]，则基于排序的适应度分配法的适应度列向量为 [1.3333；2.0000；0；0.6667]。

此外，在选择算子的设计上，还考虑杰出保留的问题，即按照一定比例在种群中进行选择，其余个体直接进入到后代种群，而不进行交叉运算和变异运算。

3.2.3　交叉算子

传统遗传算法中使用的交叉算子常见的有单点交叉、多点交叉和均匀交叉以及基于排序的均匀交叉。对于单点交叉、多点交叉和均匀交叉，由于产生子代种群个体中可能存在非法的调度方案，需要一些额外的修补技术，导致算法的效率较低。基于排序的均匀交叉虽然能满足工件车间调度问题的求解，但模板中的 0 和 1 是均匀产生的，使得在交叉过程中难于保留较长的模式，而这对于算法的收敛是非常不利的。

本实验采用的交叉算子就是在基于排序的均匀交叉算子的基础上，改进模板中的 0 和 1 的产生方式。针对工件工厂调度问题，采用工件集合过滤方式来承担上述模板的作用。因此，称本实验采用的交叉算子为基于排序的工件过滤交叉算子，其计算过程如下所示：

设一个 4 个工件 3 个机器的 JSP 问题。某次迭代中的两个个体的编码为：

P1 = (132312132444)

P2 = (112433412432)

随机产生一个工件编号的排列 JNum = (2，3，1，4)，并产生两个不同的随机整数 Pos1 和 Pos2，根据 Pos1 和 Pos2 从 JNum 中取出相应的工件编号集合。例如，当 Pos1 = 2，Pos2 = 3 时，取出的工件集合为 SelJNum = (3，1)。然后以该工件集合来过滤父代并交叉产生子代，P1 对应的子代 C1 和 P2 对应的子代 C2 分别如下：

C1 = (13 * 31 * 13 * * *)

C2 = (11 * * 33 * 1 * * 3 *)

再将 P2 中多余的个体 {2，4} 按照 P2 中的顺序插入到 C1 中，将 P1 中多余的个体 {2，4} 按照 P1 中的顺序插入到 C2 中。

C1 = (132314134242)

C2 = (112233214434)

3.2.4　变异算子

遗传算法中的变异算子，是指以一定概率随机改变染色体上的某些位，形成一个新的个体。本实验采用的变异算子与大多数 FJSP 问题的求解一样，采用基于炉次（工件）对交换的方法，其中，交换的位置是随机产生的。

3.3　遗传算法实现

实验代码见实验附件1。

4　实验过程

4.1　实验数据

实验数据见表 E1-1。DPBOF 为脱磷转炉，DCBOF 为脱碳转炉，CAS、LF 和 RH 是三种精炼方式，1650CC 为连铸机。表中数据为各种典型钢种的对应的工序处理时间，0 表示该钢种不经过对应处理工序。实际实验时，可根据需要进行增加、删除和修改。

表 E1-1　生产批量计划数据

DPBOF	DCBOF	CAS	LF	RH	1650CC
18	28	23	0	0	58
18	28	23	0	0	58
20	30	23	0	0	54
20	30	23	0	0	54
25	36	0	0	25	52
25	36	0	0	25	52
24	34	0	0	46	55
24	34	0	0	46	55
22	35	0	0	55	59
22	35	0	0	55	59
26	38	0	40	25	56
26	38	0	40	25	56
25	37	0	40	35	56
25	37	0	40	35	56
22	30	0	35	0	55
22	30	0	35	0	55

4.2　实验结果分析

点击"加载生产计划"按钮，导入模拟生产数据，如图 E1-2 所示。

将遗传次数修改为 10 次，点击"运行"按钮，算法执行结果如图 E1-3 和图 E1-4 所示。

将遗传次数修改为 1000 次，点击"运行"按钮，算法执行结果如图 E1-5 和图 E1-6 所示。

比较进行 10 次和进行 1000 次的遗传算法实验，可以看出：遗传算法对于炼钢-连铸生产调度问题具有较强的寻优能力，可以将最小完工时间从 1027 减小为 976。从冶金流程工程学角度，炼钢厂内各个工序之间需要协同以实现总目标（完工时间）的优化，以实现紧凑的连续化生产。

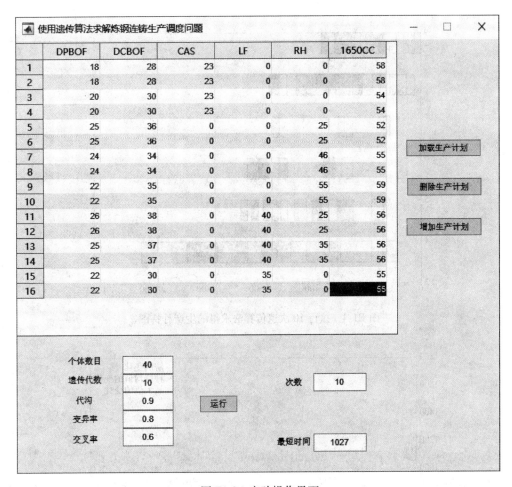

	DPBOF	DCBOF	CAS	LF	RH	1650CC
1	18	28	23	0	0	58
2	18	28	23	0	0	58
3	20	30	23	0	0	54
4	20	30	23	0	0	54
5	25	36	0	0	25	52
6	25	36	0	0	25	52
7	24	34	0	0	46	55
8	24	34	0	0	46	55
9	22	35	0	0	55	59
10	22	35	0	0	55	59
11	26	38	0	40	25	56
12	26	38	0	40	25	56
13	25	37	0	40	35	56
14	25	37	0	40	35	56
15	22	30	0	35	0	55
16	22	30	0	35	0	55

加载生产计划

删除生产计划

增加生产计划

个体数目　40
遗传代数　10
代沟　0.9
变异率　0.8
交叉率　0.6

运行

次数　10

最短时间　1027

图 E1-2　实验操作界面

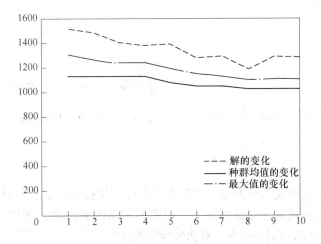

图 E1-3　执行 10 次的遗传算法优化曲线（最小完工时间为 1027）

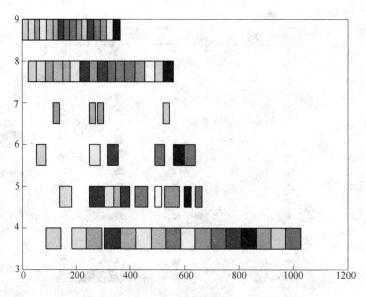

图 E1-4　执行 10 次遗传算法求得的生产甘特图

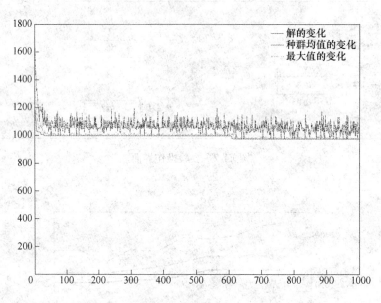

图 E1-5　执行 1000 次的遗传算法优化曲线（最小完工时间为 976）

5　扩展性实验

5.1　将目标从总的完工时间修改为所有生产计划执行时间总和，对比实验结果。

5.2　考虑炼钢—精炼—连铸的各个工序之间转运时间约束，例如，转炉到精炼之间的转运时间控制在 [5，10]min 内，对比实验结果。

5.3　考虑连铸机浇次约束时，修改实验代码，查看实验结果。

5.4　考虑多转炉—多连铸机的层流生产情况，修改实验代码，查看实验结果。

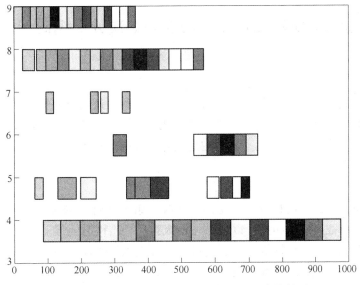

图 E1-6   执行 1000 次遗传算法求得的生产甘特图

实验 2　使用优化工具箱求解炉次计划编制问题

实验 2

1　实验目的

（1）通过研究炉次计划编制问题来强化对冶金流程生产运行调控技术的理解；

（2）通过研究炉次计划编制问题体会数学规划建模和求解方法的重要性；

（3）学会使用 YALMIP 优化工具箱构建优化模型并进行求解。

2　问题阐述

炉次计划编制是指以坯料设计确定的板坯集为输入条件，为满足规模化生产的需求，考虑炉次容量和设备产能等约束，以最小化钢级替代、出钢时间偏差、余材产生和板坯未被选择引起的综合惩罚为目标等对各板坯进行组合优化的过程，编制结果给出了每炉钢水对应的钢级、计划出钢时间以及各板坯的炉次归属情况，作为炼钢工序后续生产组织的基础。根据现场设备和工艺的需求，炉次计划需要满足以下约束：

（1）每块板坯小于炉次容量且不可分割；

（2）每炉钢水对应的板坯厚度、宽度必须相同；

（3）每炉钢水仅能生产一种钢级，板坯可通过钢级替代的方式采用副钢级（"以优充次"）进行生产；

（4）每炉钢水仅能对应一个计划出钢时间；

（5）考虑转炉钢水容量限制，当组成某炉的板坯量不足一炉时，仍然按一炉的容量组织生产，没有订单对应的部分板坯称为余材；

（6）每个生产时间段具有最大和最小生产炉数限制。

3　问题求解

问题求解思路为：首先根据问题特征构建一个混合整数规划模型，然后采用优化工具箱 YALMIP 实现该模型，最后直接调用标准的优化求解器完成模型的求解。

3.1　数学模型

参数定义：

i——代表唯一钢级和出钢时间的地址序号，$i \in U = G * T$，G 为钢级集合，T 为出钢时间集合；

j——板坯序号，$j \in V$；

d_j——板坯 j 的重量需求；

k——炉次序号，$k \in Q$；

c_{ij}——板坯 j 采用 i 钢级和出钢时间进行生产的吨钢惩罚系数，包括钢级替代惩罚 c_{ij}^g 和提前或拖期惩罚 c_{ij}^t；

p^{su}——每吨余材对应的惩罚系数；

p^{sl}——每吨板坯未被选中的惩罚系数；

a_{ij}——板坯 j 的可选择钢级参数，如果可以选择则为 1，否则为 0；

q——代表每炉钢代表的最大重量限制；

t——出钢时间序号；

N_t^{max}，N_t^{min}——表示某时间周期 t 内最大和最小的计划炉数。

决策变量：

x_{ij}——0-1 变量，如果板坯 j 采用 i 代表的钢级和时间进行生产则取 1，否则为 0；

y_{ik}——0-1 变量，如果 i 代表的钢级和时间的第 k 炉分配有板坯则取 1，否则为 0；

z_{ijk}——0-1 变量，如果板坯 j 选择 i 代表的钢级和时间的第 k 炉进行生产则取 1，否则为 0。

模型建立：

$$\min \sum_{i \in U} \sum_{j \in V} c_{ij} \cdot d_j \cdot x_{ij} + \sum_{i \in U} \sum_{k \in Q} p^{su} \cdot q \cdot y_{ik} - \sum_{j \in V} p^{su} \cdot d_j \cdot \sum_{i \in U} x_{ij} + \sum_{j \in V} p^{sl} \cdot d_j \cdot \left(1 - \sum_{i \in U} x_{ij}\right) \tag{1}$$

$s.t.$

$$\sum_{i \in U} \sum_{k \in Q} z_{ijk} \leq 1 (\forall j \in V) \tag{2}$$

$$\sum_{j \in V} d_j z_{ijk} \leq q_{max} \cdot y_{ik} (\forall i \in U; \forall k \in Q) \tag{3}$$

$$x_{ij} \leq a_{ij} (\forall i \in U; \forall j \in V) \tag{4}$$

$$x_{ij} = \sum_{k \in Q} z_{ijk} (\forall i \in U; \forall j \in V) \tag{5}$$

$$y_{ik} \geq y_{ik+1} (\forall i \in U; \forall k \in Q) \tag{6}$$

$$\sum_{i \in |t \cdot |G| + 1, \cdots, (t+1) \cdot |G|} y_{ik} \leq N_t^{max} \quad t \in \{0, \cdots, |T| - 1\} \tag{7}$$

$$\sum_{i \in |t \cdot |G| + 1, \cdots, (t+1) \cdot |G|} y_{ik} \geq N_t^{min} \quad t \in \{0, \cdots, |T| - 1\} \tag{8}$$

$$x_{ij} \in \{0,1\} (\forall i \in U; \forall j \in V) \tag{9}$$

$$y_{ik} \in \{0,1\} (\forall i \in U; \forall k \in Q) \tag{10}$$

$$z_{ijk} \in \{0,1\} (\forall i \in U; \forall j \in V; \forall k \in Q) \tag{11}$$

目标（1）表示最小化钢级替代、提前拖期、余材产生和剩余板坯引起的综合惩罚；约束（2）说明每块板坯最多仅能被分配一次，选择唯一的钢级、时间和炉次进行生产；约束（3）要求每炉分配的板坯总量不能超过炉次的最大容量限制；约束（4）是指钢级替代约束，只能选择符合替代关系要求副钢级；（5）表示变量间的关系约束；约束（6）要求炉次分配需依次进行，减少冗余解的产生；（7）、（8）代表每个时间段内所有计划生产炉次数满足最大最小炉次数限制；（9）~（11）为决策变量的取值约束。

3.2 优化工具箱 YALMIP

YALMIP 是由 Lofberg 开发的一种免费的 MATLAB 工具箱，其最初目的是为求解控制与系统理论中的半定规划和线性矩阵不等式而设计的。后来经过不断发展，可以求解更多的优化模型，如混合整数规划、多参数线性规划和二次规划等。YALMIP 最大的特色在于能集成许多外部的最优化求解器，无论这些求解器是否采用 MATLAB 程序语言编写的。通常，这些求解器把优化问题描述成一个非常紧凑的格式，学习、使用起来比较耗时，并且编程时容易出错。为了克服这一方面的不足，YALMIP 提供了一种合适的建模语言和编程接口，以方便不同求解器之间的集成。YALMIP 也能调用 MATLAB 自带的优化工具箱，特别是对于未知变量较多的线性规划问题，调用 Linprog 函数不需要转换成矩阵的形式，使用起来非常方便。YALMIP 也包含内置的整数规划求解器，可以求解一些小型的整数规划问题，并且与外部的整数规划求解器具有较好的兼容性。

3.3　基于 YALMIP 构建整数规划模型

（1）定义已知参数并初始化：

1：iNum；% 钢级数量
2：jNum；% 板坯数量
3：kNum；% 炉次数量
4：kmin = 1；% 最小炉次
5：PntSur；% 余材产生的损失
6：PntSlab；% 未选择板坯的吨钢惩罚
7：qmax；% 单炉最大产量
8：d；% 板坯数量及重量
9：c；% 板坯 j 采用钢级 i 生产的吨钢惩罚系数
10：a；% 板坯 j 对应的可选钢级 i

（2）定义决策变量：

11：x = binvar（iNum, jNum）;
12：y = binvar（iNum, kNum）;
13：z = binvar（iNum, jNum, kNum）;
14：Contant1 = linspace（1, 1, jNum）;

（3）构建目标函数：

17：Objective = sum(c . * x) * d;%
18：for i = 1：iNum
19：　　　for k = 1：kNum
20：　　　　　Objective = Objective + PntSur * y(i,k) * qmax;
21：　　　end
22：end
23：Objective = Objective-(PntSur + PntSlab) * sum(x,1) * d + PntSlab * Contant1 * d;

（4）构建约束条件：

24：% 约束条件（2）
25：Cons = sum(sum(z,3),1) <= Contant1;
26：% 约束条件（3）
27：for i = 1：iNum
28：　　　for k = 1：kNum
29：　　　　　Cons = [Cons, z(i,:,k) * d <= qmax * y(i,k)];

```
30：        end
31：end
32：% 约束条件（4）
33：for i = 1：iNum
34：        for j = 1：jNum
35：                Cons = [Cons, x(i,j) <= a(i,j)];
36：        end
37：end
38：% 约束条件（5）
39：Cons = [Cons, x == sum(z,3)];
40：% 约束条件（6）
41：for i = 1：iNum
42：        for k = 1：kNum-1
43：                Cons = [Cons, y(i,k) >= y(i,k+1)];
44：        end
45：end
46：% 约束条件（7）
47：Cons = [Cons, sum(sum(y([1,2,3,4,5],:))) <= kNum, …
48：sum(sum(y([6,7,8,9,10],:))) <= kNum, sum(sum(y([11,12,13,14,15],:))) <= kNum];
49：% 约束条件（8）
50：Cons = [Cons, sum(sum(y([1,2,3,4,5],:))) >= kmin, …
51：sum(sum(y([6,7,8,9,10],:))) >= kmin, sum(sum(y([11,12,13,14,15],:))) >= kmin];
```

（5）设置求解器参数：

```
52：options = sdpsettings ('solver', 'gurobi');
```

（6）优化求解：

```
53：sol = optimize (Cons, Objective, options);
```

4　实验过程

4.1　实验数据

现有板坯 30 块，总重量 645.42t，现需编制炉次的炉容为 100t，每个时间段代表 1h，最少生产 1 炉，最多生产两炉。各板坯之间的钢级和出钢时间替换关系和惩罚详见实验附件 2。

4.2　实验结果

利用 MATLAB 软件，经过计算，最优惩罚值为 12206.8，共编制炉次 6 炉，生产板坯 518.47t，产生余材 81.53t。详细代码可参考实验附件 3，程序运行要在 MATLAB 中安装

gurobi 优化器和 YALMIP 优化工具箱。

5　扩展性实验

5.1　利用 YALMIP 优化工具箱实现教材中的浇次计划编制问题的建模和求解。

5.2　基于 YALMIP 优化工具箱实现教材中的轧制单元计划编制问题的建模和求解。

实验 3　基于 LINGO 软件的钢铁企业副产煤气的优化调度问题

实验 3

1　实验目的

（1）通过研究钢铁制造流程中主要的生产工序和能源介质调度问题来强化对冶金流程生产中副产煤气优化调度的理解；

（2）通过研究钢铁制造流程中主要的生产工序和能源介质调度问题体会数学建模和求解方法的重要性；

（3）学会使用 LINGO 优化软件构建优化模型并进行求解。

2　问题阐述

钢铁企业主工序煤气用户主要有焦炉、烧结机、高炉热风炉、轧钢加热炉等组成，其煤气使用量以满足工艺需求为准，可调节性差，可视为刚性用户。钢铁厂的锅炉和自备电站是典型的柔性用户，是钢铁企业的消纳富余煤气的主要用户，并将其转换成蒸汽和电力等其他形式的能源。由于钢铁冶炼工艺长，工序复杂，能量流总是处于动态的不平衡当中，因此副产煤气的产生量和消耗量均存在波动性，致使副产煤气放散或者不足的情况时常出现。当煤气的产生量大于消耗量时，就会引起煤气放散，既污染环境又浪费能源。反之将导致煤气不足，外购燃料量增加，提高了生产成本。鉴于这种情况，我们根据用户对蒸汽的需求量以及电力的需求量，合理分配富余煤气在柔性用户（缓冲用户）的煤气使用量。尽可能减少副产煤气放散，减少环境污染和能源浪费，减少使用外购燃料，合理分配自发电量和外购电量，以实现系统安全、稳定及经济运行。

钢铁企业实际生产过程中，由于煤气管网数目众多，连接方式复杂，同时影响因素众多复杂，针对这种情况，进行适当的简化以便于工程实际运行，做出以下假设：

（1）所有煤气状态都在标准状态下，同一种煤气的热值和同一种蒸汽的焓值是固定不变的；

（2）模型只考虑富余煤气在锅炉、发电站之间的优化分配问题；

（3）模型中的锅炉、自备电站等设备的效率假设为定值，且不考虑整个系统中水的损失。

3　问题求解

问题求解思路为首先根据问题特征构建一个副产煤气优化调度模型，然后采用优化软件 LINGO 完成模型的求解。

3.1　数学模型

为了便于建模，定义以下符号：

集合：

B——锅炉；

g——副产煤气（高炉煤气、焦炉煤气、转炉煤气）；

s——中低压蒸汽（S1 蒸汽、S2 蒸汽、S3 蒸汽）；

i——缓冲用户设备（$i = 1, 2, \cdots$）；

j——副产煤气产生设备；

t——时间。

常量：

C^{coal}——外购煤粉的单价，元·kg^{-1}；

$C^{\text{ele}}_{\text{buy}}$——外购电价格，元·$(\text{kW} \cdot \text{h})^{-1}$；

$C^{\text{ele}}_{\text{E}}$——发电价格，元·$(\text{kW} \cdot \text{h})^{-1}$；

$C^{\text{Gas}}_{\text{rel},g}$——煤气 g 的放散惩罚系数，元·m^{-3}；

C^{Gas}_{g}——煤气 g 生产的惩罚系数，元·m^{-3}；

Q_g——副产煤气的热值，$\text{kJ} \cdot \text{m}^{-3}$；

Q_i——设备 i 需要混合煤气最低热值，$\text{kJ} \cdot \text{m}^{-3}$；

h_s——中低压蒸汽的焓值，$\text{kJ} \cdot \text{kg}^{-1}$；

h_{ele}——电的热值，$\text{kJ} \cdot (\text{kW} \cdot \text{h})^{-1}$；

$v^{\min,g}_{B,i,t}$——t 时刻锅炉 i 的副产煤气 g 的最小流量，$\text{m}^3 \cdot \text{h}^{-1}$；

$v^{\max,g}_{B,i,t}$——t 时刻锅炉 i 的副产煤气 g 的最大流量，$\text{m}^3 \cdot \text{h}^{-1}$；

$v^{\max,g}_{t}$——t 时刻副产煤气 g 的最大供应量，$\text{m}^3 \cdot \text{h}^{-1}$；

$r^{\min,s}_{B,i,t}$——t 时刻锅炉 i 的中低压蒸汽 s 的最小抽汽量，$\text{kg} \cdot \text{h}^{-1}$；

$r^{\max,s}_{B,i,t}$——t 时刻锅炉 i 的中低压蒸汽 s 的最大抽汽量，$\text{kg} \cdot \text{h}^{-1}$；

η_i——设备 i 的发电效率或热效率。

变量：

$F^{\text{coal}}_{i,t}$——t 时刻设备 i 消耗的外购煤粉量，$\text{kg} \cdot \text{h}^{-1}$；

$R_{g,t}$——t 时刻副产煤气 g 的放散量，$\text{m}^3 \cdot \text{h}^{-1}$；

$P^{\text{ele}}_{\text{buy},t}$——$t$ 时刻外购电量，$\text{kW} \cdot \text{h}$；

$P^{\text{ele}}_{\text{E},i,t}$——$t$ 时刻设备 i 电力的富余量，$\text{kW} \cdot \text{h}$；

$P^{\text{ele}}_{i,t}$——t 时刻设备 i 发电量，$\text{kW} \cdot \text{h}$；

$F^{g}_{j,t}$——t 时刻设备 j 副产煤气 g 的产生量，$\text{m}^3 \cdot \text{h}^{-1}$；

$v^{g}_{i,t}$——t 时刻设备 i 中副产煤气 g 的消耗量，$\text{m}^3 \cdot \text{h}^{-1}$；

$r^{s}_{i,t}$——t 时刻设备 i 中蒸汽 s 的产生量，$\text{kg} \cdot \text{h}^{-1}$；

r^{s}_{t}——t 时刻蒸汽 s 的需求量，$\text{kg} \cdot \text{h}^{-1}$；

r^{ele}_{t}——t 时刻电力的需求量，$\text{kW} \cdot \text{h}$。

模型建立：

$$\min G = C^{\text{coal}} \sum_t \sum_i F^{\text{coal}}_{i,t} + \sum_t \sum_g \left(C^{\text{Gas}}_{\text{rel},g} R_{g,t} \right) + \left(C^{\text{ele}}_{\text{buy}} \sum_t P^{\text{ele}}_{\text{buy},t} - C^{\text{ele}}_{\text{E}} \sum_t \sum_i P^{\text{ele}}_{\text{E},i,t} \right) + \sum_t \sum_j \sum_g C^{\text{Gas}}_{g} F^{g}_{j,t} \tag{1}$$

其中，目标函数的第一项为采用煤粉作为燃料的设备外购煤粉的费用；第二项为煤气放散消耗成本；第三项为外购电力费用和发电收益；第四项为煤气产生消耗成本。

约束条件：

（1）能量平衡约束：

1）煤气-电转换能量平衡：

$$v_{i,t}^{\mathrm{BFG}} \cdot Q_{\mathrm{BFG}} + v_{i,t}^{\mathrm{LDG}} \cdot Q_{\mathrm{LDG}} + v_{i,t}^{\mathrm{COG}} \cdot Q_{\mathrm{COG}} = \frac{r_{i,t}^{\mathrm{ele}} \cdot h_{\mathrm{ele}}}{\eta_i} \tag{2}$$

2）煤气-蒸汽转换能量平衡：

$$v_{i,t}^{\mathrm{BFG}} \cdot Q_{\mathrm{BFG}} + v_{i,t}^{\mathrm{LDG}} \cdot Q_{\mathrm{LDG}} + v_{i,t}^{\mathrm{COG}} \cdot Q_{\mathrm{COG}} = \frac{h_{\mathrm{s1}} \cdot r_{i,t}^{\mathrm{s1}} + h_{\mathrm{s2}} \cdot r_{i,t}^{\mathrm{s2}} + h_{\mathrm{s3}} \cdot r_{i,t}^{\mathrm{s3}}}{\eta_i} \tag{3}$$

3）蒸汽-电力转换能量平衡：

$$h_{\mathrm{s1}} \cdot v_{i,t}^{\mathrm{s1}} + h_{\mathrm{s2}} \cdot v_{i,t}^{\mathrm{s2}} + h_{\mathrm{s3}} \cdot v_{i,t}^{\mathrm{s3}} = \frac{r_{i,t}^{\mathrm{ele}} \cdot h_{\mathrm{ele}}}{\eta_i} \tag{4}$$

（2）蒸汽与电力供需平衡约束：

$$\sum_i r_{i,t}^s = r_t^s \tag{5}$$

$$\sum_i \left(P_{\mathrm{buy},t}^{\mathrm{ele}} + P_{i,t}^{\mathrm{ele}} \right) = r_t^{\mathrm{ele}} \tag{6}$$

（3）设备运行及设备容量约束（锅炉以及发电设备消耗煤气范围约束）：

$$v_{B,i,t}^{\min,g} \leqslant v_{B,i,t}^g \leqslant v_{B,i,t}^{\max,g} \tag{7}$$

（4）设备能力约束：

1）锅炉能力约束：

$$r_{B,i,t}^{\min,s} \leqslant r_{B,i,t}^s \leqslant r_{B,i,t}^{\max,s} \tag{8}$$

2）发电设备的能力约束：

$$r_{\mathrm{CHP},t}^{\min,\mathrm{ele}} \leqslant r_{\mathrm{CHP},t}^{\mathrm{ele}} \leqslant r_{\mathrm{CHP},t}^{\max,\mathrm{ele}} \tag{9}$$

（5）设备燃烧煤气热值约束：

$$\frac{v_{i,t}^{\mathrm{BFG}} \cdot Q_{\mathrm{BFG}} + v_{i,t}^{\mathrm{LDG}} \cdot Q_{\mathrm{LDG}} + v_{i,t}^{\mathrm{COG}} \cdot Q_{\mathrm{COG}}}{v_{i,t}^{\mathrm{BFG}} + v_{i,t}^{\mathrm{LDG}} + v_{i,t}^{\mathrm{COG}}} \geqslant Q_i \tag{10}$$

（6）富余煤气供应约束

$$\sum_i v_{i,t}^g \leqslant \sum_j F_{j,t}^g \tag{11}$$

（7）其他约束：非负约束，式中的各个变量均大于等于零（用户电量的盈余量除外）。

3.2　优化软件 LINGO

LINGO 是 linear interactive and general optimizer 的缩写，即"交互式的线性和通用优化求解器"，由美国 LINDO 系统公司（LINDO System Inc.）推出的，它是一套设计用来帮助用户快速、方便和有效地构建和求解线性、非线性和整数最优化模型的功能全面的工具。其特色在于内置建模语言，提供十几个内部函数，建立和编辑问题的全功能环境，可以允许决策变量是整数（即整数规划，包括 0-1 整数规划），方便灵活而且执行速度非常快。能方便与 Excel、数据库等其他软件交换数据。

3.3　基于 LINGO 构建整数规划模型

实验代码见实验附件 4。

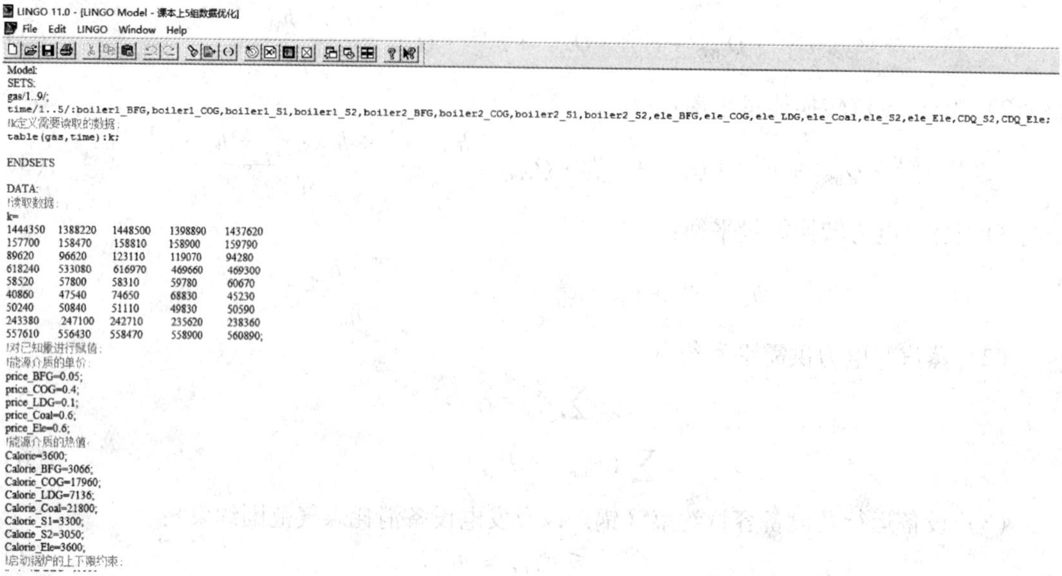

```
LINGO 11.0 - [LINGO Model - 课本上5组数据优化]
File  Edit  LINGO  Window  Help

Model:
SETS:
gas/1..9/:
time/1..5/:boiler1_BFG,boiler1_COG,boiler1_S1,boiler1_S2,boiler2_BFG,boiler2_COG,boiler2_S1,boiler2_S2,ele_BFG,ele_COG,ele_LDG,ele_Coal,ele_S2,ele_Ele,CDQ_S2,CDQ_Ele;
!定义需要读取的数据;
table(gas,time):k;

ENDSETS

DATA:
!读取数据;
k=
1444350  1388220  1448500  1398890  1437620
157700   158470   158810   158900   159790
89620    96620    123110   119070   94280
618240   533080   616970   469660   469300
58520    57800    58310    59780    60670
40860    47540    74650    68830    45230
50240    50840    51110    49830    50590
243380   247100   242710   235620   238360
557610   556430   558470   558900   560890;
!对已知量进行赋值;
!能源介质的单价;
price_BFG=0.05;
price_COG=0.4;
price_LDG=0.1;
price_Coal=0.6;
price_Ele=0.6;
!能源介质的热值;
Calorie=3600;
Calorie_BFG=3066;
Calorie_COG=17960;
Calorie_LDG=7136;
Calorie_Coal=21800;
Calorie_S1=3300;
Calorie_S2=3050;
Calorie_Ele=3600;
!启动锅炉的上下限约束;
```

图 E3-1　LINGO 软件初始界面

4　实验过程

4.1　实验数据

现有设备启动锅炉、130t 锅炉、干熄焦发电机组（CDQ）和自备电站（CHP），在已知煤气的富余量以及蒸汽和电力的需求量的情况下，对富余煤气在上述设备中进行优化调度。各个调节设备的参数以及富余煤气供应量及蒸汽和电力的需求量见实验附件 5。

4.2　实验结果

利用 LINGO 软件，选择 5 组数据进行整体优化求解，将实验附件 4 代码复制到软件界面，点击 🔘，经过计算，系统运行能源最小值为 98.46 万元，整个调度周期内比实际成本降低了 9.06 万元。同时得到富余煤气和蒸汽、电力负荷优化分配结果。计算结果如图 E3-2 所示。

5　扩展性实验

5.1　基于 LINGO 优化软件实现 $T=1$ 时刻数据的单组数据的副产煤气的优化调度问题的建模和求解。

5.2　扩展实验附件 5 的数组，基于 LINGO 优化软件实现 $T=1$ 到 $T=10$ 时刻数据的副产煤气的优化调度问题的建模和求解。

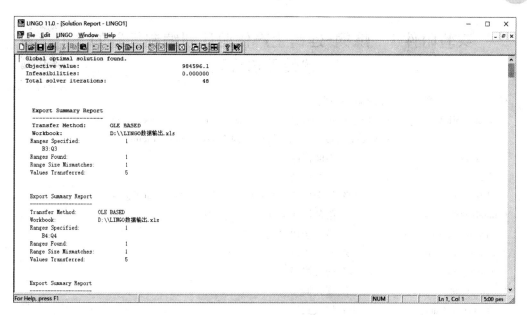

图 E3-2　计算结果

实验附件1　炼钢−连铸生产作业计划编制问题的遗传算法代码

实验附件 1

```
%炼钢−连铸生产计划调度求解主函数
function [MinVal,P] = BOFCC_Scheduling(handles,Plans,Processes,numberOfChromes,
                 Max_Iterations,ratioOfSelect,ratioOfCross,ratioOfMutate)
% handles              % 界面控件
% Plans                % 生产计划
% Processes            % 每个生产计划对应的生产工序顺序,即工艺路径
%numberOfChromes = 60;  % 染色体数量,即可行解数量
%Max_Iterations = 500;  % 最大迭代次数
%ratioOfSelect = 0.9;   % 选择比例
%ratioOfCross = 0.8;    % 交叉概率
%ratioOfMutate = 0.1;   % 变异概率
%NumberOfHeats;         % 炉次数量
%NumberOfProcesses;     % 工序数量
[NumberOfHeats,NumberOfProcesses] = size(Plans);
%迭代计数
gen = 0;
%产生一个 3 * Max_Iterations 的 0 矩阵
%用来跟踪遗传算法过程的性能指标
trace = zeros(3,Max_Iterations);
%所有工序处理所有炉次形成的总的处理数量
TotalNumbers = NumberOfHeats * NumberOfProcesses;
%初始化种群矩阵
Chromes = zeros(numberOfChromes,TotalNumbers);
%生成初始种群,即生成初始可行解
%产生一个 1 * NumberOfHeats 的 0 矩阵
Number = zeros(1,NumberOfHeats);
for i = 1:NumberOfHeats
    Number(i) = NumberOfProcesses;
end
for j = 1:numberOfChromes
    WPNumberTemp = Number;
    for i = 1:TotalNumbers
        val = unidrnd(NumberOfHeats);
        while WPNumberTemp(val) = = 0
        val = unidrnd(NumberOfHeats);
end
Chromes(j,i) = val;
%第 val 个炉次已经安排生产
WPNumberTemp(val) = WPNumberTemp(val)-1;
```

```
        end
end


%计算调度目标
[OptimizedValue, Values, OptimizedSchedule] = calSchedule(Chromes, Plans, Processes);
while gen<Max_Iterations
        %对各个可行解的目标值进行排序
        ValuesSorted = ranking(Values);
        %按照选择比例进行选择
        NewChromes = select('sus', Chromes, ValuesSorted, ratioOfSelect);
        %按照交叉概率进行交叉
        %三种交叉算子,可组合使用,也可单独使用
        % if mod(gen,2) = = 0
            NewChromes = myOrderCross(NewChromes, ratioOfCross, NumberOfHeats,
                                     gen, Max_Iterations);
        % else
        %      NewChromes = myMSXCross(NewChromes, ratioOfCross, NumberOfHeats, Plans);
        %      NewChromes = myCross(NewChromes, ratioOfCross, NumberOfHeats, Plans);
        % end
        %按照变异概率进行变异
        NewChromes = myMutate(NewChromes, ratioOfMutate, Values);
        %重新计算调度目标
        [OptimizedValue, ValuesSel, OptimizedSchedule] = calSchedule(
                                     NewChromes, Plans, Processes);
        %插入新的种群
        [Chromes, Values] = reins(Chromes, NewChromes, 1, 1, Values, ValuesSel);
        %代计数器增加
        gen = gen+1
        %跟踪调度目标中的最小值、平均值和最大值
        trace(1, gen) = min(Values);
        trace(2, gen) = mean(Values);
        trace(3, gen) = max(Values);
        %初始化
        if gen = = 1
            Val1 = OptimizedValue;
            Val2 = OptimizedSchedule;
            MinVal = min(Values);
        end
        %记录到当前迭代次数时的,最优目标,最优调度
        ifMinVal> trace(1,gen)
            Val1 = OptimizedValue;
            Val2 = OptimizedSchedule;
            MinVal = trace(1,gen);
```

```
end
    %实时刷新界面
    set(handles.iterations,'string',num2str(gen));
    set(handles.target,'string',num2str(MinVal));
    pause(0.01);
end

%最优时间
OptimizedValue=Val1
%最优调度
OptimizedSchedule=Val2

%计算解的变化
figure(1);
hold on;
%最优值显示线型为-.-.-.-.
plot(trace(1,:),'-.');
hold on;
%均值显示线型为------
plot(trace(2,:),'--');
hold on;
%最大值显示先型为-*-*-*
plot(trace(3,:),'-*');
grid;
%目标是求最小
legend('最优值的变化','种群均值的变化','最大值的变化');

%显示调度甘特图
figure(2);
for i=1:TotalNumbers
    val= OptimizedSchedule(1,i);
    process=(mod(val,10))+1;
    heat=((val-process+1)/10);
    %提取第 heat 个炉次计划的第 process 个处理工序
    indexOfProcess=Processes(heat,process);
    % ne, not equal,
    %optimizedValue(1,i) 开始时间,opetimized(1,i) 结束时间
    if ne(OptimizedValue(1,i),OptimizedValue(2,i))
        plotRec(OptimizedValue(1,i),OptimizedValue(2,i),10-indexOfProcess);
    end
    hold on;

    %填充颜色
```

```
mPoint1 = OptimizedValue(1,i); mPoint2 = OptimizedValue(2,i);
%为了保证连铸机的连浇,可反向搜索,在此修改
x1 = mPoint1; y1 = 10-indexOfProcess-0.5;
x2 = mPoint2; y2 = 10-indexOfProcess-0.5;
x3 = mPoint2; y3 = 10-indexOfProcess;
x4 = mPoint1; y4 = 10-indexOfProcess;
%设置不同生产计划的颜色
switch mod(heat,3)
    case 0
        color = [1 * power(0.9,(heat/3)),0,0];
    case 1
        color = [0,1 * power(0.9,(heat/3)),0];
    case 2
        color = [0,0,1 * power(0.9,(heat/3))];
    otherwise    %其他都为黑色
        color = [0,0,0];
end
if ne(OptimizedValue(1,i),OptimizedValue(2,i))
    fill([x1,x2,x3,x4],[y1,y2,y3,y4],color);
end
end
```

实验附件2　炼钢炉次计划编制问题的实验数据

实验附件2

表 A2-1　板坯数据

板坯ID	1	2	3	4	5	6	7	8	9	10	11	12	13	14	15
重量/t	20.83	20.87	20.92	20.97	21.02	21.06	21.11	21.16	21.21	21.25	21.30	21.35	21.40	21.44	21.49
板坯ID	16	17	18	19	20	21	22	23	24	25	26	27	28	29	30
重量/t	21.54	21.58	21.63	21.68	21.73	21.77	21.82	21.87	21.92	21.96	22.01	22.06	22.11	22.15	22.20

表 A2-2　板坯 j 采用 i 钢级和出钢时间进行生产的吨钢惩罚系数表

i / j	1	2	3	4	5	6	7	8	9	10	11	12	13	14	15
1	0	5	10	0	0	14	19	24	14	14	20	25	30	20	20
2	4	4	9	14	4	0	0	5	10	0	14	14	19	24	14
3	4	4	4	9	14	0	0	0	5	10	14	14	14	19	24
4	8	8	8	8	13	4	4	4	4	9	0	0	0	0	5
5	0	0	0	0	0	14	14	14	14	14	20	20	20	20	20
6	8	13	18	8	8	4	9	14	4	4	0	5	10	0	0
7	4	4	9	14	4	0	0	5	10	0	14	14	19	24	14
8	4	4	4	9	14	0	0	0	5	10	14	14	14	19	24
9	0	0	0	0	5	14	14	14	14	19	20	20	20	20	25
10	0	0	0	0	0	14	14	14	14	14	20	20	20	20	20
11	8	13	18	8	8	4	9	14	4	4	0	5	10	0	0
12	0	0	5	10	0	14	14	19	24	14	20	20	25	30	20
13	4	4	4	9	14	0	0	0	5	10	14	14	14	19	24
14	4	4	4	4	9	0	0	0	0	5	14	14	14	14	19
15	8	8	8	8	8	4	4	4	4	4	0	0	0	0	0
16	0	5	10	0	0	14	19	24	14	14	20	25	30	20	20
17	8	8	13	18	8	4	4	9	14	4	0	0	5	10	0
18	4	4	4	9	14	0	0	0	5	10	14	14	14	19	24
19	4	4	4	4	9	0	0	0	0	5	14	14	14	14	19
20	0	0	0	0	0	14	14	14	14	14	20	20	20	20	20
21	0	5	10	0	0	14	19	24	14	14	20	25	30	20	20
22	8	8	13	18	8	4	4	9	14	4	0	0	5	10	0
23	0	0	0	5	10	14	14	14	19	24	20	20	20	25	30
24	4	4	4	4	9	0	0	0	0	5	14	14	14	14	19
25	4	4	4	4	4	0	0	0	0	0	14	14	14	14	14
26	8	13	18	8	8	4	9	14	4	4	0	5	10	0	0
27	0	0	5	10	0	14	14	19	24	14	20	20	25	30	20
28	8	8	8	13	18	4	4	4	9	14	0	0	0	5	10
29	4	4	4	4	9	0	0	0	0	5	14	14	14	14	19
30	4	4	4	4	4	0	0	0	0	0	14	14	14	14	14

表 A2-3　板坯 j 的可选择钢级参数表

j	1	2	3	4	5	6	7	8	9	10	11	12	13	14	15
1	1	1	1	0	0	1	1	1	0	0	1	1	1	0	0
2	0	1	1	1	0	0	1	1	1	0	0	1	1	1	0
3	0	0	1	1	1	0	0	1	1	1	0	0	1	1	1
4	0	0	0	1	1	0	0	0	1	1	0	0	0	1	1
5	0	0	0	0	1	0	0	0	0	1	0	0	0	0	1
6	1	1	1	0	0	1	1	1	0	0	1	1	1	0	0
7	0	1	1	1	0	0	1	1	1	0	0	1	1	1	0
8	0	0	1	1	1	0	0	1	1	1	0	0	1	1	1
9	0	0	0	1	1	0	0	0	1	1	0	0	0	1	1
10	0	0	0	0	1	0	0	0	0	1	0	0	0	0	1
11	1	1	1	0	0	1	1	1	0	0	1	1	1	0	0
12	0	1	1	1	0	0	1	1	1	0	0	1	1	1	0
13	0	0	1	1	1	0	0	1	1	1	0	0	1	1	1
14	0	0	0	1	1	0	0	0	1	1	0	0	0	1	1
15	0	0	0	0	1	0	0	0	0	1	0	0	0	0	1
16	1	1	1	0	0	1	1	1	0	0	1	1	1	0	0
17	0	1	1	1	0	0	1	1	1	0	0	1	1	1	0
18	0	0	1	1	1	0	0	1	1	1	0	0	1	1	1
19	0	0	0	1	1	0	0	0	1	1	0	0	0	1	1
20	0	0	0	0	1	0	0	0	0	1	0	0	0	0	1
21	1	1	1	0	0	1	1	1	0	0	1	1	1	0	0
22	0	1	1	1	0	0	1	1	1	0	0	1	1	1	0
23	0	0	1	1	1	0	0	1	1	1	0	0	1	1	1
24	0	0	0	1	1	0	0	0	0	1	0	0	0	1	1
25	0	0	0	0	1	0	0	0	0	1	0	0	0	0	1
26	1	1	1	0	0	1	1	1	0	0	1	1	1	0	0
27	0	1	1	1	0	0	1	1	1	0	0	1	1	1	0
28	0	0	1	1	1	0	0	1	1	1	0	0	1	1	1
29	0	0	0	1	1	0	0	0	1	1	0	0	0	1	1
30	0	0	0	0	1	0	0	0	0	1	0	0	0	0	1

实验附件 3　炼钢炉次计划编制问题的 MATLAB 软件代码

```
iNum = 15；%钢级数量
jNum = 30；%板坯数量
kNum = 2；%炉次序号
kmin = 1；%最小炉次序号
PntSur = 19；%余材产生的损失
PntSlab = 171；%未选择板坯的吨钢惩罚
qmax = 100；%单炉最大产量
%该 Excel 数据,请见实验附件 2
d = xlsread('.\DataModifyNew.xls','dj')；    %板坯数量及重量
c = xlsread('.\DataModifyNew.xls','cij')；    %板坯 j 采用钢级 i 生产的吨钢惩罚系数
a = xlsread('.\DataModifyNew.xls','aij')；    %板坯 j 对应的可选钢级 i
x = binvar(iNum,jNum)；
y = binvar(iNum,kNum)；
z = binvar(iNum,jNum,kNum)；
Contant1 = linspace(1,1,jNum)；
at = a'；
ct = c'；
Objective = sum(ct .* x) * d；%与重量有关
for i = 1:iNum
    for k = 1:kNum
        Objective = Objective + PntSur * y(i,k) * qmax；
    end
end
Objective = Objective - (PntSur + PntSlab) * sum(x,1) * d + PntSlab *  Contant1 * d；
Cons = sum(sum(z,3),1) <= Contant1；
for i = 1:iNum
    for k = 1:kNum
        Cons = [Cons,z(i,:,k) * d <= qmax * y(i,k)]；
    end
end
for i = 1:iNum
    for k = 1:kNum-1
        Cons = [Cons,y(i,k) >= y(i,k+1)]；
    end
end
%最后一个时间段为夜班,最大生产量减少
Cons = [Cons,sum(sum(y([1,2,3,4,5],:))) <= kNum,
        sum(sum(y([6,7,8,9,10],:))) <= kNum,sum(sum(y([11,12,13,14,15],:))) <= kNum]；
%最后一个时间段为夜班,最小生产量减少
```

```
Cons = [Cons,sum(sum(y([1,2,3,4,5],:)))>=kmin,
    sum(sum(y([6,7,8,9,10],:))))>=kmin,sum(sum(y([11,12,13,14,15],:)))>=kmin];
Cons = [Cons, x = =sum(z,3)];
for i = 1:iNum
    for j = 1:jNum
        Cons = [Cons,x(i,j) <= at(i,j)];
    end
end
options = sdpsettings('solver','gurobi');
sol = optimize(Cons, Objective, options);
% output
disp('总炉次数:')
disp_a = value(sum(sum(y)));
disp(disp_a)
disp('计划生产板坯重量:')
disp_b = value(sum(x) * d);
disp(disp_b)
disp('余材重量:')
disp_c = disp_a * qmax - disp_b;
disp(disp_c)
```

实验附件 4 钢铁企业副产煤气的优化调度问题的 LINGO 软件代码

```
Model：
SETS：
! 能源介质个数；
gas/1..9/；
time/1..5/：boiler1_BFG,boiler1_COG,boiler1_S1,boiler1_S2,boiler2_BFG,boiler2_COG,boiler2_S1,boiler2_
S2,ele_BFG,ele_COG,ele_LDG,ele_Coal,ele_S2,ele_Ele,CDQ_S2,CDQ_Ele；
! k 定义需要读取的数据；
table(gas,time)：k；
ENDSETS

DATA：
! 读取数据；
k =
1444350        1388220        1448500        1398890        1437620
157700         158470         158810         158900         159790
89620          96620          123110         119070         94280
618240         533080         616970         469660         469300
58520          57800          58310          59780          60670
40860          47540          74650          68830          45230
50240          50840          51110          49830          50590
243380         247100         242710         235620         238360
557610         556430         558470         558900         560890；
! 对已知量进行赋值；
! 能源介质的单价；
price_BFG = 0.05；
price_COG = 0.4；
price_LDG = 0.1；
price_Coal = 0.6；
price_Ele = 0.5；
! 能源介质的热值；
Calorie = 3600；
Calorie_BFG = 3066；
Calorie_COG = 17960；
Calorie_LDG = 7136；
Calorie_Coal = 21800；
Calorie_S1 = 3300；
Calorie_S2 = 3050；
Calorie_Ele = 3600；
! 启动锅炉的上下限约束；
```

```
limit_1BtBFG = 60000;
limit_1BtCOG = 10000;
limit_1BtS2 = 70000;
! 130T 锅炉的上下限约束;
limit_2BtBFG = 290000;
limit_2BtCOG = 20000;
limit_2BtS2 = 260000;
! 自备电站的上下限约束;
limit_EleBFG = 360000;
limit_EleCOG = 45000;
limit_Ele = 600000;
limit_EleS2 = 160000;
! 干熄焦发电机组上下限约束;
limit_CDQ = 60000;
limit_CDQS2 = 150000;
! 设备效率;
eff_1Bt = 0.82;
eff_2Bt = 0.85;
eff_Ele = 0.85;
eff_EleQ = 0.44;
eff_CDQQ = 0.47;
! 读取数据结束;


! 向桌面上名叫"LINGO 模型数据输出"的 Excel 表输出结果;
! 其中"D:\\LINGO 模型数据输出.xls"为 Excel 的存储文件;
@ OLE('D:\\LINGO 模型数据输出.xls','B3:Q3') = boiler1_BFG;
@ OLE('D:\\LINGO 模型数据输出.xls','B4:Q4') = boiler1_COG;
@ OLE('D:\\LINGO 模型数据输出.xls','B5:Q5') = boiler1_S1;
@ OLE('D:\\LINGO 模型数据输出.xls','B6:Q6') = boiler1_S2;
@ OLE('D:\\LINGO 模型数据输出.xls','B7:Q7') = boiler2_BFG;
@ OLE('D:\\LINGO 模型数据输出.xls','B8:Q8') = boiler2_COG;
@ OLE('D:\\LINGO 模型数据输出.xls','B9:Q9') = boiler2_S1;
@ OLE('D:\\LINGO 模型数据输出.xls','B10:Q10') = boiler2_S2;
@ OLE('D:\\LINGO 模型数据输出.xls','B11:Q11') = ele_BFG;
@ OLE('D:\\LINGO 模型数据输出.xls','B12:Q12') = ele_COG;
@ OLE('D:\\LINGO 模型数据输出.xls','B13:Q13') = ele_LDG;
@ OLE('D:\\LINGO 模型数据输出.xls','B14:Q14') = ele_Coal;
@ OLE('D:\\LINGO 模型数据输出.xls','B15:Q15') = ele_S2;
@ OLE('D:\\LINGO 模型数据输出.xls','B16:Q16') = ele_Ele;
@ OLE('D:\\LINGO 模型数据输出.xls','B17:Q17') = CDQ_S2;
@ OLE('D:\\LINGO 模型数据输出.xls','B18:Q18') = CDQ_Ele;
enddata
! 目标函数;
```

```
gas_production=@sum(time(j):k(1,j)*price_BFG+k(2,j)*price_COG+k(3,j)*price_LDG);
gas_emission=@sum(time(j):(k(4,j)-boiler1_BFG(j)-boiler2_BFG(j)-ele_BFG(j))*price_BFG+(k(5,
j)-boiler1_COG(j)-boiler2_COG(j)-ele_COG(j))*price_COG+(k(6,j)-ele_LDG(j))*price_LDG);
! 外购煤粉费用;
Coal_buy=@sum(time(j):ele_Coal(j)*price_Coal);
! 发电收益;
Ele_profit=@sum(time(j):(ele_Ele(j)+CDQ_Ele(j)-k(9,j))*price_Ele);
min=gas_production+gas_emission+Coal_buy-Ele_profit;

! min=k(1)*price_BFG+k(2)*price_COG+k(3)*price_LDG+(k(4)-F1(1)-F2(1)-F3(1))*price_
BFG+(k(5)-F1(2)-F2(2)-F3(2))*price_COG+(k(6)-F3(3))*price_LDG+F3(4)*price_Coal+(k(9)
-F3(7)-F4(7))*price_Ele;
! 约束条件;
! j=1 时赋初值;
@for(time(j)|j#EQ#1:
! (1)能量平衡约束;
! 启动锅炉;
(boiler1_BFG(j)*Calorie_BFG+boiler1_COG(j)*Calorie_COG)*eff_1Bt-boiler1_S1(j)*Calorie_S1-
boiler1_S2(j)*Calorie_S2=0;
! 130T 锅炉;
(boiler2_BFG(j)*Calorie_BFG+boiler2_COG(j)*Calorie_COG)*eff_2Bt-boiler2_S1(j)*Calorie_S1-
boiler2_S2(j)*Calorie_S2=0;
! 自备电站;
(ele_BFG(j)*Calorie_BFG+ele_COG(j)*Calorie_COG+ele_LDG(j)*Calorie_LDG+ele_Coal(j)*Calorie_
Coal)*eff_Ele*eff_EleQ-ele_S2(j)*Calorie_S2*eff_EleQ-ele_Ele(j)*Calorie_Ele=0;
! (2)蒸汽供需平衡约束;
! S1 蒸汽;
boiler1_S1(j)+boiler2_S1(j)-k(7,j)=0;
! S2 蒸汽;
boiler1_S2(j)+boiler2_S2(j)+ele_S2(j)+CDQ_S2(j)-k(8,j)=0;
! (3)设备运行及设备容量约束;
boiler1_BFG(j)-limit_1BtBFG<=0;
boiler2_BFG(j)-limit_2BtBFG<=0;
ele_BFG(j)-limit_EleBFG<=0;
boiler1_COG(j)-limit_1BtCOG<=0;
boiler2_COG(j)-limit_2BtCOG<=0;
ele_COG(j)-limit_EleCOG<=0;
boiler1_S2(j)-limit_1BtS2<=0;
boiler2_S2(j)-limit_2BtS2<=0;
ele_S2(j)-limit_EleS2<=0;
CDQ_S2(j)-limit_CDQS2<=0;
ele_Ele(j)-limit_Ele<=0;
CDQ_Ele(j)-limit_CDQ<=0;
```

！(4)设备能力约束；

！启动锅炉；

boiler1_S1(j)+boiler1_S2(j)−limit_1BtS2<=0；

！130T 锅炉；

boiler2_S1(j)+boiler2_S2(j)−limit_2BtS2<=0；

！自备电站的；

ele_S2(j) * Calorie_S2 * eff_EleQ+ele_Ele(j) * Calorie_Ele−limit_Ele * Calorie_Ele<=0；

！CDQ；

CDQ_S2(j) * Calorie_S2 * eff_CDQQ+CDQ_Ele(j) * Calorie_Ele−limit_CDQ * Calorie_Ele<=0；

！(5)设备燃烧煤气热值约束；

！启动锅炉；

boiler1_BFG(j) * Calorie_BFG+boiler1_COG(j) * Calorie_COG−Calorie * (boiler1_BFG(j)+boiler1_COG(j))
>=0；

！130T 锅炉；

boiler2_BFG(j) * Calorie_BFG+boiler2_COG(j) * Calorie_COG−Calorie * (boiler2_BFG(j)+boiler2_COG(j))
>=0；

！自备电站；

ele_BFG(j) * Calorie_BFG+ele_COG(j) * Calorie_COG+ele_LDG(j) * Calorie_LDG−Calorie * (ele_BFG(j)+
ele_COG(j)+ele_LDG(j))>=0；

！(6)富余煤气供应约束；

！高炉煤气；

boiler1_BFG(j)+boiler2_BFG(j)+ele_BFG(j)−k(4,j)<=0；

！焦炉煤气；

boiler1_COG(j)+boiler2_COG(j)+ele_COG(j)−k(5,j)<=0；

！转炉煤气；

ele_LDG(j)−k(6,j)<=0)；

@for(_time(j)|j#GT#1：

！(1)能量平衡约束；

！启动锅炉；

(boiler1_BFG(j) * Calorie_BFG+boiler1_COG(j) * Calorie_COG) * eff_1Bt−boiler1_S1(j) * Calorie_S1−
boiler1_S2(j) * Calorie_S2=0；

！130T 锅炉；

(boiler2_BFG(j) * Calorie_BFG+boiler2_COG(j) * Calorie_COG) * eff_2Bt−boiler2_S1(j) * Calorie_S1−
boiler2_S2(j) * Calorie_S2=0；

！自备电站；

(ele_BFG(j) * Calorie_BFG+ele_COG(j) * Calorie_COG+ele_LDG(j) * Calorie_LDG+ele_Coal(j) * Calorie_
Coal) * eff_Ele * eff_EleQ−ele_S2(j) * Calorie_S2 * eff_EleQ−ele_Ele(j) * Calorie_Ele=0；

！(2)蒸汽供需平衡约束；

！S1 蒸汽；

boiler1_S1(j)+boiler2_S1(j)−k(7,j)=0；

！S2 蒸汽；

boiler1_S2(j)+boiler2_S2(j)+ele_S2(j)+CDQ_S2(j)−k(8,j)=0；

！（3）设备运行及设备容量约束；

```
boiler1_BFG(j)-limit_1BtBFG<=0;
boiler2_BFG(j)-limit_2BtBFG<=0;
ele_BFG(j)-limit_EleBFG<=0;
boiler1_COG(j)-limit_1BtCOG<=0;
boiler2_COG(j)-limit_2BtCOG<=0;
ele_COG(j)-limit_EleCOG<=0;
boiler1_S2(j)-limit_1BtS2<=0;
boiler2_S2(j)-limit_2BtS2<=0;
ele_S2(j)-limit_EleS2<=0;
CDQ_S2(j)-limit_CDQS2<=0;
ele_Ele(j)-limit_Ele<=0;
CDQ_Ele(j)-limit_CDQ<=0;
```

！（4）设备能力约束；

！启动锅炉；

```
boiler1_S1(j)+boiler1_S2(j)-limit_1BtS2<=0;
```

！130T 锅炉；

```
boiler2_S1(j)+boiler2_S2(j)-limit_2BtS2<=0;
```

！自备电站的；

```
ele_S2(j) * Calorie_S2 * eff_EleQ+ele_Ele(j) * Calorie_Ele-limit_Ele * Calorie_Ele<=0;
```

！CDQ；

```
CDQ_S2(j) * Calorie_S2 * eff_CDQQ+CDQ_Ele(j) * Calorie_Ele-limit_CDQ * Calorie_Ele<=0;
```

！（5）设备燃烧煤气热值约束；

！启动锅炉；

```
boiler1_BFG(j) * Calorie_BFG+boiler1_COG(j) * Calorie_COG-Calorie * (boiler1_BFG(j)+boiler1_COG(j))
>=0;
```

！130T 锅炉；

```
boiler2_BFG(j) * Calorie_BFG+boiler2_COG(j) * Calorie_COG-Calorie * (boiler2_BFG(j)+boiler2_COG(j))
>=0;
```

！自备电站；

```
ele_BFG(j) * Calorie_BFG+ele_COG(j) * Calorie_COG+ele_LDG(j) * Calorie_LDG-Calorie * (ele_BFG(j)+
ele_COG(j)+ele_LDG(j))>=0;
```

！（6）富余煤气供应约束；

！高炉煤气；

```
boiler1_BFG(j)+boiler2_BFG(j)+ele_BFG(j)-k(4,j)<=0;
```

！焦炉煤气；

```
boiler1_COG(j)+boiler2_COG(j)+ele_COG(j)-k(5,j)<=0;
```

！转炉煤气；

```
ele_LDG(j)-k(6,j)<=0;
```

END

实验附件 5　钢铁企业副产煤气的优化调度问题的相关参数

表 A5-1　锅炉参数

参数	启动锅炉	130t 锅炉	CHP 锅炉
BFG/Nm³ · h⁻¹	0 ~ 60000	0 ~ 290000	0 ~ 360000
COG/Nm³ · h⁻¹	0 ~ 10000	0 ~ 20000	0 ~ 45000
LDG/Nm³ · h⁻¹	—	—	0 ~
产汽/t · h⁻¹	0 ~ 70	0 ~ 260	—

表 A5-2　汽轮机参数

参数	CHP 汽轮机	CDQ 汽轮机
发电/MW	0 ~ 600	0 ~ 60
s1 蒸汽/t · h⁻¹	—	—
s2 蒸汽/t · h⁻¹	0 ~ 160	0 ~ 150
s3 蒸汽/t · h⁻¹	0 ~ 220	

表 A5-3　能源介质参数

参数	热值/kJ · kg⁻¹	焓值/kJ · kg⁻¹	价格
BFG	3066	—	0.05 元/m³
COG	17960	—	0.4 元/m³
LDG	7136	—	0.1 元/m³
s1 蒸汽	—	3300	—
s2 蒸汽	—	3050	—
s3 蒸汽	—	2980	—
电力	3600kJ/(kW · h)	—	0.5 元/(kW · h)
外购煤	21800	—	0.6 元/kg

表 A5-4　实验数据

时间 能源介质	$T=1$	$T=2$	$T=3$	$T=4$	$T=5$
BFG 发生量 /Nm³ · h⁻¹	1444.35×10³	1388.22×10³	1448.50×10³	1398.89×10³	1437.62×10³
COG 发生量 /Nm³ · h⁻¹	157.70×10³	158.47×10³	158.81×10³	158.90×10³	159.79×10³
LDG 发生量 /Nm³ · h⁻¹	89.62×10³	96.62×10³	123.11×10³	119.07×10³	94.28×10³
BFG 富余量 /Nm³ · h⁻¹	618.24×10³	533.08×10³	616.97×10³	469.66×10³	469.30×10³

续表 A5-4

时间 能源介质	$T=1$	$T=2$	$T=3$	$T=4$	$T=5$
COG 富余量 /Nm³·h⁻¹	$58.52×10^3$	$57.80×10^3$	$58.31×10^3$	$59.78×10^3$	$60.67×10^3$
LDG 富余量 /Nm³·h⁻¹	$40.86×10^3$	$47.54×10^3$	$74.65×10^3$	$68.83×10^3$	$45.23×10^3$
s1 蒸汽需求量 /kg·h⁻¹	$50.24×10^3$	$50.84×10^3$	$51.11×10^3$	$49.83×10^3$	$50.59×10^3$
s2 蒸汽需求量 /kg·h⁻¹	$243.38×10^3$	$247.10×10^3$	$242.71×10^3$	$235.62×10^3$	$238.36×10^3$
电力需求量 /MW	557.61	556.43	558.47	558.9	560.89
实际能源成本 /万元·h⁻¹	21.23	21.42	21.21	21.56	22.10

注：启动锅炉、130t 锅炉、CHP 锅炉、CHP 汽轮机、CDQ 汽轮机的效率分别为 0.82、0.85、0.85、0.44 和 0.47，
锅炉使用的混合煤气的最低热值要求为 3600kJ/m³。